**全国专业技术人员新职业培训教程**

物联网工程技术人员 初级

物联网嵌入式开发

人力资源社会保障部专业技术人员管理司　组织编写

中国人事出版社

图书在版编目（CIP）数据

物联网工程技术人员：初级．物联网嵌入式开发／人力资源社会保障部专业技术人员管理司组织编写．--北京：中国人事出版社，2023

全国专业技术人员新职业培训教程

ISBN 978-7-5129-1792-7

Ⅰ．①物… Ⅱ．①人… Ⅲ．①物联网-系统设计-技术培训-教材 Ⅳ．①TP393.4 ②TP18

中国版本图书馆 CIP 数据核字（2022）第 208960 号

中国人事出版社出版发行

（北京市惠新东街 1 号 邮政编码：100029）

＊

保定市中画美凯印刷有限公司印刷装订 新华书店经销

787 毫米×1092 毫米 16 开本 22.25 印张 336 千字
2023 年 3 月第 1 版 2023 年 3 月第 1 次印刷
定价：55.00 元

营销中心电话：400-606-6496
出版社网址：http://www.class.com.cn

版权专有 侵权必究

如有印装差错，请与本社联系调换：（010）81211666
我社将与版权执法机关配合，大力打击盗印、销售和使用盗版图书活动，敬请广大读者协助举报，经查实将给予举报者奖励。
举报电话：（010）64954652

本书编委会

指导委员会

主　　任：梅　宏

副 主 任：左仁贵

委　　员：陈继欣　郑　磊　丁恩杰　金　莹　郑轶群　张　晖　周治平

编审委员会

总 编 审：谭志彬

副总编审：邓　立　林金龙

主　　编：吴焕祥

副 主 编：龚玉涵　王欣欣　施当波

编写人员：郑小建　魏美琴　李鹏鹏　刘昆宏　林　凡　雷呈喜　邢　键
　　　　　杨明发　吴益飞　田宏伟　王远飞

主审人员：王子涵　聂兰顺

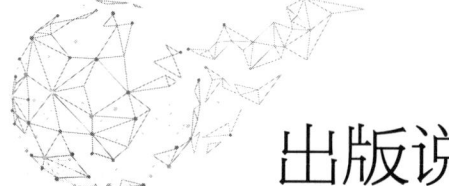

出版说明

当今世界正经历百年未有之大变局，我国正处于实现中华民族伟大复兴关键时期。在全球经济低迷，我国加快形成以国内大循环为主体、国内国际双循环相互促进的新发展格局背景下，数字经济发挥着提振经济的重要作用。党的十九届五中全会提出，要发展战略性新兴产业，推动互联网、大数据、人工智能等同各产业深度融合，推动先进制造业集群发展，构建一批各具特色、优势互补、结构合理的战略性新兴产业增长引擎。"十四五"期间，数字经济将继续快速发展、全面发力，成为我国推动高质量发展的核心动力。

近年来，人工智能、物联网、大数据、云计算、数字化管理、智能制造、工业互联网、虚拟现实、区块链、集成电路等数字技术领域新职业不断涌现，这些新职业从业人员通过不断学习与探索，将推动科技创新、释放巨大能量，推动人们生产生活方式智能化、智慧化、数字化，推动传统产业转型升级，为经济高质量发展注入强劲活力。我国在技术、消费与应用领域具备数字经济创新领先优势，但还存在数字技术人才供给缺口较大、关键核心技术领域自主创新能力不足、数字经济与实体经济融合的深度和广度不够等问题。发展数字经济，推进数字产业化和产业数字化，推动数字经济和实体经济深度融合，急需培育壮大数字技术工程师队伍。

人力资源社会保障部会同有关行业主管部门将陆续制定颁布数字技术领域国家职业标准，坚持以职业活动为导向、以专业能力为核心，遵循人才成长规律，对从业人员的理论知识和专业能力提出综合性引导性培养标准，为加快培育数字技术人才提供基本依据。根据《人力资源社会保障部办公厅关于加强新职业培训工作的通知》（人社厅发〔2021〕28号）要求，为提高新职业培训的针对性、有效性，进一步发挥新职业培训促进更好就业的作用，人力资源社会保障部专业技术人员管理司组织相关领域的专家学者编写了全国专业技术人员新职业培训教程，供相关领域开展新职业培训使用。

本系列教程依据相应国家职业标准和培训大纲编写，划分初级、中级、高级三个等级，有的职业划分若干职业方向。教程紧贴数字技术人员职业活动特点，定位于全国平均水平，且是相关数字技术人员经过继续教育或岗位实践能够达到的水平，突出该职业领域的核心理论知识、主流技术及未来发展要求，为教学活动和培训考核提供规范和引导，将帮助广大有意或正在从事数字技术职业人员改善知识结构、掌握数字技术、提升创新能力。

希望本系列教程的出版，能够在加强数字技术人才队伍建设、推动数字经济快速发展中发挥支持作用。

目 录

第一篇 物联网感知控制开发

第一章 传感器数据采集 ……………………………… 003
第一节 模拟量传感数据采集 ……………………………… 005
第二节 数字量传感数据采集 ……………………………… 012
第三节 开关量传感数据采集 ……………………………… 020
第四节 IoT 智能物信息交互应用 ………………………… 028

第二章 标签识别信息采集 …………………………… 037
第一节 条码和二维条码信息采集 ………………………… 039
第二节 无线射频信息采集 ………………………………… 047

第三章 位置信息采集 ………………………………… 065
第一节 卫星定位信息采集 ………………………………… 067
第二节 基站定位信息采集 ………………………………… 079
第三节 室内定位信息采集 ………………………………… 086

第四章 单片机开发 …………………………………… 097
第一节 单片机设备选型 …………………………………… 099
第二节 单片机标准输入/输出端口的应用 ……………… 104

第三节　单片机总线数据收发应用 ············· 113
第四节　单片机在智能设备中的应用 ············· 121

第五章　生产线环境监测项目　127
第一节　生产线环境监测项目概述 ············· 129
第二节　生产线环境监测项目应用开发 ············· 131

第二篇　物联网应用协议开发

第六章　自定义通信协议开发　143
第一节　通信协议 ············· 145
第二节　自定义通信协议 ············· 152

第七章　物联网轻量级协议开发　165
第一节　数据封装和解析 ············· 167
第二节　数据的通信 ············· 185

第八章　智能家居项目　197
第一节　智能家居项目概述 ············· 199
第二节　智能家居项目应用开发 ············· 201

第三篇　物联网组网通信开发

第九章　有线通信开发　221
第一节　有线通信基础知识 ············· 223
第二节　RS-485 总线通信应用开发 ············· 226
第三节　CAN 总线通信应用开发 ············· 240

第十章　无线通信开发　259
第一节　无线通信基础知识 ············· 261
第二节　ZigBee 组网开发 ············· 272

第三节　Wi-Fi 通信应用开发…………………………… 284

第十一章　新一代通信技术应用开发………… 293
　　第一节　新一代通信技术概述……………………… 295
　　第二节　新技术应用………………………………… 310

第十二章　智能仓储项目………………………… 321
　　第一节　智能仓储项目概述………………………… 323
　　第二节　智能仓储项目应用开发…………………… 325

附件：相关术语………………………………………… 337

参考文献………………………………………………… 341

后记……………………………………………………… 343

第一篇
物联网感知控制开发

物联网是通过具有一定感知、计算、执行和通信能力的设备获得物理世界的信息，然后通过网络实现信息的传输、协调和处理，从而实现人与人、人与物、物与物之间互联的网络。也就是说，物联网是以感知为目的的物物互联系统，涉及传感器、射频识别、标签、定位、网络、通信、信息处理等技术领域。感知技术是通过物理、化学或生物效应感受事物的状态、特征和方式等信息，并按照一定的规律转换成可利用信号，用以表征目标外部特征信息的一种信息获取技术。它为物联网提供了信息来源，是物联网应用的基础，是获取和识别外界信息的重要手段。

物联网感知控制开发以传感设备为基础，将检测到的信息通过一定技术转换为控制信号，控制相关设备进行一系列活动。它包含传感器数据采集、标签识别信息采集、位置信息采集、单片机开发等知识。

第一章
传感器数据采集

在《传感器通用术语》(GB/T 7665—2005)中,传感器的定义是"能感受被测量并按照一定的规律转换成可用输出信号的器件或装置,通常由敏感元件和转换元件组成"。传感器数据采集指的是检测装置检测到被测量的信息,将其按一定规则转化成电信号或其他形式的信息输出,以实现采集、处理、传输、存储和控制等功能的过程。它是实现感知控制的首要环节。

传感器的种类繁多、原理各异,同一个被测量可以使用多种技术来测量,而同一原理的传感器又可测量不同类型的物理量。按照被测量进行划分,传感器可分为物理量、化学量和生物量等类型;按照感知功能进行划分,传感器可分为光敏、电敏、热敏等类型;按照信息转换原理进行划分,传感器可分为压电式、压阻式、电阻式、电容式等类型;按照敏感元件使用的材料进行划分,传感器可分为金属传感器、聚合物传感器和混合物传感器等类型;按照输出信号进行划分,传感器可分为模拟量、开关量、数字量等类型。

本章按照输出信号将传感器分为模拟量、数字量和开关量等类型,阐述如何根据电路图、数据手册等开发文档,并运用数据采集等技术,使用相关软件开发工具,实现传感器数据采集的功能。通过一个应用案例,解释了如何实现传感器之间的信息交互。

● **职业功能:** 物联网感知控制开发。

● **工作内容:** 传感器数据采集。

- **专业能力要求：** 能完成模拟量传感器数据采集；能完成数字量传感器数据采集；能完成开关量传感器数据采集；能基于 M2M 完成 IoT 智能物（传感器）之间的信息自主交互。
- **相关知识要求：** 数据采集知识；智能物（传感器）知识。

第一节 模拟量传感数据采集

本节首先对模拟量传感器的基本概念进行讲解，其次通过阐述光敏传感器和气敏传感器的基本原理，使读者能够识读相关模拟量传感器的电路图、数据手册等开发文档，并以某 32 位单片机为例，通过编码实现模拟量传感器数据的采集功能。

考核知识点及能力要求：

- 了解模拟量传感器的基本概念。
- 了解常用模拟量传感器的基本工作原理和基本参数。
- 能够依据不同工作任务的特点选取相关模拟量传感器。
- 能够识读模拟量传感器电路图和数据手册，并根据需求检测并处理信号。
- 掌握使用模拟量传感器采集数据的能力。

一、模拟量传感器概述

模拟量传感器发出的模拟信号是连续的，也就是说该模拟信号在时间上或数值上是连续的物理量，如图 1-1 所示。

二、常用模拟量传感数据采集

测量同一物理量，有多种原理的传感器可供选择，因此在选用传感器前需要根据被测量的特点和传感器条件进行判断。而传感器选用原则是根据被测量与测量环境确定传感器

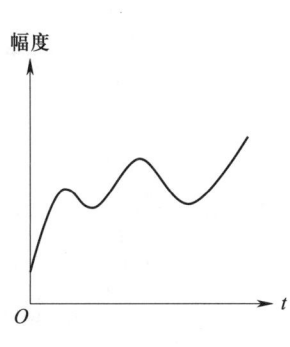

图 1-1 模拟信号

类型、灵敏度范围、频率响应特性、线性范围、稳定性、精度等。

根据常用模拟量传感数据采集任务需求，选取光敏传感器采集光照度传感数据、选取气敏传感器采集气体浓度传感数据，作为模拟量传感数据采集，进行案例分析，讲解工作过程中常用模拟量传感器、模拟量传感器的基本工作原理和基本参数。最后以典型器件为例，介绍GB5-A1E光敏传感器和MQ-4可燃气体传感器的基本参数、核心电路图以及数据采集方法。

（一）光照度传感数据采集

光敏传感器也叫光电式传感器，它可以将光信号转换为电信号。其物理基础是光电效应，半导体材料的许多电学特性都因受到光照射而发生变化。光电效应通常可以分为外光电效应、内光电效应和光生伏特效应。外光电效应指在光线的作用下，物体内电子逸出物体表面向外发射；内光电效应指在光线的作用下，电子吸收光子能量从键合状态过渡到自由状态，从而引起材料电导率的变化；光生伏特效应指在光线的作用下，能够产生一定方向的电动势的现象。

1. 常用光敏传感器

以光敏二极管型器件和光敏电阻型器件为例，介绍光敏传感器的基本参数和特性。

（1）光敏二极管型器件。光敏二极管型器件所利用的是光生伏特效应。它是一种PN结单向导电性器件，如图1-2所示。光敏二极管在没有光照射时，只有少数载流子

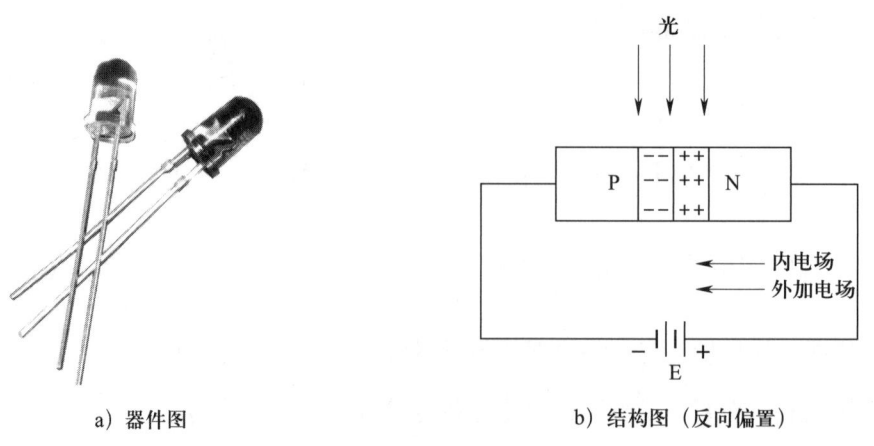

a) 器件图　　　　　　　　b) 结构图（反向偏置）

图1-2　光敏二极管型器件

在反向偏压的作用下，渡越阻挡层形成微小的反向电流（也称暗电流），因此此时反向电阻很大，光敏二极管处于截止状态；在接受光照射时，PN 结附近受光子轰击，吸收其能量而产生电子空穴对，从而使 P 区和 N 区的少数载流子数量大大增加，因此在外加反向偏压（外电场）和内电场的作用下，P 区的少数载流子渡越阻挡层进入 N 区，N 区的少数载流子渡越阻挡层进入 P 区，使通过 PN 结的反向电流大大增加，从而形成了光电流，此时光敏二极管处于导通状态。

（2）光敏电阻型器件。光敏电阻型器件利用的是内光电效应，就是在光线的作用下，电子吸收光子能量从键合状态过渡到自由状态而引起材料电导率变化，此时电阻器的阻值随入射光线的强弱变化而变化。在内光电效应的作用下，若光电导体为本征半导体材料，当外部光照能量变强时，光导材料价带上的电子将激发到导带上，从而使导带的电子和价带的空穴增加，致使光导体的电导率变大。因此，光敏电阻的电阻值随入射光照强度的变化而变化。光敏电阻型器件的结构如图 1-3b 所示。图 1-3a 为某光敏电阻型器件的实物图。

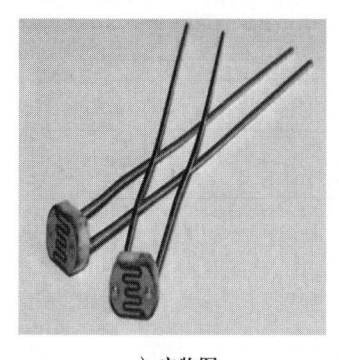
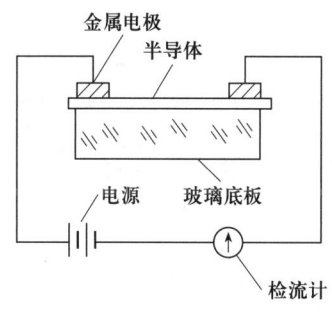

a) 实物图　　　　　　　　　　　　　b) 结构图

图 1-3　光敏电阻型器件

2. 典型器件举例

以 GB5-A1E 光敏传感器为例介绍光敏传感器，如图 1-4 所示。GB5-A1E 是一种低成本的正特性光敏传感器，可直接替代传统硫化镉（CdS）光敏电阻，广泛应用于环境光亮度感知、灯具亮度自动调节等场景。

（1）基本特性。GB5-A1E 光敏传感器是一种环境光强度变化与输出的电流成正比的光敏传感器；其稳定性好，一致性强，实用性高；其对可见光的反应近似于人眼。

（2）典型应用。可应用于背光调节，如电视机、计算机显示器、手机、数码相机、播放器、个人数字助手（PDA）、车载导航、节能控制（如红外摄像机、室内广告机、感应照明器具、玩具）仪表仪器（如测量光照度仪器以及工业控制）。

（3）光电参数。光电参数（T_a=25 ℃）见表1–1。

（4）光电流测试。光电流测试方法如图1–5所示（光电流 =V_{OUT}/R_{SS}）。

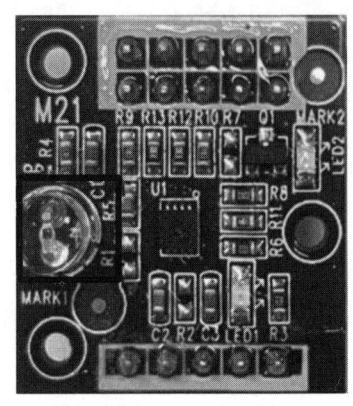

图1–4　GB5–A1E 光敏传感器

表1–1　　　　　　　光电参数（T_a=25 ℃）

参数名称		符号	测试条件	最小值	典型值	最大值
暗电流 /μA		I_{drk}	0 Lux，V_{DD}=10 V	—	—	0.2
亮电流 /μA		I_{ss}	V_{DD}=5 V，10 Lux，R_{ss}=1 kΩ	2	4	8
			V_{DD}=5 V，100 Lux，R_{ss}=1 kΩ	20	40	80
感光光谱 /nm		λ	—	—	880	1 050
响应速度 /μs	上升	t_r	V_{DD}=10 V，I_{ss}=5 mA R_L=100 Ω	—	4	—
	下降	t_f		—	4	—

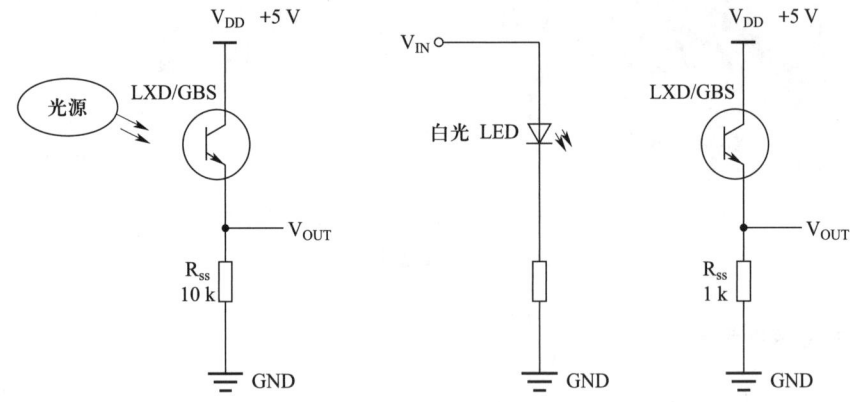

图1–5　光电流测试方法图

典型的 GB5–A1E 光敏传感器电路图如图1–6所示。当外部光照较强时，光敏二极管产生的光电流较大，输出电压较高；当外部光照变暗时，光敏二极管所产生的光电流变小，输出电压降低。输出电压送至相应模块的模数转换接口（J_2 的 10 号口）。

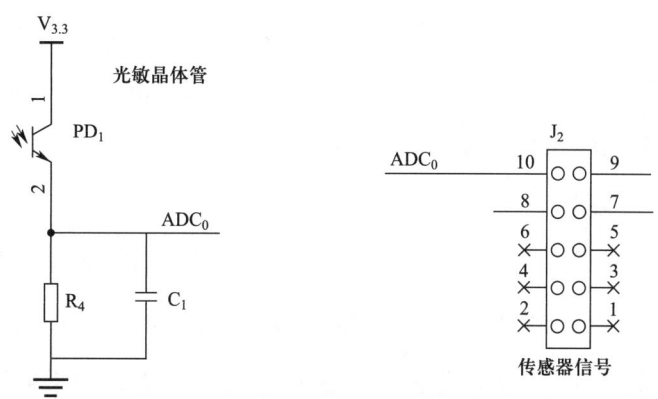

图 1–6　GB5–A1E 光敏传感器电路图

3. 光照度数据采集

以 32 位单片机为例，GB5–A1E 光敏传感器采集 ADC_0 引脚数据，经过模数转换方法输出电压值，即为输出的光照度数据。代码如下：（本书只体现核心代码，其余部分从源码包中获取，全文代码同理）

```
uint16_t Get_Voltage(void)
{
    uint16_t voltage;
    uint16_t adcx = 0;

    HAL_ADC_Start(&hadc1);                      // 启动 ADC
    HAL_ADC_PollForConversion(&hadc1,10);       // 等待采集完成
    adcx = HAL_ADC_GetValue(&hadc1);            // 获取 ADC 采集数据
    Voltage = (adcx*330)/4096;                  // 将采集到的数据转换为电压值
    HAL_ADC_Stop(&hadc1);                       // 停止 ADC

    return voltage;
}
```

（二）气体浓度传感数据采集

通常使用气敏传感器采集气体浓度传感数据，它是一种可以检测气体中特定成分并将其转换为电信号的器件，它可以提供有关待测气体存在性及浓度的信息。按照气

敏传感器的结构特性,一般可以分为半导体型气敏传感器、电化学型气敏传感器、固体电解质型气敏传感器、接触燃烧型气敏传感器、光化学型气敏传感器、高分子型气敏传感器、红外吸收型气敏传感器。

1. 常用气敏传感器

半导体型气敏传感器主要是利用半导体气敏元件同气体接触所造成的半导体性质变化来检测气体的成分或浓度,其作用原理主要是半导体与气体相互作用时产生表面吸附或反应,引起以载流子运动为特征的电导率、伏安特性或表面电位变化,借此来检测特定气体的成分或者测量其浓度,并将其变换成电信号输出。半导体型气敏传感器按照半导体变化的物理特性分为电阻型和非电阻型。

(1)电阻型气敏传感器。电阻型气敏传感器是利用敏感元件阻值变化的效应而制成的传感器。其按结构可以分为烧结型、薄膜型、厚膜型三种,如图1-7所示。

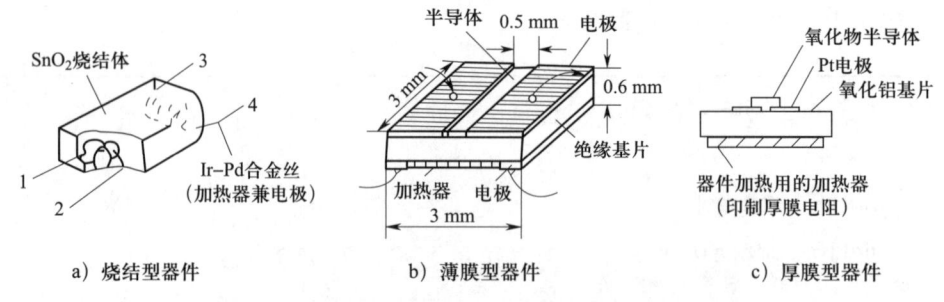

图1-7 电阻型气敏传感器结构图

(2)非电阻型气敏传感器。非电阻型气敏传感器是利用MOS二极管的电容—电压特性的变化以及MOS场效应晶体管(MOSFET)的阈值电压的变化而制成的气敏传感器。可以分为二极管气敏传感器、MOS二极管气敏传感器和MOS场效应晶体管气敏传感器三种。

2. 典型器件举例

以MQ-4可燃气体传感器为例介绍气敏传感器,如图1-8所示。MQ-4可燃气体传感器所使用的气敏材料是清洁空气中电导率较低的二氧化锡(SnO_2)。当传感器所处环境中存在可燃气体时,传感器的电导率随空

图1-8 MQ-4可燃气体传感器

中可燃气体浓度的增加而增大。

（1）基本特性。MQ-4 可燃气体传感器在较宽的浓度范围内对甲烷有较高的灵敏度。

（2）典型应用。广泛适用于家庭用可燃气体泄漏报警器、工业用可燃气体泄漏报警器以及便携式气体检测器。

（3）技术参数。回路电压最大为 24 V，加热电压为（5.0±0.1）V，加热电阻为（26±3）Ω（室温），加热功耗为 ≤ 950 mW 等。

MQ-4 可燃气体传感器测试电路图如图 1-9 所示，加热器电压（V_H）和测试电压（V_C）为 2 个施加电压，提供加热电流。其中，V_H 用于为传感器提供特定的工作温度，可用直流电源或交流电源；V_{RL} 是传感器串联的负载电阻（R_L）上的电压；V_C 是为负载电阻 R_L 提供测试的电压，须用直流电源。

MQ-4 可燃气体传感器电路图如图 1-10 所示。当检测到一定浓度的气体时，传感器的电导率随气体浓度的增加而增大，并转换为该气体浓度相对应的输出信号（ADC_0），输出电压送至相应模块的模数转换接口（J_5 的 10 号口），可以将气体传感电路采集的模拟量信号转换为对应的数字量。

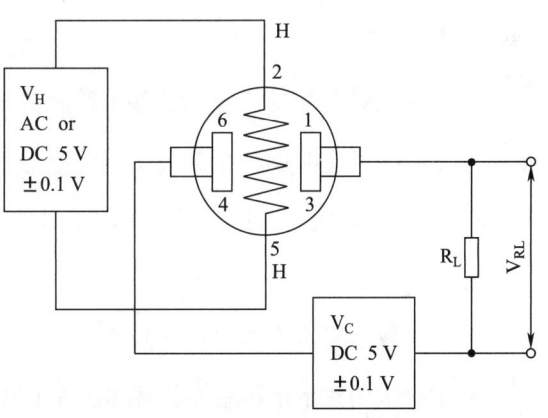

图 1-9　MQ-4 可燃气体传感器测试电路图

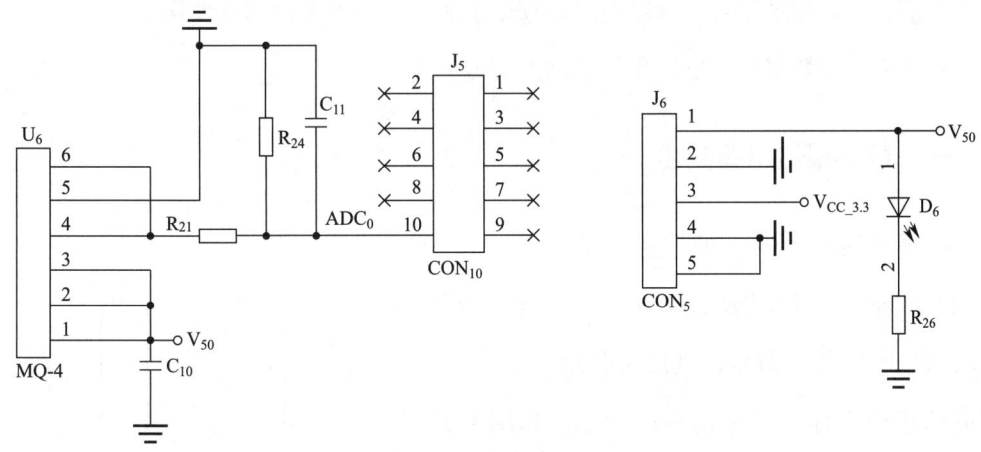

图 1-10　MQ-4 可燃气体传感器电路图

3. 可燃气体数据采集

MQ-4 可燃气体传感器采集方法同 GB5-A1E 光敏传感器，此处不再赘述。

第二节 数字量传感数据采集

本节首先对数字量传感器的基本概念进行讲解，其次通过阐述温湿度传感器的基本原理，使读者能够识读相关数字量传感器的电路图、数据手册等开发文档，最后以某 32 位单片机为例，通过编码实现数字量传感器数据的采集功能。

考核知识点及能力要求：

- 了解数字量传感器的基本概念。
- 了解常用数字量传感器的基本工作原理和基本参数。
- 能够依据不同工作任务的特点选取相关数字量传感器。
- 能够识读数字量传感器电路图和数据手册，根据需求检测并处理信号。
- 掌握使用数字量传感器采集数据的能力。

一、数字量传感器概述

数字量传感器发出的信号是离散的，其在时间和数量上都是离散的物理量。把表示数字量的信号叫作数字信号，其通常是用一组 0 和 1 组成的代码串标识某个信号的大小，如图 1-11 所示。

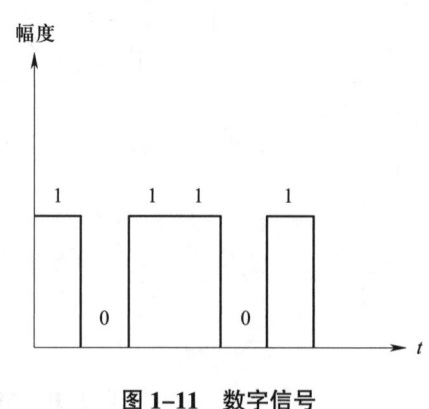

图 1-11　数字信号

将模拟量转换成数字量的器件,称为模数转换器(analog to digital converter, ADC)。模数转换器将模拟量进行采样、保持、量化、编码,然后转换成数字量。模拟量转换成数字量公式如下:

$$D = \frac{U_A}{V_{DD}} \times 2^n = \frac{2^n}{V_{DD}} \times U_A \tag{1-1}$$

式中,D 为数字量;U_A 为模拟量;n 为模数转换的精度位数;V_{DD} 为转换电路的供电电压。

如传感器实验模块中精度为 8 位、供电电压为 3.3 V,则 $D = \frac{256}{3.3} \times U_A$。

二、常用数字量传感数据采集

根据常用数字量传感数据采集任务需求,选取温湿度传感器采集温度传感数据和湿度传感数据,进行数字量传感数据采集案例分析,讲解工作过程中常用数字量传感器、数字量传感器基本工作原理和基本参数。最后以典型器件为例,介绍 SHT3X 温湿度传感器的基本参数、核心电路图以及数据采集方法。

(一)温度采集

温度传感器能感知物体温度,并将非电学的物理量转换为电学物理量。其依据工作原理可以分为多类,见表 1-2。

表 1-2　　　　　　　　　　　温度传感器按照工作原理分类

工作原理	分　类
利用体积热膨胀	可制成气体温度器件、水银温度器件、有机液体温度器件、双金属温度器件、液体压力温度器件、气体压力温度器件
利用电阻变化	可制成铂测温电阻、热敏电阻
利用温差电现象	可制成热电偶
利用导磁率变化	可制成热敏铁氧体
利用压电效应	可制成石英晶体振动器
利用超声波传播速度变化	可制成热敏铁氧体
利用晶体管特性变化	可制成晶体管半导体温度传感器
利用热、光辐射	可制成辐射温度器件、光学高温器件

1. 常用温度传感器

以热敏电阻（利用电阻变化）和热电偶（利用温差电现象）为例介绍温度传感器的基本参数和特性。

（1）热敏电阻。热敏电阻是一种电阻值随温度变化而变化的半导体传感器，如图 1-12 所示。按电阻温度特性可分为负温度系数热敏电阻（negative temperature coefficient resistance，NTCR）、正温度系数热敏电阻（positive temperature coefficient resistance，PTCR）和临界负温度系数热敏电阻（critical temperature resistor，CTR）。在工作温度范围内，负温度系数热敏电阻的电阻值会随着温度的升高而减小；正温度系数热敏电阻的电阻值会随着温度的升高而升高；临界温度热敏电阻的显著特征是随着温度的升高，电阻值在临界温度附近存在突降的过程。

（2）热电偶。热电偶是温度测量仪表中常用的测温元件，如图 1-13 所示，它直接测量温度，并把温度信号转换成热电动势信号，通过电气仪表（二次仪表）转换成被测介质的温度。所谓的热电效应，是当受热物体中的电子（空穴）随着温度梯度由高温区往低温区移动时，产生电流或电荷堆积的一种现象。因此热电效应产生的电动势称为热电动势。

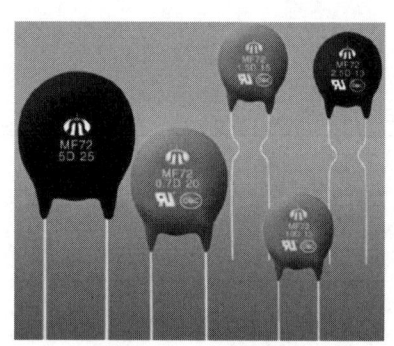

图 1-12　热敏电阻

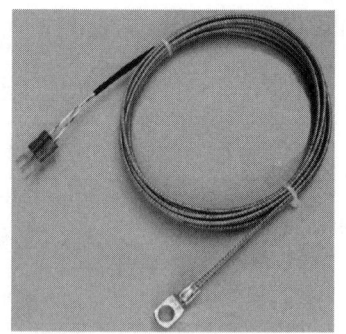

图 1-13　热电偶

2. 典型器件举例

以 SHT3X 温湿度传感器（SHT3X 温湿度传感器芯片和器件图）为例，如图 1-14 所示。SHT3X 温湿度传感器包括一个电容性聚合体测湿敏感元件、一个用能隙材料制成的测温元件，并在同一芯片上与 14 位的模数转换器以及串行接口电路实现

a）芯片图　　　　　　　　b）器件图

图 1–14　SHT3X 温湿度传感器芯片和器件图

无缝连接。因此，该产品具有反应迅速、抗干扰能力强等优点。每个传感器芯片都在极为精确的湿度腔室中进行标定，校准系数以程序形式储存在 OTP 内存中。SHT3X 芯片建立在全新和优化的 CMOSens® 芯片之上，进一步提高了产品可靠性和精度规格。同时，SHT3X 芯片提供了一系列新功能，如增强信号处理、可编程温湿度极限的报警模式，以及高达 1 MHz 的通信速度。

（1）基本特性。提供相对湿度和温度的测量；全部校准，数字输出；接口简单，反应速度快；超低功耗，自动休眠；具有长期稳定性；超小体积（表面贴装）。

（2）典型应用。可应用于智能环境监控系统、数据采集器、变送器、计量测试等。

（3）技术参数。相对湿度测量范围为 0 ~ 100%，温度测量范围为 –40 ~ 125 ℃，相对湿度测量精度为 ±1.5%，温度测量精度为 ±0.2 ℃，封装形式为 SMD（LCC）。

（4）传感器电路。SHT3X 温湿度传感器的应用电路图和芯片封装引脚图如图 1–15 所示，SHT3X 温湿度传感器引脚分配见表 1–3。时钟线（SCL）用于微控同步控制器与传感器之间的通信，数据线（SDA）用于传感器之间来回传输数据，二者均为漏极开路 I/O。二极管至电源（V_{DD}）和接地（V_{SS}）负责连接外部上拉电阻，I^2C 总线上的设备只能将线接地，需要外部上拉电阻（R_p）将信号拉高。

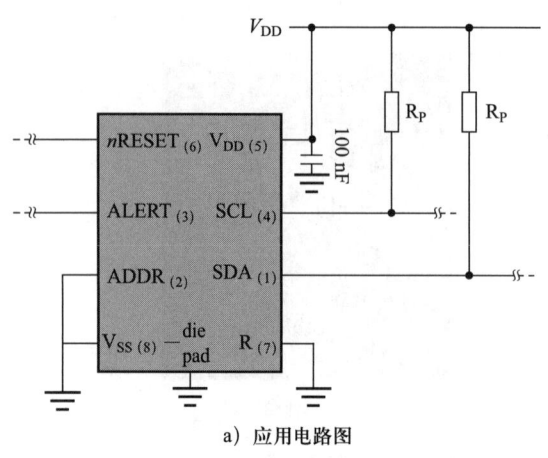
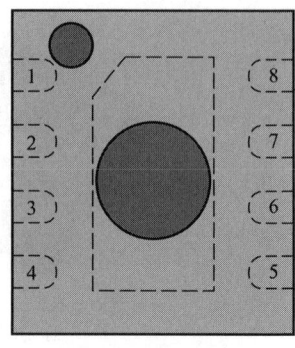

a）应用电路图　　　　　　　　　　b）芯片封装引脚图

图1-15　SHT3X温湿度传感器应用电路图和芯片封装引脚图

表1-3　　　　　　　　　　SHT3X温湿度传感器引脚分配

引脚	名称	说明
1	SDA	I^2C 数据线引脚
2	ADDR	地址引脚，可连接 V_{SS} 或 V_{DD}，分别会有不同的地址。不能浮空
3	ALERT	报警引脚，如果使用，建议接到单片机的外部中断。不用的话建议浮空
4	SCL	I^2C 时钟线引脚
5	V_{DD}	电压输入引脚
6	nRESET	复位引脚，低电平有效。如果不用，建议接到 V_{DD}
7	R	没有电气作用的引脚，连接到 V_{SS}
8	V_{SS}	接地

I^2C总线主要由数据线（SDA）、时钟线（SCL）及上拉电阻组成，如图1-16所示。通信原理是通过对SCL和SDA线高低电平时序的控制，来产生I^2C总线协议所需要的信号并进行数据的传递。在总线空闲时，SDA和SCL线一般被上面所接的上拉电阻拉高，以保持高电平。I^2C通信方式为半双工，且只有一根SDA线，同一时间只可进行单向通信。

I^2C总线上的数据传输以字节为单位，主设备依据SCL线上每个时钟脉冲来传输SDA线上的数据位（bit），当一个字节按数据位从高到低的顺序传输完后，紧接着从设备将拉低 SDA 线，回传给主设备一个应答位，此时才认为一个字节真正地被传输完成，如图 1-17 所示。当然，并不是所有的字节传输都必须有一个应答位，比如，当从设备不能再接收主设备发送的数据时，从设备将回传一个否定应答位。

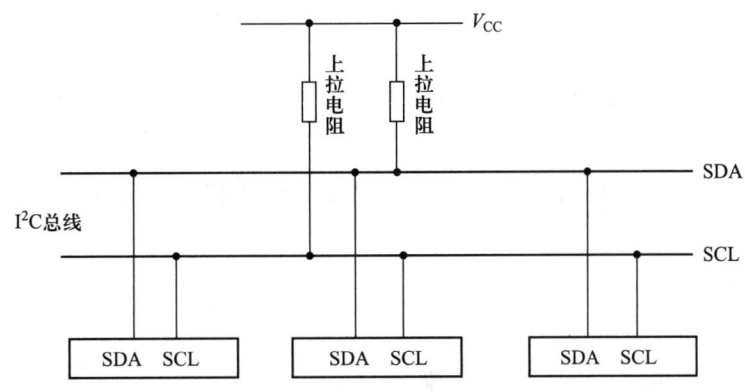

图 1-16　I^2C 总线物理拓扑图

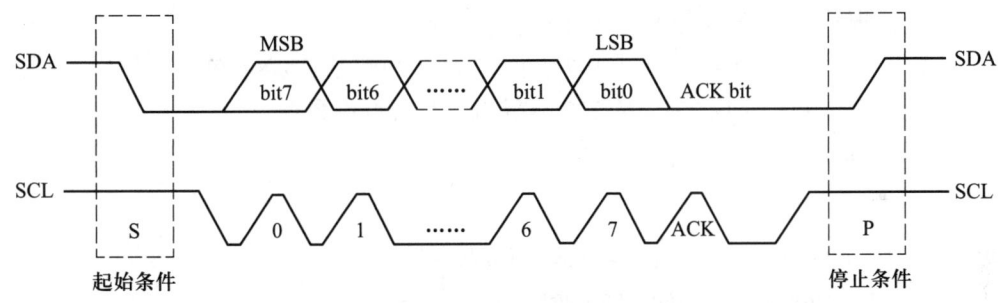

图 1-17　I^2C 总线上数据传输过程

SHT3X 温湿度传感器电路图如图 1-18 所示，其采用两线制串行接口，通过 I^2C 总线协议将采集到的信号送至相应模块的接口（J_2 的 7、9 号口）。

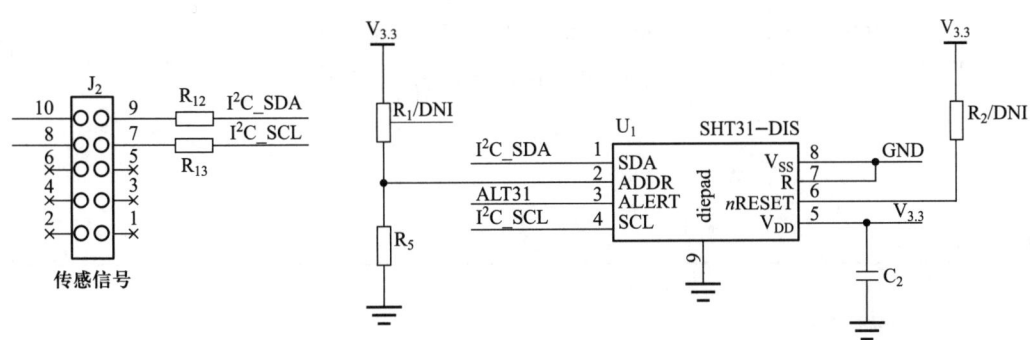

图 1-18　SHT3X 温湿度传感器工作电路图

3. 温度数据采集

以 32 位单片机为例，SHT3X 温湿度传感器采用 I^{2}C 总线协议，通过使用已提供的源码包中封装好的 SHT3X 驱动文件，调用初始化函数来获取温湿度数据函数，就能采集到温湿度数据。获取温湿度数据函数代码如下：

```c
void  SHT_SmpSnValue(int8_t  *tem,  uint8_t  *hum)
{
    if(SHT_TypeFlag != TYPE_SHT1X) // 判断是否是 SHT3X 温湿度传感器
    {
        etError   error;
        ft  temperature;        // 温度
        ft  humidity;           // 湿度

        error  =  NO_ERROR;
        error  =  SHT3X_GetTempAndHumi(&temperature, &humidity, REPEATAB_
HIGH, MODE_POLLING, 200); // 200ms 轮询采集温湿度数据
        if(error  !=  NO_ERROR)
        {
            error  =  SHT3X_SoftReset( );// 软复位
            if(error  !=  NO_ERROR)
            {
                SHT3X_HardReset( );// 硬复位
            }
        }
        *tem = (int8_t)(((temperature*10)+5)/10);// 温度数据
        *hum = (uint8_t)(((humidity*10)+5)/10);   // 湿度数据
    }
    ......// 其他代码省略
}
```

（二）湿度采集

湿度传感器能够感受外界湿度变化，并通过器件材料的物理或化学性质变化，将

物理量转换为电学量。湿敏元件是最简单的湿度传感器,它有电阻式、电容式两大类。湿敏电阻利用在基片上覆盖的一层感湿膜(感湿材料制成)来测量湿度,当空气中的水蒸气附着在感湿膜上时,元件的电阻率和电阻值都发生变化。湿敏电容一般是用高分子薄膜电容制成的,当环境湿度发生改变时,湿敏电容的介电常数发生变化,其电容量也随着发生变化,其电容变化量与相对湿度成正比。

1. 常用湿度传感器

以有机高分子膜湿敏电阻和电容式湿敏器件为例,介绍湿度传感器的基本参数和特性。

(1)有机高分子膜湿敏电阻。有机高分子膜湿敏电阻是在氧化铝等陶瓷基板上设置梳状电极,然后在其表面涂上具有感湿性能和有导电性能的高分子材料的薄膜,再涂一层多孔质的高分子膜保护层制成的。这种湿敏元件利用了当水蒸气附着在感湿薄膜上时,其电阻值与相对湿度相对应这一特性,如图1-19所示。

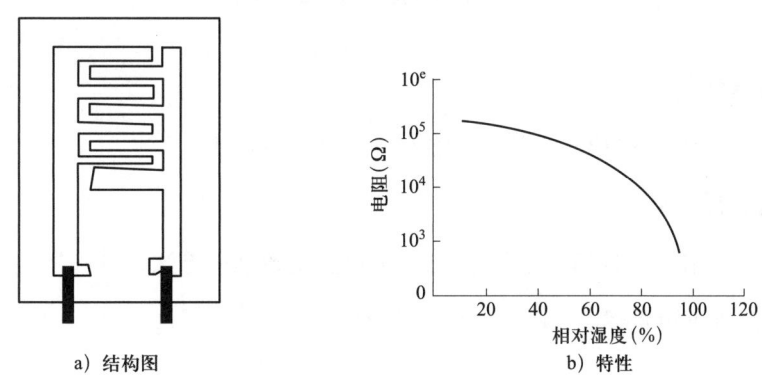

图1-19 有机高分子膜湿敏电阻的结构与特性

(2)电容式湿敏器件。电容式湿敏器件是利用湿敏元件的电容值随湿度变化的原理进行湿度测量的传感器。这类湿敏元件实际上是一种吸湿性电介质材料制成的薄片状电容器,其介电常数随湿度变化而变化。

电容式湿敏器件的结构如图1-20a所示,它在清洗干净衬底上蒸镀一层下电极并在其表面上均匀涂覆(或浸渍)一层感湿膜,再在感湿膜的表面上蒸镀一层上电极。上、下电极和夹在其间的感湿膜构成一个对湿度敏感的平板形电容器。当环境中的水分子沿着电极的毛细微孔进入感湿膜而被吸附时,湿敏元件的电容值与相对湿度之间成正比关系,如图1-20b所示。

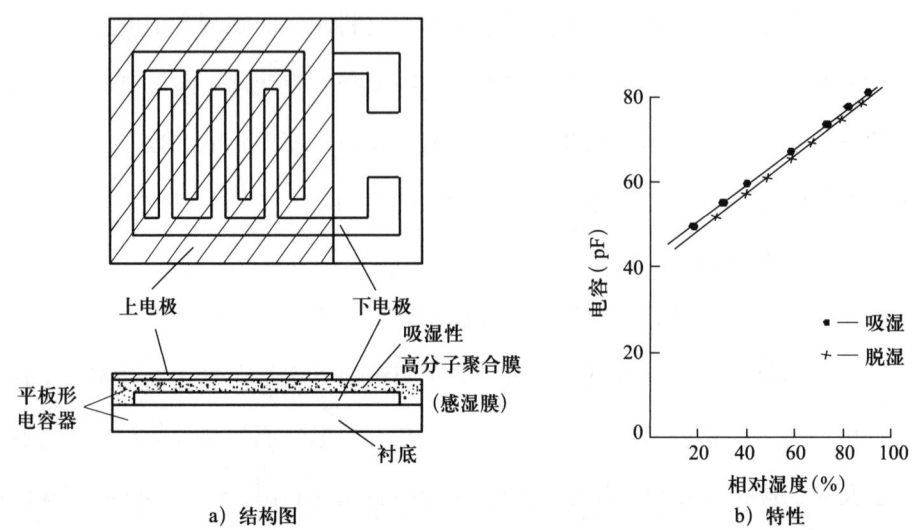

图1-20 电容式湿敏器件结构与特性

2. 典型器件举例

前面已经介绍了SHT3X温湿度传感器,此处不再赘述。

3. 湿度数据采集

前面已经介绍了SHT3X温湿度传感器采集温度数据的方法,其采集湿度数据的方法也类似。此处不再赘述。

第三节 开关量传感数据采集

本节首先介绍开关量传感器的基本概念,其次通过阐述红外传感器和声音传感器的基本原理，使读者能够识读相关开关量传感器的电路图、数据手册等开发文档，最后以某 32 位单片机为例，通过编码实现开关量传感器数据的采集功能。

考核知识点及能力要求：

- 了解开关量传感器的基本概念。
- 了解常用传感器的基本工作原理和基本参数。
- 能够依据不同工作任务的特点选取相关传感器。
- 能够识读传感器电路图和数据手册，根据需求检测处理信号。
- 掌握使用开关量传感器采集数据的能力。

一、开关量传感器概述

开关量传感器发出的信号是非连续性的，它有断开和闭合两种状态信号。它类似模拟量传感数据的"有"和"无"，也类似数字量传感数据的"1"和"0"两种状态，是传感数据中最基本、最典型的一类。

二、常用开关量传感数据采集

根据常用开关量传感数据采集任务需求，选取红外传感器采集红外信号和声音传感器采集声音信号，作为开关量传感数据采集进行案例分析，讲解工作过程中常用开关量传感器、开关量传感器基本工作原理和基本参数。最后以典型器件为例，介绍了红外传感器和声音传感器的基本参数、核心电路图以及数据采集方法。

（一）红外信号采集

红外传感器是一种能感知目标所辐射的红外信号并利用红外信号的物理性质来进行测量的器件。它的原理是不同的波长（或频率）产生不同的电磁波，如可见光、紫外线、红外线等产生的电磁波均不同。红外信号因其频谱位于可见光中的红光以外，因而被称为红外光。

1. 常用红外传感器

以槽形红外光电传感器和人体红外传感器为例，介绍红外传感器的基本参数和特性。

（1）槽形红外光电传感器。槽形红外光电传感器的槽体内包含一组面对面安放的红外线发射管和红外线接收管，如图1-21所示。在无阻挡的情况下，红外线发射管发出的红外线能被红外线接收管接收。在阻挡的情况下，由于红外线被遮挡，光电开关便输出一个开关控制信号切断或接通负载电流，从而完成一次控制动作。

 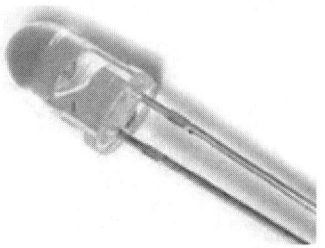 

a）槽形红外光电传感器　　　b）红外线发射管　　　c）红外线接收管

图1-21　槽形红外光电传感器

（2）人体红外传感器。人体红外传感器是一种可自动探测运动的人体的红外热释感应器，如图1-22所示。它由透镜、感光组件、感光电路组成。一旦人体移动，感光组件可产生极化压差，感光电路就会发出有人的识别信号，达到探测运动的人体的目的。

 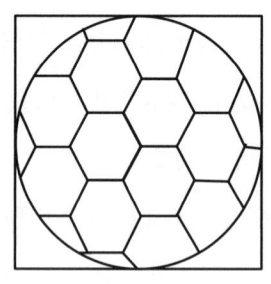

图1-22　人体红外传感器及透镜

2. 典型器件举例

以HC-SR501人体红外传感器为例，如图1-23所示，阐述人体红外传感器的基本原理。HC-SR501人体红外传感器基于红外线技术设置自动控制模块，采用LHI778

探头设计和超低电压工作模式，灵敏度高、可靠性强。它具备两种触发方式：一是通过电位器可以调节感应输出时间和封锁时间；二是通过跳线帽选择触发方式。

（1）基本特性。探测元件将探测并接收到的红外辐射转变成弱电压信号，经装在探头内的场效应管放大后向外输出。为了提高探测器的探测灵敏度以增大探测距离，一般在探测器

图1-23　HC-SR501人体红外传感器

的前方装设一个菲涅尔透镜，它和放大电路相配合，可将信号放大70 dB以上。一旦有人侵入探测区域，则人体红外辐射通过部分镜面聚焦，并被热释电元接收。而由于两片热释电元接收到的热量不同、热释电也不同，经过信号处理便会产生报警信息。

（2）典型应用。可应用于自动照明控制、安防、自动门控制、非接触测温。

（3）技术参数。工作电压为3.3 V和5 V；电平输出为高压3.3 V（无人），低压0 V（有人）；延迟时间为0.5 ~ 200 s（可调）；封锁时间为2.5 s（默认）；触发方式为不可重复L、可重复H，默认值为H；感应角度为小于100°锥角；感应距离为7 m以内（感应角度范围内）；工作温度为-15 ~ 70 ℃。

HC-SR501人体红外传感器电路图如图1-24所示，主要工作原理如下：当检测到运动的人体时，J_7的第二引脚会输出电平经电阻（R_{11}）至三极管的基极，从而点亮二极管（D_1），该信号可以同时送至外部微处理器（J_1）的引脚（INT）进行识别（即高低电平的识别）。

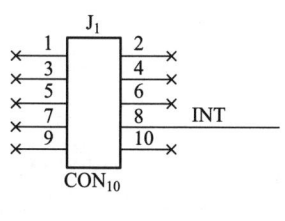
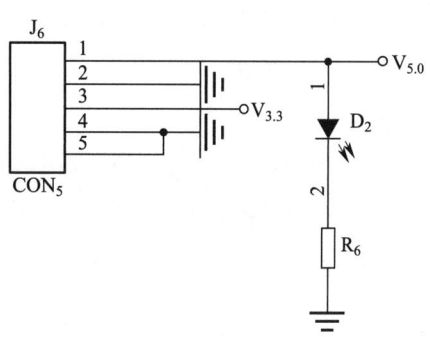

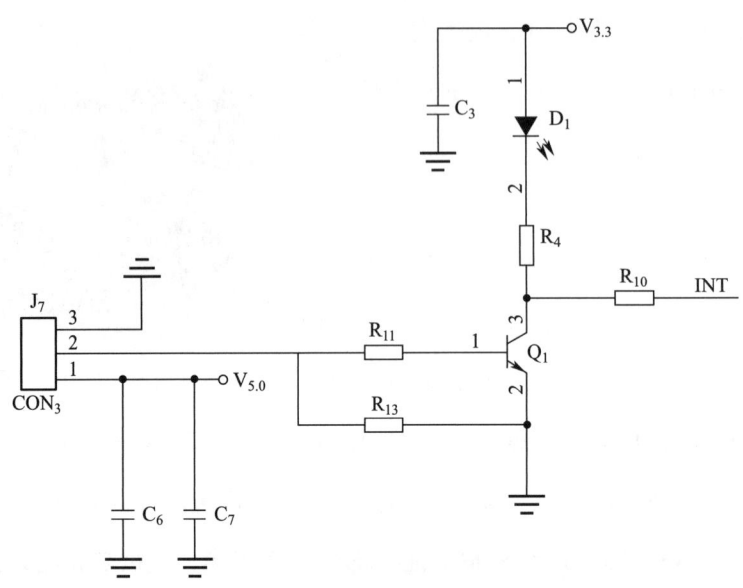

图 1-24 人体红外传感器电路

3. 红外数据采集

以 32 位单片机为例，HC-SR501 人体红外传感器采集的某个端口引脚电平的高低变化，所输出的信号为开关量。其中，数据为 0 表示低电平，数据为 1 表示高电平。这里假设输出引脚（INT）对应 MCU 引脚（PA1），通过以下代码实现开关量传感器数据的采集：

```c
#define  READSTATUS    HAL_GPIO_ReadPin(GPIOA,GPIO_PIN_1)  // 宏定义引脚

void   InfraredSensor_Init(void)
{
    GPIO_InitTypeDef  GPIO_InitStruct  =  {0};
    __HAL_RCC_GPIOA_CLK_ENABLE( );
    GPIO_InitStruct.Pin  =  GPIO_PIN_1;                    // 引脚编号
    GPIO_InitStruct.Mode  =  GPIO_MODE_INPUT;              // 输入模式
    GPIO_InitStruct.Pull  =  GPIO_PULLUP;                  // 上拉形式
    GPIO_InitStruct.Speed  =  GPIO_SPEED_FREQ_MEDIUM;      // 中速
    HAL_GPIO_Init(GPIOA, &GPIO_InitStruct);                // 引脚初始化
}
```

```
uint8_t    Switching_Value(void)
{
    return    READSTATUS; // 返回引脚电平
}
```

（二）声音信号采集

声音信号采集就是将外界作用在采集器件上的声信号转换成电信号，输出给后续处理电路。常用的声音传感器按换能原理的不同可分为3种类型，即电动式、压电式和电容式。其典型应用为电容式驻极体传声器、压电式驻极体传声器和动圈式传声器。它们具有结构简单、使用方便、性能稳定、灵敏度高等诸多优点。

1. 常用声音传感器

以电容式驻极体传声器、压电式驻极体传声器和动圈式传声器为例介绍声音传感器的基本参数和特性。

（1）电容式驻极体传声器。电容式驻极体传声器如图1-25所示。它通常将电介质薄膜的一个面做成电极，与固定电极保持平行，并配置于固定电极的对面，在薄膜的单位电极表面上产生感应电荷。

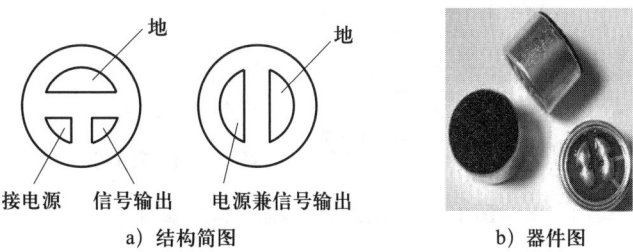

图1-25 电容式驻极体传声器

（2）压电式驻极体传声器。压电式驻极体传声器，如图1-26所示，包含一个外壳，用于连接、保护及屏蔽电路。外壳通过一个导电垫片与压电驻极体薄膜连接，外壳上开有入声孔，使声音信号能通过入声孔与压电膜接触，并通过压电效应产生相应的电信号。电信号通过腔体的金属片与铜环传到印刷电路板（PCB）上。最后通过卷边封装，使外壳与PCB紧密相连，这样压电式驻极体传声器就变成了一个牢固的整体。

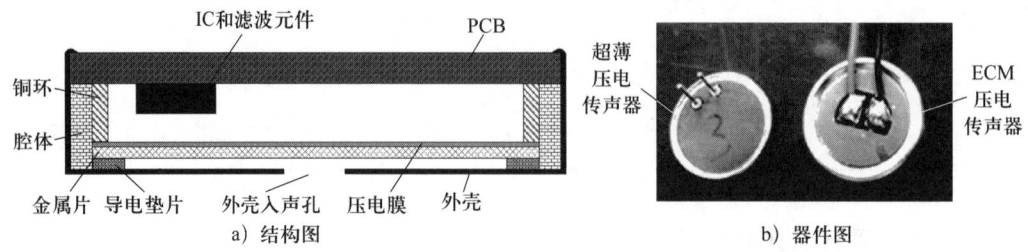

图1-26 压电式驻极体传声器

（3）动圈式传声器。动圈式传声器结构如图1-27所示。如果把一导体置于磁场中，在声波的推动下使其振动，这时在导体两端便会产生感应电动势，利用这一原理制造的传声器称为电动式传声器。如果导体是一个线圈，则称为动圈式传声器；如果导体为一个带箔金属，则称为带式传声器。动圈式传声器是一种使用最为广泛的传声器。

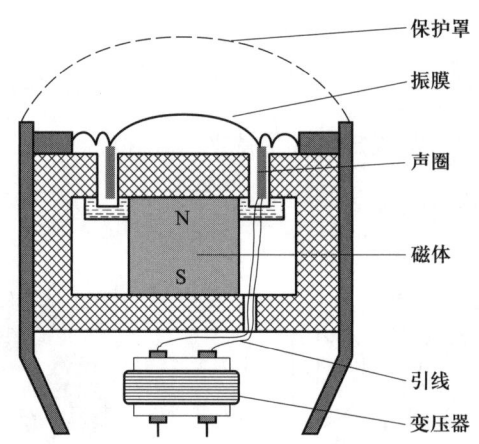

图1-27 动圈式传声器结构示意图

2. 典型器件举例

以MAX9814麦克风放大器为例来介绍声音传感器，如图1-28所示。MAX9814麦克风放大器具有低成本、高品质的特点，内置自动增益控制以及低噪声麦克风偏置。

（1）基本特性。具有自动增益控制（automatic gain control，AGC）功能；可手动配置 3 种增益（40 dB、50 dB、60 dB）；可对启动时间进行编程；可对启动与释放比进行编程；2.7 ～ 5.5 V 的工作电压范围；内部提供低噪声麦克风偏置；采用节省空间的 14 引脚 TDFN（3 mm×3 mm）封装；达到扩展级的温度范围（–40 ～ 85 ℃）。

（2）典型应用。可应用于数码相机、数字摄像机、PDA、蓝牙耳机、娱乐系统（如卡拉 OK）、双向通信装置、高品质便携式录像机、IP 电话 / 电话会议等设备。

图 1–28　MAX9814 麦克风放大器

MAX9814 麦克风放大器简化框图如图 1–29 所示，由低噪声前置放大器（low noise preamplifier，LNA）、可变增益放大器（variable gain amplifier，VGA）、输出放大器的增益（GAIN）配置，可选值为 8 dB、18 dB、28 dB 以及 AGC 控制电路等多个不同电路组成。LNA 增益固定为 12 dB，而 VGA 可以根据输出电压和 AGC 门限在 20 dB 和 0 dB 之间自动调节。

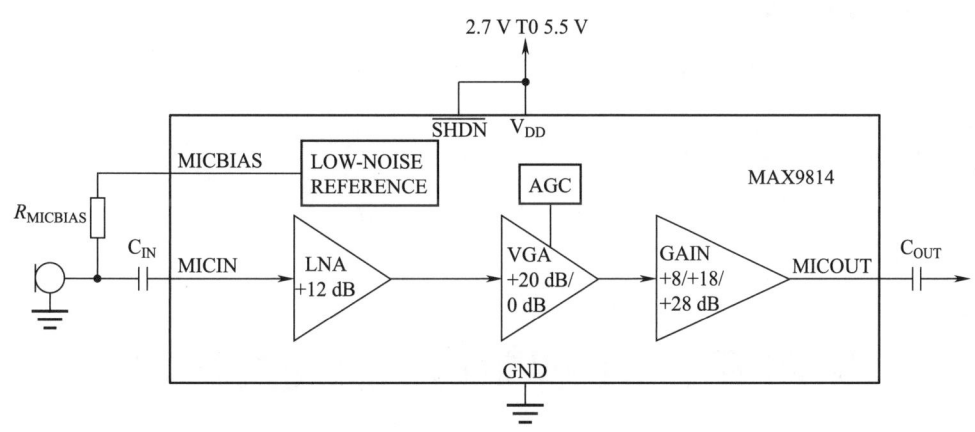

图 1–29　MAX9814 麦克风放大器简化框图

如图 1–30 所示，MAX9814 麦克风放大器主要工作原理如下：当驻极体麦克风检测到声音输入时，对声音信号进行处理、放大，并将其转换成电压值，对应输出到引脚（C_{OUT}），并向引脚（P0.0）输出信号。

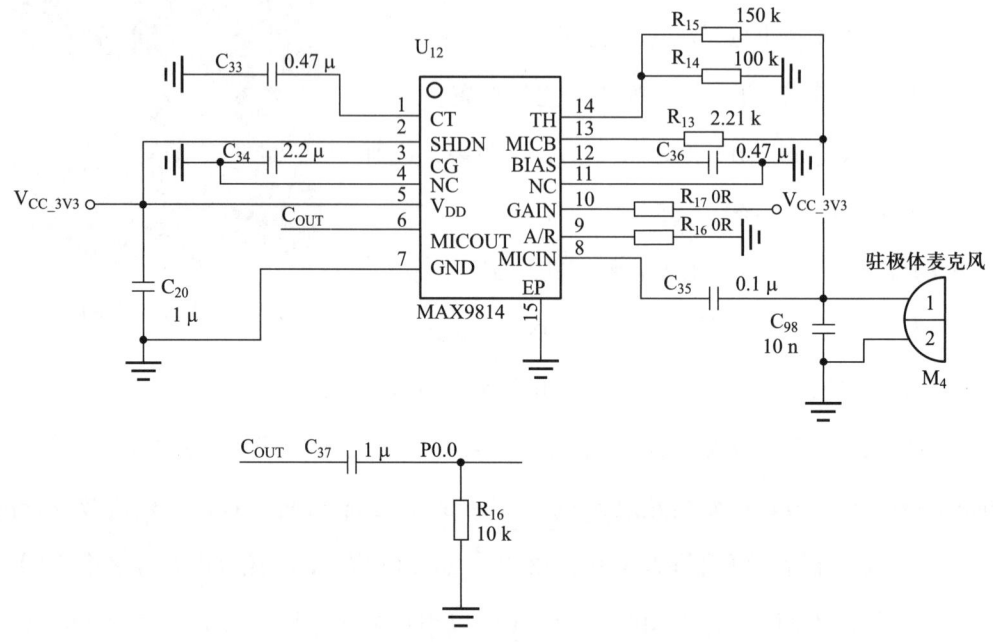

图 1-30　MAX9814 麦克风放大器电路图

3. 声音数据采集

声音数据采集也是采集开关量信号，前面已经讲解，此处不再赘述。

第四节　IoT 智能物信息交互应用

本节首先对物联网的基本概念进行讲解，然后以某 32 位单片机为例，根据任务功能进行需求分析，讨论、选取实验所需要的传感器，进行硬件环境的搭建，最后告诉读者如何根据前面所学习的相关传感器的数据采集原理，并通过编码实现智能物之间的信息自主交互功能。

考核知识点及能力要求：

- 了解物联网的基本概念。
- 根据任务功能进行需求分析。
- 根据任务需求对传感器进行选型、检测并进行数据采集。
- 搭建开发环境、使用相关软件开发工具，编写简单代码并使用仿真器进行代码调试下载。

一、IoT 概述

物联网（Internet of Things，IoT）也称传感网。它指通过信息传感设备，按照约定的协议，把任何物品与互联网连接起来，进行信息交换和通信，以实现智能化识别、定位、跟踪、监控和管理的一种网络。它是实现人与人、人与机器、机器与机器、人与物以及物与物之间沟通的网络架构。

物联网是一个层次化的网络。它包含了感知层、网络层、平台层和应用层。感知层实现物与物的通信，它是物联网的感觉器官，用来识别物体、采集信息；网络层负责将感知层获取的信息进行处理和传输，它是物联网的神经系统，用来传输和处理信息；平台层向下连接感知层，向上对应用服务提供商提供应用开发能力和统一接口，并为各行各业提供通用的服务能力，它是物联网的大脑；应用层对感知和传输来的信息进行分析，以做出正确的控制和决策。

为了实现 IoT 智能物信息交互功能，感知层对传感器进行数据采集；网络层将采集到的传感器数据进行数据传输；平台层、应用层将接收到的数据进行数据分析和处理。

二、IoT 智能物功能概述

IoT 智能物信息交互应用主要以某 32 位单片机、温湿度传感器、人体红外传感器为例，进行相关功能的编码开发。

首先 32 位单片机与温湿度传感器组成从机节点，采集当前环境的温湿度数据；其次另一块 32 位单片机与人体红外传感器组成主机节点，采集当前环境的人体感应数据；最后将各自节点采集到的温湿度、人体感应数据通过有线通信进行交互，从而控制各自的 LED 灯亮灭，并通过串口线将数据输出到个人计算机（personal computer，PC）上，如图 1-31 所示。

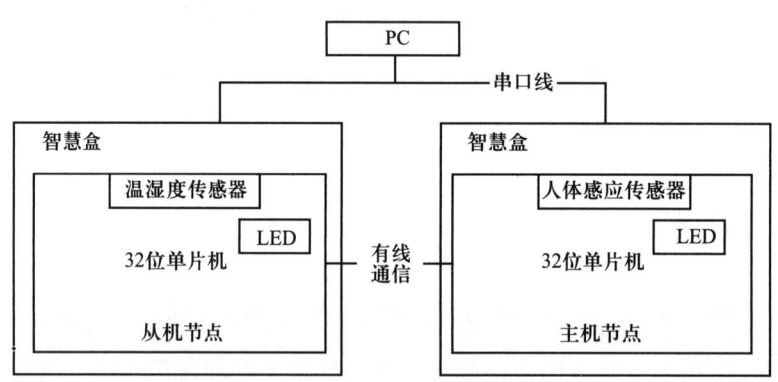

图 1-31　IoT 智能物功能拓扑图

三、IoT 智能物信息交互

在图 1-31 所示的拓扑图中，如果从机节点采集到的温湿度数据超出阈值，则控制主机节点 LED 灯点亮；如果主机节点采集到人体感应数据，则控制从机节点 LED 灯点亮，以实现信息自主交互的功能。

（一）环境搭建

1. 设备选型

（1）移动智慧盒（智慧盒）如图 1-32 所示。智慧盒连接串口线，将某 32 位单片机放置于智慧盒上，一方面为该单片机进行供电，另一方面将该单片机串口调试信息输出到 PC 的串口调试助手工具上。

（2）某 32 位单片机。该单片机包含芯片（内置 ADC）、8 位 LED 模组、串口通信连接、控制和复位按键等，如图 1-33 所示。

图 1-32　移动智慧盒

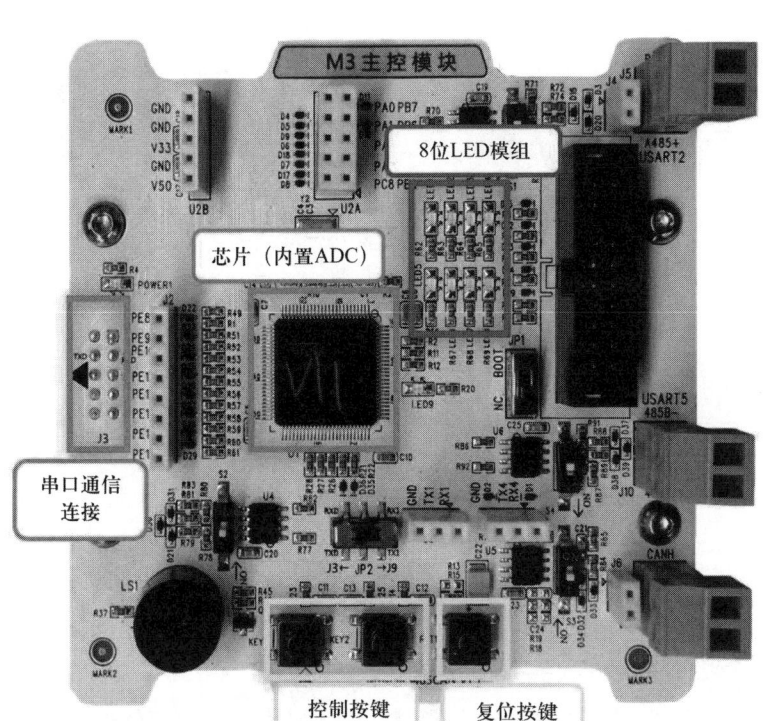

图 1-33　某 32 位单片机内部结构

（3）传感器。使用 SHT3X 温湿度传感器及 HC-SR501 人体红外传感器。如图 1-34 所示。

a）SHT3X 温湿度传感器　　b）HC-SR501 人体红外传感器

图 1-34　传感器

2. 硬件环境搭建

选取 1 台 PC、2 个智慧盒、2 块 32 位单片机、1 个温湿度传感器、1 个人体红外传感器、2 条 USB 转串口线（简称串口线）以及若干条导线进行互相连接，如图 1-35 所示。

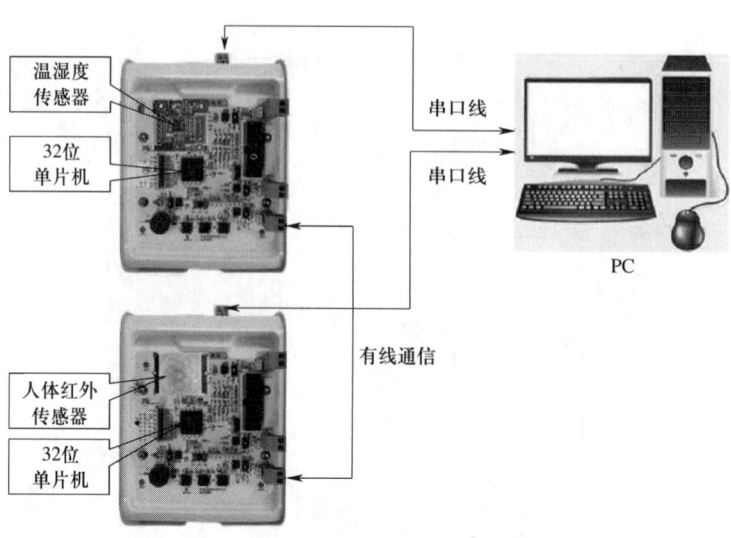

图1-35 硬件搭建图

3. 软件环境搭建

从 Keil 官网下载 MDK-ARM 的安装包。按照操作步骤进行软件包的安装。详细步骤可参考后续章节,这里不再赘述。

(二)代码完善

1. 传感器数据采集

温湿度传感器与人体红外传感器分别是数字量传感器和开关量传感器。温湿度传感器采用 I^2C 总线协议来获取温湿度数据,人体红外传感器通过读取 I/O 端口引脚电平高低来获取人体感应数据。

2. 传感器数据交互

主从机节点各自从总线上获取温湿度数据、人体感应数据,通过判断阈值大小来控制各自模块的 LED 灯亮灭,以实现传感器数据交互功能。代码如下:

```
void    rcvdata_controlled(void)
{
    if(rx_done_flag   ==   1) // 接收完成标志
    {
        rx_done_flag   =   0;
        // 接收数据
```

```c
        if(rcvdata_process(can_rx_data, &masterCMD, &slaveCMD1, &slaveCMD2) < 0)
        {
            //printf("接收数据校验错误.\n");
        }
    #if  DEV_MASTER
        else if(masterCMD == MCMD_TEMPERATURE)    // 如果接收到了温湿度数据
        {
            if((slaveCMD1 > 27) || (slaveCMD2 > 65))// 温湿度阈值控制 LED 灯亮灭
            {
                HAL_GPIO_WritePin(LED1_GPIO_Port, LED1_Pin, GPIO_PIN_RESET);
            }
            else {
                HAL_GPIO_WritePin(LED1_GPIO_Port, LED1_Pin, GPIO_PIN_SET);
            }
        }
    #else
        else if (masterCMD == MCMD_BODYINFRARED)   // 如果接收到了人体感应数据
        {
            if(slaveCMD1 == 1)  // 人体感应数据控制 LED 亮灭
            {
                HAL_GPIO_WritePin(LED1_GPIO_Port, LED1_Pin, GPIO_PIN_RESET);
            }
            else {
                HAL_GPIO_WritePin(LED1_GPIO_Port, LED1_Pin, GPIO_PIN_SET);
            }
        }
    #endif
```

```
      ……// 其他代码省略
    }
}
```

（三）效果演示

用手触发相应的传感器即可以看出 32 位单片机上的 LED 灯的亮灭功能是否正常。这里打开串口调试助手工具（或其他软件），串口调试助手工具参数的配置主要包括串口号、波特率、校验位、数据位、停止位等。

效果演示步骤如下：安装好串口线软件驱动，选择已识别到的串口号；设置波特率为 115 200 bit/s；设置校验位为 NONE；设置数据位为 8 位；设置停止位为 1 位；接收设置和发送设置按照默认配置；单击"打开"按钮，就可查看到相应的传感器数据，如图 1-36 所示（本文出现的串口调试助手工具配置操作同理）。

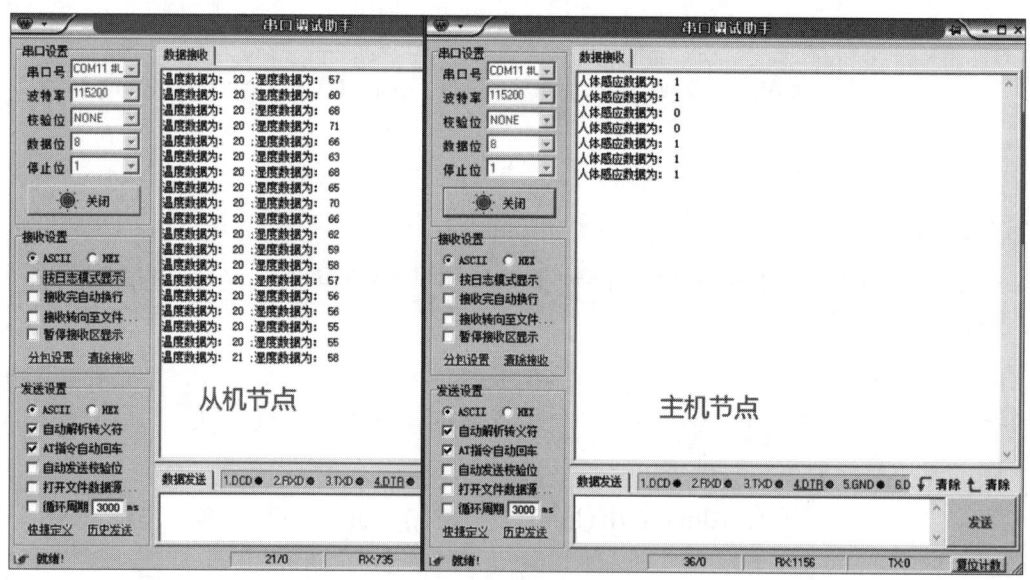

图 1-36 串口数据抓包

思考题

1. GB5-A1E 光敏传感器属于光敏二极管型器件还是光敏电阻型器件？

2. MQ-4 可燃气体传感器属于电阻型气敏器件还是非电阻型气敏器件？

3. 如何将 GB5-A1E 光敏传感器或 MQ-4 可燃气体传感器采集到的模拟量信号转换为数字量信号？

4. SHT3X 温湿度传感器属于湿敏电阻器件还是湿敏电容器件？

5. SHT3X 温湿度传感器引脚中的 ADDR 地址引脚，分别连接 V_{SS} 或 V_{DD}，地址各自对应是多少？

6. I²C 总线协议的数据通信流程是怎样的？

7. HC-SR501 人体红外传感器触发方式有哪几种？分别对应什么？

8. MAX9814 声音传感器是电容式驻极体传声器还是动圈式传声器？

第二章
标签识别信息采集

物联网可以实现全网范围内物品跟踪与信息共享,大幅度提高管理与运作效率,给全球供应链的各个环节(仓储物流、生产制造、物品追踪、商业零售、公共服务等行业)带来深层次变革,而基于条码、二维条码以及射频识别(radio frequency identification,RFID)的自动识别技术是实现物联网的基石。

二维条码数据存储量更大,能够更好地与智能手机等移动终端相结合,有更好的互动性和用户体验。近几年二维条码走进了我们的生活:支付扫码、防疫通行扫码、乘坐地铁公交扫码、关注公众号扫码、加好友扫码……RFID与二维条码相比具有快速读取与难伪造的特性,被广泛应用于个人的身份识别电子证件中,如身份证、学生证、公交卡和银行卡等,如图2-1所示。

a)二维条码扫码通行

b)刷带RFID功能的身份证进铁路车站

图 2-1　二维条码和 RFID 使用场景示例

- **职业功能：**物联网感知控制开发。
- **工作内容：**标签识别信息采集。
- **专业能力要求：**能运用条码或二维条码识别技术，实现相关信息的识读；能运用无线射频识别技术，实现射频卡信息的识读。
- **相关知识要求：**图像采集技术知识，条码识别技术知识，无线射频技术知识。

第一节　条码和二维条码信息采集

本节首先介绍条码和二维条码的基本概念，列举多个类别的条码和二维条码；其次具体分析 EAN-13 码、QR 码格式和组成结构等；最后对条码和二维条码进行识读原理的讲解，使读者掌握条码识别等技术知识。

考核知识点及能力要求：

- 了解条码和二维条码的基本概念。
- 了解条码和二维条码的识读原理。
- 掌握运用条码或二维条码识读技术进行相关信息识读的能力。

一、条码概述

条码（即一维条码）是将宽度不等的多条黑条和白条，按照一定的编码规则排列，用以表达一组信息的图形标识符。常见的条码是由反射率相差很大的黑条（简称条）和白条（简称空）排成的平行线图案。条码技术自诞生以来，凭借着其在信息采集上灵活、高效、可靠、成本低廉等特点，逐渐成了现代社会最常见的信息管理手段之一。条码可以标出物品的生产国、制造厂家、商品名称、生产日期等商品信息，还可以标出快递起止地点、类别、日期等物流信息，因而在商品流通、图书管理、邮政管理和银行系统等许多领域都得到广泛的应用。

（一）条码分类

全世界常用和不常用的条码类型大概有一百多种，常用的条码类型如下。

1. EAN–13 码

属于商品条码，全球通用，支持的字符集为阿拉伯数字 0 ~ 9，编码长度是 13 位，有凹槽。

2. EAN–8 码

属于商品条码，全球通用，支持的字符集为阿拉伯数字 0 ~ 9，编码长度是 8 位，有凹槽。

3. UPC–A 码

同样是商品条码，主要在美国、加拿大使用，支持的字符集为阿拉伯数字 0 ~ 9，编码长度是 12 位，有凹槽。

4. EAN–128 码

支持的字符集为全 ASCII 码，编码长度理论上没有限制，是 EAN/UCC 系统的标准，主要被用于标识物流单元。

5. Code–39 码

支持 26 个英文大写字母、阿拉伯数字 0 ~ 9、43 个常用字符，可以对任意长度的数据进行编码，主要用于物流跟踪、生产线流程等。

6. Code–128 码

可表示从 ASCII 0 到 ASCII 127 共 128 个字符，其编码长度在理论上没有限制。Code–128 码有三个子集 A 码、B 码、C 码。

常用条码示例如图 2–2 所示。

6 909876 543212
a）EAN–13码

6901 2341
b）EAN–8码

1 23456 78900 5
c）UPC–A码

(01)01234567890128
d）EAN–128码

ABC-1234
e）Code–39码

ABC-abc-1234
f）Code–128码

图 2–2　常用条码示例

（二）EAN-13 码简介

平时在超市购物结账时，我们可以看到收银员会使用扫描设备扫描每一件商品的条码，然后就出现商品的信息和价格，这里使用的条码是 EAN-13 码，主要应用于超市和其他零售业。EAN 码有标准版和缩短版两种，其中标准版有 13 位数字，又称 EAN-13 码；缩短版表示 8 位数字，又称 EAN-8 码。EAN-13 码共由 13 位数字组成，这些供人识别的数字位于条码符号的下方，与条码内容一一对应，如图 2-3 所示。

13 位数字信息如下。

1. 国家代码

共 3 位代码，由国际商品条码总协会授权，用来区别国家和地区，中国（除港澳台地区）的代码为 690～699。

2. 厂商代码

共 4 位代码，在我国是由中国物品编码中心核发给相关厂商的。

3. 产品代码

共 5 位代码，代表单个产品的编码，由厂商自己定义。

4. 校验码

只有 1 位代码，由前 12 位代码数据计算得出。

根据条码数字信息的定义，对图 2-3 识读结果为：该商品由中国生产，生产厂商代码为 1234，产品代码为 56789，校验码为 2。

图 2-3 EAN-13 码示例

二、二维条码基本概述

一维条码表示的信息少。随着技术的发展，一种能够在更小面积上表示更多信息的新条码技术产生了，这就是二维条形码，简称为二维码或二维条码。二维条码是用某种特定的几何图形按一定规律在平面（二维方向上）分布的、黑白相间的、记录数据符号信息的图形。由于二维条码在平面的横向和纵向上都能表示信息，所以与一维条码相比，二维条码所携带的信息量和信息密度都提高了几倍，可表示图像、文字，甚至声音。二维条码的出现，使条码技术从简单地标识某一类的物品转化为描述某一个具体的物品,它的功能发生了质的变化。二维条码还新增了一维条码没有的定位点和容错机制,定位点可以实现任意方向扫描二维条码,而容错机制使得人们可以在没有辨识到全部条码或条码有部分污损时,也可以正确地还原条码上的信息。

二维条码提供方便的同时也带来新的安全性问题,一些犯罪分子利用二维条码传播手机病毒和不良信息,甚至进行诈骗等犯罪活动,严重威胁消费者的信息和财产安全。因此,防范对二维条码的滥用、保障二维条码信息安全正成为亟待解决的问题。

常见的二维条码是方形的(quick response code,QR二维条码);也可以把一些个性图案与二维条码合成,得到个性化并能被识别的二维条码;二维条码也可以是动态 GIF 格式个性化二维条码,如图 2-4 所示。

图 2-4　个性化二维条码示例

(一)二维条码分类

二维条码根据不同的编码方式可以分为堆叠式二维条码和矩阵式二维条码两种。

1. 堆叠式二维条码

堆叠式二维条码又称为行排式、堆积式或层排式二维条码,其编码原理是在一维条码基础之上堆积成两行或多行条码。它在编码设计、校验原理、识读方式等方面继承了一维条码的一些特点,其识读设备与条码印刷方式与一维条码技术兼容。PDF417二维条码和 MicroPDF417 二维条码是最常用的堆叠式二维条码,如图 2-5 所示。

a) PDF417二维条码　　　　　　　b) MicroPDF417二维条码

图 2-5　堆叠式二维条码示例

2. 矩阵式二维条码

矩阵式二维条码又称棋盘式二维条码,是在一个矩形空间,黑、白像素通过在矩阵中的不同分布进行编码形成的。在矩阵相应元素位置上,用点(方点、圆点或别的形状,甚至可以用别的颜色)的出现表示二进制"1",用点的不出现表示二进制的"0",因此点的排列组合确定了矩阵式二维条码所代表的意义。矩阵式二维条码建立在计算机图像处理技术和组合编码原理等基础上,是一种新型图形符号自动识读处理码制。最常用的矩阵式二维条码包括 QR 二维条码、Data Matrix 二维条码、Maxi 二维条码和汉信码等,如图 2-6 所示。

a) QR二维条码　　b) Data Matrix二维条码　　c) Maxi二维条码　　d) 汉信码

图 2-6　常用矩阵式二维条码示例

汉信码是矩阵式二维条码中的一种,是具有我国自主知识产权的二维条码。汉信码全面支持我国汉字信息编码国家标准《信息技术 中文编码字符集》(GB 18030—2005),具有超强的汉字表示能力,汉字编码效率高、信息密度大、信息容量大、支持加密技术、抗污损和畸变能力强。我国部分省市的增值税发票使用汉信码作为防伪信息的数据载体,有效监控税源,杜绝了虚开重开增值税发票的问题。汉信码还广泛应用于食品质量追溯领域,实现了日常管理与追溯管理的无缝集成,实现了与物流信息流的实时同步。

(二)QR 二维条码简介

QR 二维条码是被广泛使用的一种二维条码,其格式如图 2-7 所示。

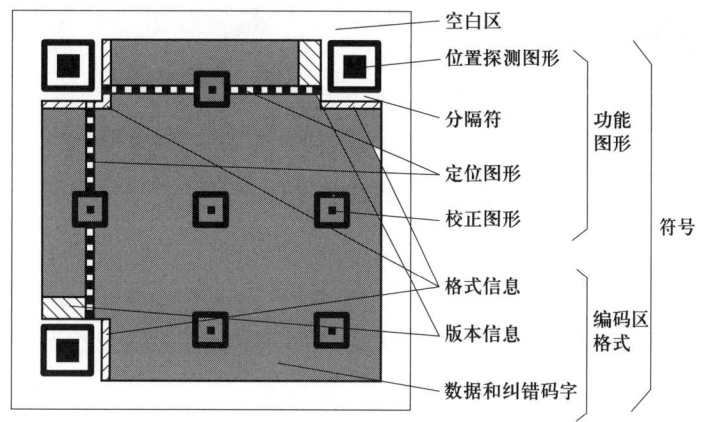

图 2-7　QR 二维条码格式

整个 QR 二维条码分为如下几个区：

➤ 位置探测图形、分隔符、定位图形区：用于对二维条码的定位。

➤ 校正图形：当二维条码规格确定，校正图形的数量和位置也就确定了。

➤ 格式信息：二维条码的纠错级别，分为 L、M、Q 和 H 4 个等级。

➤ 版本信息：QR 二维条码符号共有 40 种规格的矩阵，从 21×21（版本 1）到 177×177（版本 40），每一版本符号比前一版本每边增加 4 个模块。

➤ 数据和纠错码字：本区域用于放置信息，包括数据和纠错码等内容。

三、条码和二维条码识读

（一）识读设备

识读设备从操作方式上可分为手持式和固定式两种。手持式即条码识读枪，特别适用于条码尺寸多样、识读场合复杂、条码形状不规整的应用场景；固定式扫描识读设备不用人手把持，在一些固定地方（如超市）或无人操作的自动识别应用场合经常可见固定式扫描识读设备。常用条码识读设备如图 2-8 所示。

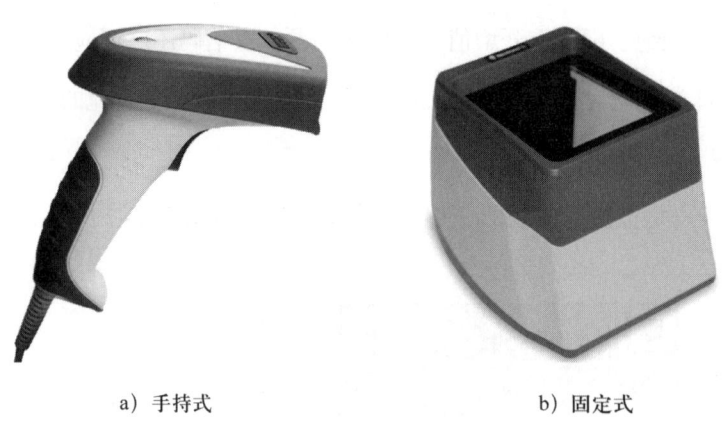

a）手持式　　　　　　　　b）固定式

图 2-8　常用条码识读设备

（二）条码识读原理

目前条码识读主流为红光 CCD 和激光扫描两大类。

1. 红光 CCD

红光 CCD 利用光电耦合原理，使用一个或多个 LED，其发出的光线能够覆盖整个条码，条码的图像被传到一排 CCD 上转换为电信号。红光 CCD 条码识读设备无转轴和马达，使用寿命长，价格便宜。

2. 激光扫描

激光扫描将激光二极管作为光源的条码识读设备，通过一个或多个激光二极管发出激光，照射到一个旋转的棱镜或来回摆动的镜子上，反射后的光线穿过阅读窗照射到条码表面，经过条或空的反射后返回阅读器，由一个镜子进行采集、聚焦，最后通过光电转换器转换成电信号。激光扫描设备可以阅读不规则的条码表面，也可以透过玻璃或透明胶纸阅读，其识别成功率高、识别速度快，可以读取纸质和其他漫反射材质上的条形码，但不能读取手机屏幕和反射较强材质上的条形码。

以红光 CCD 条码识读设备为例，对其条码识读流程进行详解，框图如图 2-9 所示。

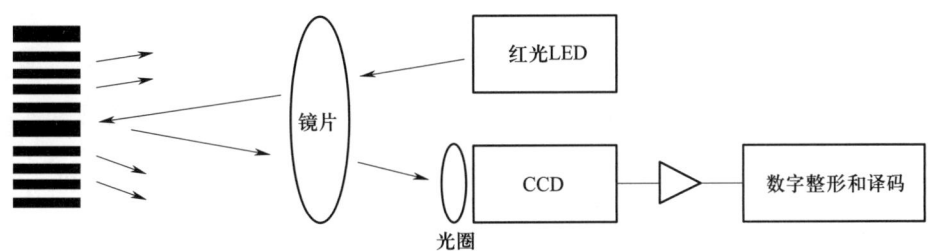

图 2-9　红光 CCD 条码识读设备框图

当条码识读设备光源发出的光照射到黑白相间的条码上，条码就会对光产生反射，条码的黑条反射的光线很微弱，白条反射的光线很强，反射回来的光线经过聚焦后照射到 CCD 上，CCD 将接收的光信号转换为电信号，电信号经过放大电路放大后被送到数字整形电路并转为数字信号，最后进行译码。图 2-10 为信号变换示意图。

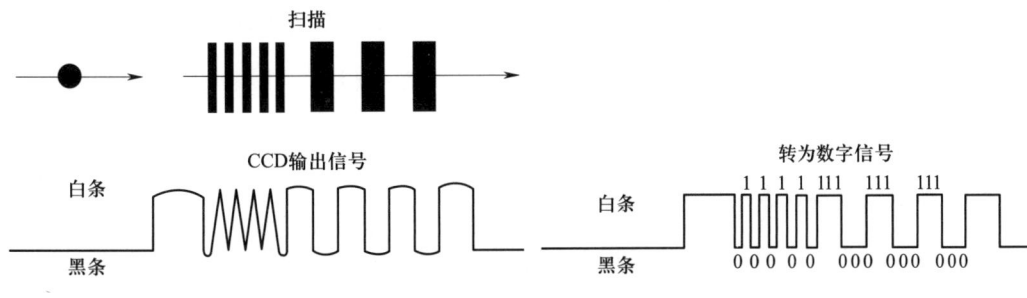

图 2-10　信号的变换示意图

白条、黑条的宽度不同,转换为数字信号后电信号持续时间长短也不同。利用这个原理,译码器通过识别起始、终止字符来读出条码的码制及扫描方向;通过测量脉冲数字信号0、1的数量来判别出条和空的数量;通过测量0、1信号持续的时间来判别条和空的宽度;根据码制所对应的编码规则,便可将条形符号换成相应的数字、字符信息,并将信息送给计算机系统进行处理,条码识别流程图如图2-11所示。

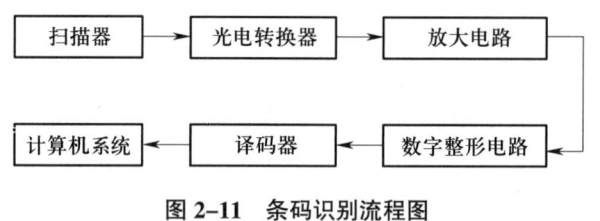

图2-11 条码识别流程图

(三)二维条码识读原理

二维条码识读设备主要使用影像式解码方法,其原理与手机扫码类似,也是使用摄像头拍照或摄像,然后对图像中的二维条码进行分析和解码。手机通常使用软件实现分析和解码,而二维条码识读设备均使用专用集成电路(application specific integrated circuit,ASIC)实现分析和解码。通过ASIC硬件解码,使系统在解码和识读效率提高的同时还可以降低成本。使用影像式识读设备不但可以识读二维条码,而且还可以识读一维条码;不但可以读取纸质和其他漫反射材质的条码,也可以读取手机屏幕条码,并对一些反射较强的、有水渍污损的条码有很好的识读效果。

手机或者计算机都是通过软件对二维条码进行分析和解码。以计算机软件解码QR二维码为例,先使用计算机视觉的开源框架(open source computer vision library,OpenCV)标定、相机畸变矫正、轮廓提取和单目三维位姿估计算法来获取二维条码相对于相机的位置和二维条码的范围,之后调用Zbar算法利用二维条码信息识别库进行识别,步骤如下。

1. 寻找二维条码3个角的定位点

先用OpenCV平滑图片、滤波以及二值化,然后寻找图片轮廓并筛选图片轮廓中2个"子轮廓"的特征,并最终找到3个面积最接近的轮廓,它们就是定位点。

2. 判断 3 个定位点的位置

首先判断 3 个定位点，然后通过这 3 个定位点围成的三角形中找到顶点，最后依据这个顶点确定二维条码另外 2 个定位点。

3. 识别二维条码的范围

依据 3 个定位点特征识别二维条码的有效范围。

4. 调用 Zbar 算法对二维条码信息识别库进行识别

Zbar 是网上开源的一维条码和二维条码检测算法，该算法可识别大部分种类的一维条码和二维条码。图 2-12 依次是原图、二值化、角点定位、旋转矫正的效果。

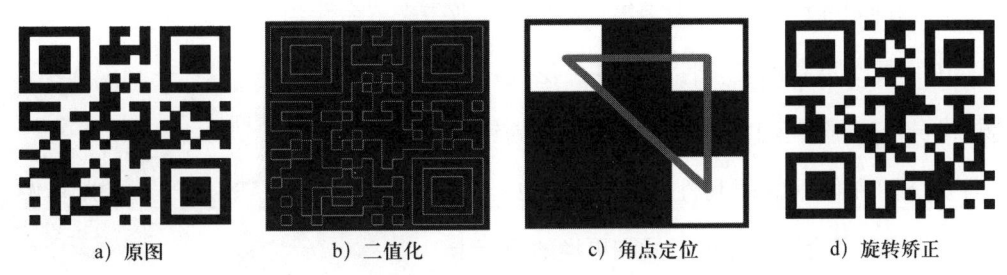

a) 原图　　　　b) 二值化　　　　c) 角点定位　　　　d) 旋转矫正

图 2-12　二维条码识别过程

二维条码识读设备是利用 QR 二维条码 3 个定位点的特征进行识别，如果 3 个点中的任何 1 个点被污损，就会导致 QR 二维条码无法识别。

第二节　无线射频信息采集

本节介绍无线射频识别技术基本概念、分类，并对无线射频识别的基本工作原理进行讲解。阐述低频无线射频识别、高频无线射频识别的具体内容，说明如何通过开源硬件设备实现无线射频数据识别。

考核知识点及能力要求：
- 了解无线射频识别基本概念及工作原理。
- 掌握运用无线射频识别技术进行射频卡信息识读的能力。

一、无线射频识别技术概述

作为二维条码的无线版本，无线射频识别技术（RFID）具有二维条码所不具备的防水、耐高温、使用寿命长、读取距离远、标签上数据可加密、存储数据容量大和存储信息可方便修改等优点，为零售、物流等产业带来革命性变化。

RFID 具有更高的安全性，现在广泛使用的第二代身份证都带有 RFID 功能。为了提高银行卡的安全性和使用的便利性，我国自 2017 年 5 月开始关闭磁条交易，之后新发和更换的银行卡都是带 RFID 功能的金融 IC 卡，如图 2-13 所示。

图 2-13 带 RFID 功能的金融 IC 卡

RFID 是一种非接触式的自动识别技术，其基本原理是利用射频信号空间耦合（电感或电磁耦合）或雷达反射的传输特性，实现两个设备之间的非接触双向数据传输，以达到目标识别和数据交换的目的。RFID 的优势不在于监测设备及环境状态，而在于"识别"，即主动识别进入识别范围内的唯一身份识别号（identity document，ID），根据标签的 ID 来识别具体的某一个物体，并进行相应处理。

（一）RFID 的分类

RFID 常被称为感应式电子晶片、近接卡、感应卡、非接触卡、电子标签和电子条码等。RFID 按供电方式、载波频率、调制方式、作用距离、芯片类型和协议等方式进行分类。

1. 按供电方式可分为有源、无源和半有源

有源是指设备内有电池为 RFID 通信提供能量，其作用距离远、寿命有限（电池）、体积较大、成本高，如高速通行 ETC（电子不停车收费）设备等。无源是指设备内没有电池，其利用波束供电技术将接收到的射频能量转化为直流电源为卡内电路供电，其作用距离近、寿命长、对工作环境要求不高，常用于银行卡和身份证等。半有源是指设备内有电池，但电池并没有为 RFID 通信提供能量，只是给内部电路供电，因此又称为低频激活触发技术。在通常情况下半有源设备处于休眠状态，因此耗电量非常少，如在汽车无钥匙进入和一键启动系统中，遥控器就属于半有源 RFID 设备。

2. 按载波频率可分为低频、高频、超高频和微波

低频（low frequency，LF）频率主要为 125 kHz 和 134.2 kHz 两种，高频（high frequency，HF）频率主要为 13.56 MHz，超高频（ultra high frequency，UF）频率主要为 433 MHz、860～960 MHz，微波（microwave）频率主要为 2.45 GHz 或 5.8 GHz。低频主要用于短距离、低成本的应用中，如大多数的门禁控制、校园卡、动物监管、货物跟踪等；高频用于门禁控制、校园卡、身份证、银行卡以及需传送大量数据的应用场景；超高频和微波应用于需要较长的读写距离和高读写速度的场合，其天线波束方向较窄、价格较高，一般主要应用于物流、火车监控和高速 ETC 等。

3. 按调制方式可分为主动式和被动式

主动式射频识别卡用自身的射频能量主动发送数据给读写单元，主要用于有障碍物的识别场合中，距离更远（可达 30 m 以上）。被动式射频识别卡使用调制散射方式发射数据，它必须利用读写单元的载波获得能量并调制自己的信号，适用于门禁控制，因为读写单元可以确保只激活一定范围之内的射频识别卡。

4. 按作用距离可分为密耦合、近耦合、疏耦合和远距离

密耦合作用距离小于 1 cm，近耦合作用距离大于 1 cm 且小于 15 cm，疏耦合作用距离约为 1 m，远距离作用距离为 1～10 m 甚至更远。

5. 按芯片类型可分为只读卡、读写卡和 CPU 卡

只读卡也称为射频加密卡（RF ID），通常称为 ID 卡，其不可写入数据，只能读出卡号加以利用；读写卡也称为射频储存卡（RF IC），通常称为非接触 IC 卡，有 ID 卡的功能，还能够向卡内写入数据；CPU 卡也称为射频 CPU 卡（RF CPU），其在 RF IC 基础上增加了 CPU，拥有自己的片内操作系统（chip operating system，COS），是真正的智能卡，如身份证、公交卡和金融 IC 卡等都是 CPU 卡。

6. 按协议可分为 ISO 14443A、ISO 14443B 和 ISO 15693 等

不同协议标准对应的卡不能混用，因为非接触 IC 卡在通信时，其读写器是通过无线电射频来传输数据的，所以其双方必须遵守完全相同的通信协议标准才能达到正常的通信要求。

（二）RFID 基本工作原理

RFID 系统由两部分组成：读写单元和电子标签。读写单元通过天线发出电磁脉冲，电子标签接收这些脉冲，并将已存储的信息发送到阅读器作为响应，这个过程称为射频信号的耦合（分为电感耦合和电磁反向散射耦合）。

电感耦合，也称磁耦合，其通过空间高频交变磁场实现互感耦合。由于低频 RFID 系统的波长更长，能量相对较弱，因此主要依赖近距离的感应来读取信息。电感耦合主要应用在低频和高频，典型的工作频率有 125 kHz、134.2 kHz 和 13.56 MHz，识别作用距离小于 1 m，典型作用距离为 10～20 cm。电感耦合工作原理如图 2-14a 所示。

电磁反向散射耦合的原理与雷达的原理一致，依据电磁波的空间传播规律，发射出的电磁波反射同时携带回目标信息。电磁反向散射耦合主要应用于超高频和微波的远距离 RFID 系统。由于其频率高、波长短、能量较高，因此其读写单元天线可以指向标签辐射电磁波，部分电磁波经标签调制后反射回读写单元天线。典型的工作频率有 915 MHz、2.45 GHz 和 5.8 GHz，识别作用距离大于 1 m，典型作用距离为 3～10 m。电磁反向散耦合工作原理示意如图 2-14b 所示。

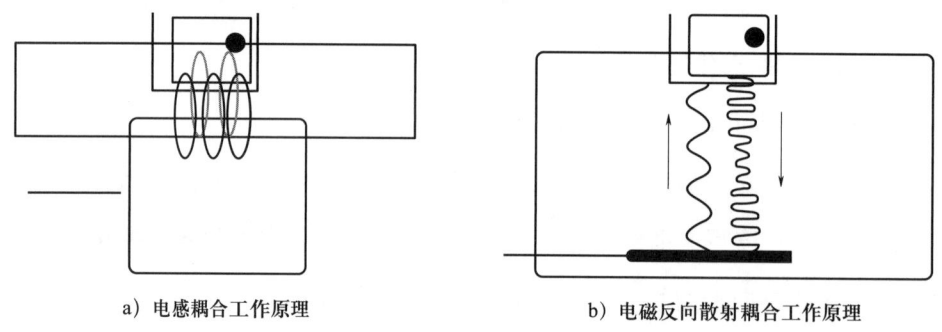

a）电感耦合工作原理　　　　　　b）电磁反向散射耦合工作原理

图 2-14　电感耦合和电磁反向散耦合工作原理

二、低频无线射频识别数据采集

低频卡和高频卡一般都是无源的,由 IC 芯片和感应天线组成,其中感应天线在给 IC 芯片提供电力的同时也兼双向信息的沟通接口。IC 芯片和感应天线封装在一个标准的 PVC 卡片内,或者封装在其他形状和颜色的塑封内。IC 芯片和感应天线无任何外露部分,如图 2-15 所示。

a) PVC 卡　　　　　　　　b) IC 卡

图 2-15　封装好的 PVC 卡和 IC 卡外形

ID 卡是只读型的非接触式卡,出厂时 ID 号保存在芯片中,不允许进行修改。国内常见的 ID 卡为 EM4100 和 EM4102 等,工作频率为 125 kHz,感应距离为 2 ~ 15 cm。

(一) 硬件原理

以开源的 125 kHz RFID 读卡器项目为例,125 kHz RFID 读卡器样机如图 2-16 所示,读卡器原理图如图 2-17 所示。

L_1 与 C_2 为串联谐振电路,谐振频率为 125 kHz,如果感应有效范围内没有 ID 卡,L_1 两端的电压波形幅度会很高,称为逻辑"1"电平,如图 2-18 所示。

当有 ID 卡靠近读卡器线圈时,ID 卡内的线圈上感应到足够的谐振能量,对卡内的电容进行充电,ID 卡将以此作为电源,其通过负载调制的方法,向读卡

图 2-16　读卡器样机

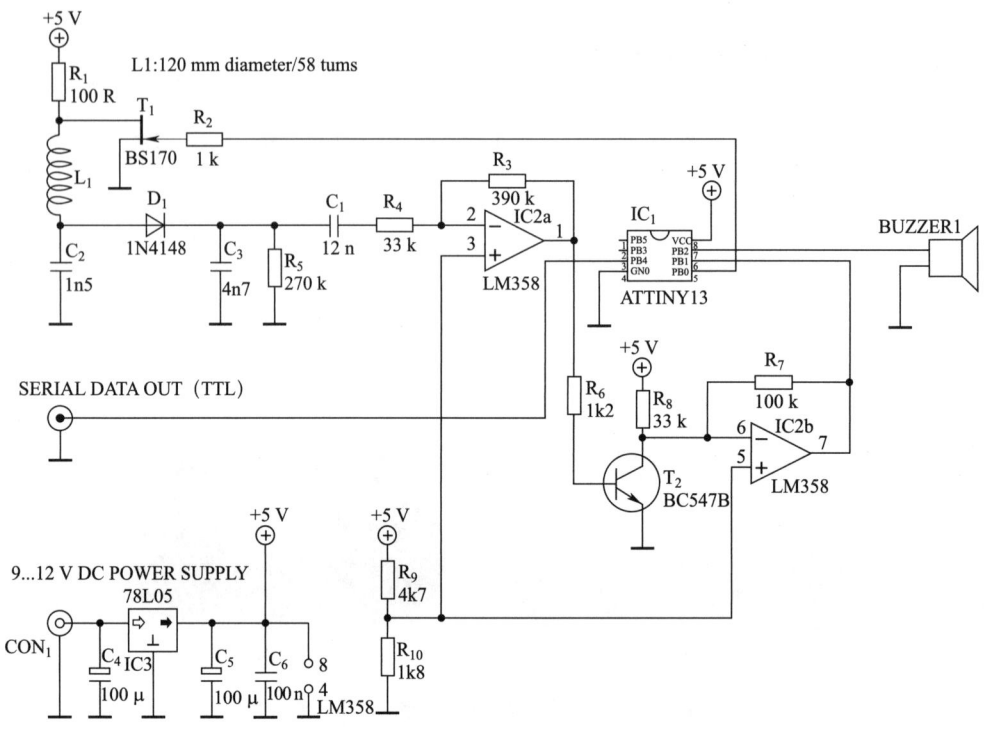

图 2-17 读卡器原理图

器发送信息。当标签想要向读卡器发送逻辑"0"时,它会向标签内电源施加"负载",以请求读卡器提供更多电源,这将在读卡器侧产生一个小的电压降,该电压电平为逻辑"0"。当标签不需要任何额外的电源时,它不会产生电压降。这就是逻辑"1"。逻辑"0"和逻辑"1"在 L_1 线圈两端的电压波形如图 2-19 所示。

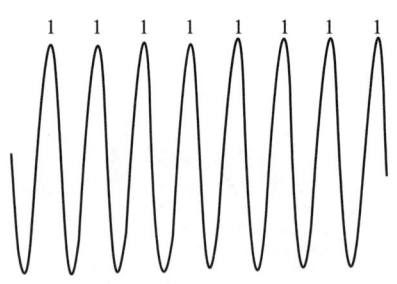

图 2-18 无 ID 卡 L_1 两端的电压波形

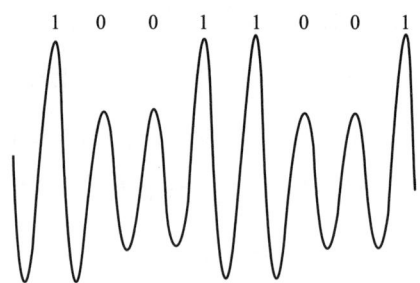

图 2-19 逻辑"0"和逻辑"1"在 L_1 线圈两端的电压波形

L_1 两端的逻辑"0"和"1"通过 P_1、C_3 和 R_5、C_1 组成的包络检波电路检波,最后经过 LM358 放大和整形,转为曼彻斯特编码信号,如图 2-20 所示。

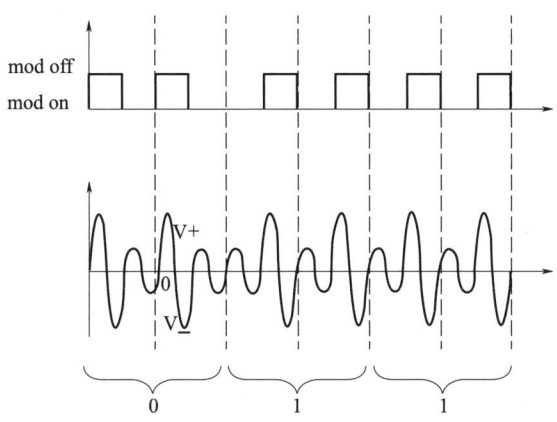

图 2-20 得到的曼彻斯特编码信号

(二) EM4100 的数据格式

EM4100 存储 64 bit 只读数据，其数据格式如图 2-21 所示。

图 2-21 EM4100 的数据格式

EM4100 的数据格式包含以下内容：

➢ 9 位报头：报头的 9 位数据都是 "1"，这是固定格式。

➢ 数据位 D00 ~ D39：其中 D00 ~ D07 为版本号或客户 ID 号，D08 ~ D39 为 32 位的数据信息。

➢ 行校验位 P0 ~ P9：为每一行的偶校验。每行数据位中，当 "1" 的个数为偶数时，校验位为 "0"；当 "1" 的个数为奇数时，校验位为 "1"。校验位的存在，确保了数据中不会出现与报头相同的连续 9 个 "1"。

➢ 列校验位 PC0 ~ PC3：为每一列的偶校验。每列数据位中，当 "1" 的个数为偶数时校验位为"0";当"1"的个数为奇数时校验位为"1"。

> 1 位停止位 S0:固定为"0"。

以卡号为 0x06001259E3 例,数据按存储格式解析后见表 2-1。

表 2-1　　　　　　　卡号为 0x06001259E3 的数据解析

卡号		存储位置	行校验位 = 值
十六进制	二进制		
0	0000	D00 ~ D03	P0 = 0
6	0110	D04 ~ D07	P1 = 0
0	0000	D08 ~ D11	P2 = 0
0	0000	D12 ~ D15	P3 = 0
1	0001	D16 ~ D19	P4 = 1
2	0010	D20 ~ D23	P5 = 1
5	0101	D24 ~ D27	P6 = 0
9	1001	D28 ~ D31	P7 = 0
E	1110	D32 ~ D35	P8 = 1
3	0011	D36 ~ D39	P9 = 0
列校验位	0100 PC0 = 0 PC1 = 1 PC2 = 0 PC3 = 0	PC0 ~ PC3	

根据解析结果,可以得到传输的数据流如图 2-22 所示。

图 2-22　卡号为 0x06001259E3 的数据流

(三) ID 卡卡号解读

ID 卡的卡号信息如图 2-23 所示,ID 卡内部存储的卡号为十六进制,表面印刷的卡号为十进制。图 2-23 所示 ID 卡表面印刷十进制卡号为 0014614440,将其转为十六进制为 0xDEFFA8,则内部存储的卡号为 0xDEFFA8。为了便于人们理解,往往将十六进制的卡号进行一定转换后印在十进制的卡号后面，并将十六进制卡号 0xDEFFA8 再次拆分为 0xDE 和 0xFFA8，再分别转换成 3 位和 5 位的十进制数，值分别为"222"和"65448"（这两个值印在十进制卡号的后面）。

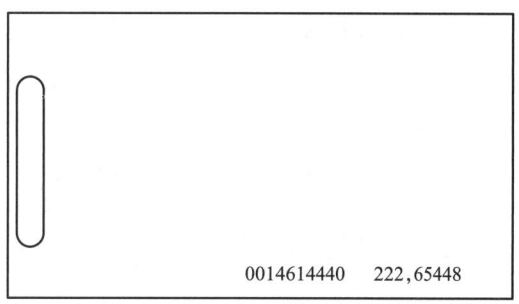

图 2-23　ID 卡的卡号信息

（四）曼彻斯特编码的解码

图 2-20 的曼彻斯特编码信号可以使用示波器观察，示波器看到曼彻斯特编码信号波形如图 2-24 所示。

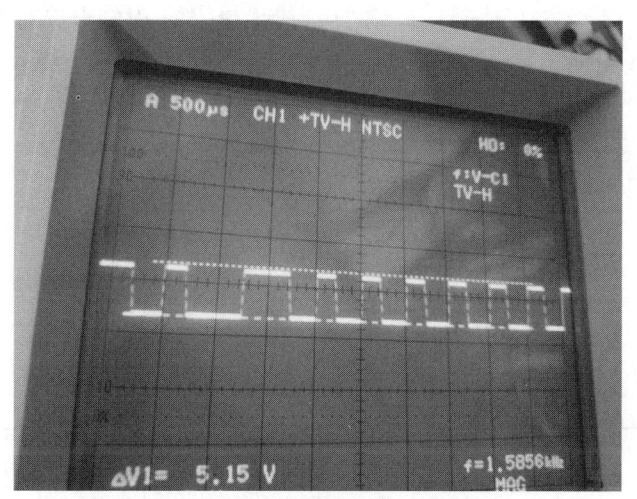

图 2-24　从示波器看到曼彻斯特编码波形

用逻辑分析仪可以得到 LM358 的 7 脚波形，对曼彻斯特编码分析结果如图 2-25 所示。

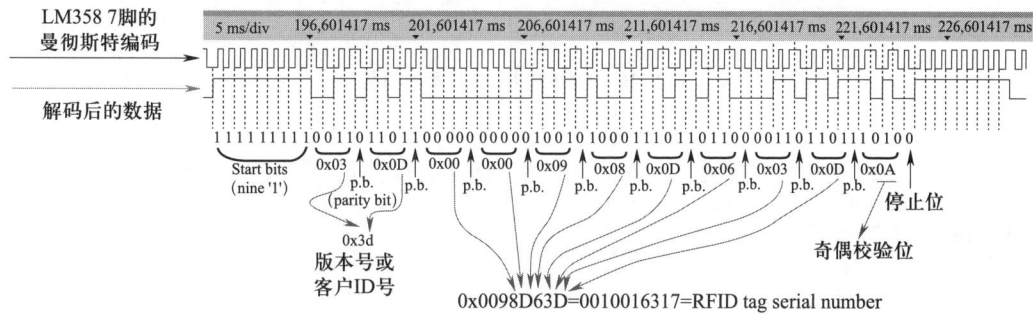

图 2-25　曼彻斯特编码分析结果

解码后的数据为：111111111 0011 0 1101 1 0000 0 0000 0 1001 0 1000 1 1101 1 0110 0 0011 0 1101 1 1010 0，得到卡号为：0x0098D63D。

三、高频无线射频识别数据采集

Mifare 1 IC 卡简称 M1 卡，它是目前世界上使用量最大、技术最成熟、性能最稳定的一种感应式智能 IC 卡，销售量超过 50 亿张，M1 卡已成为全球大多数非接触式智能卡的首选之一。

（一）硬件原理

支持 M1 卡操作的芯片有很多，如 RC500 芯片、RC531 芯片和 RC522 芯片，以及 FM1702 芯片等，以 RC531 射频卡读写芯片为例，RC531 射频卡读写框图如图 2-26 所示。

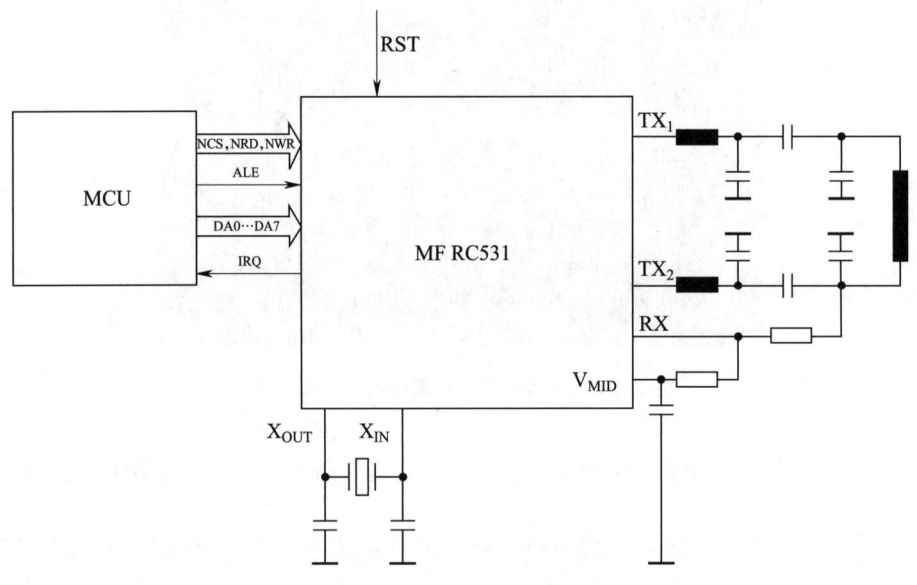

图 2-26　RC531 射频卡读写框图

J_1 通过 SPI 与 MCU 通信，J_2 连接 13.56 MHz 的读写天线。RC531 射频卡读写原理图如图 2-27 所示。

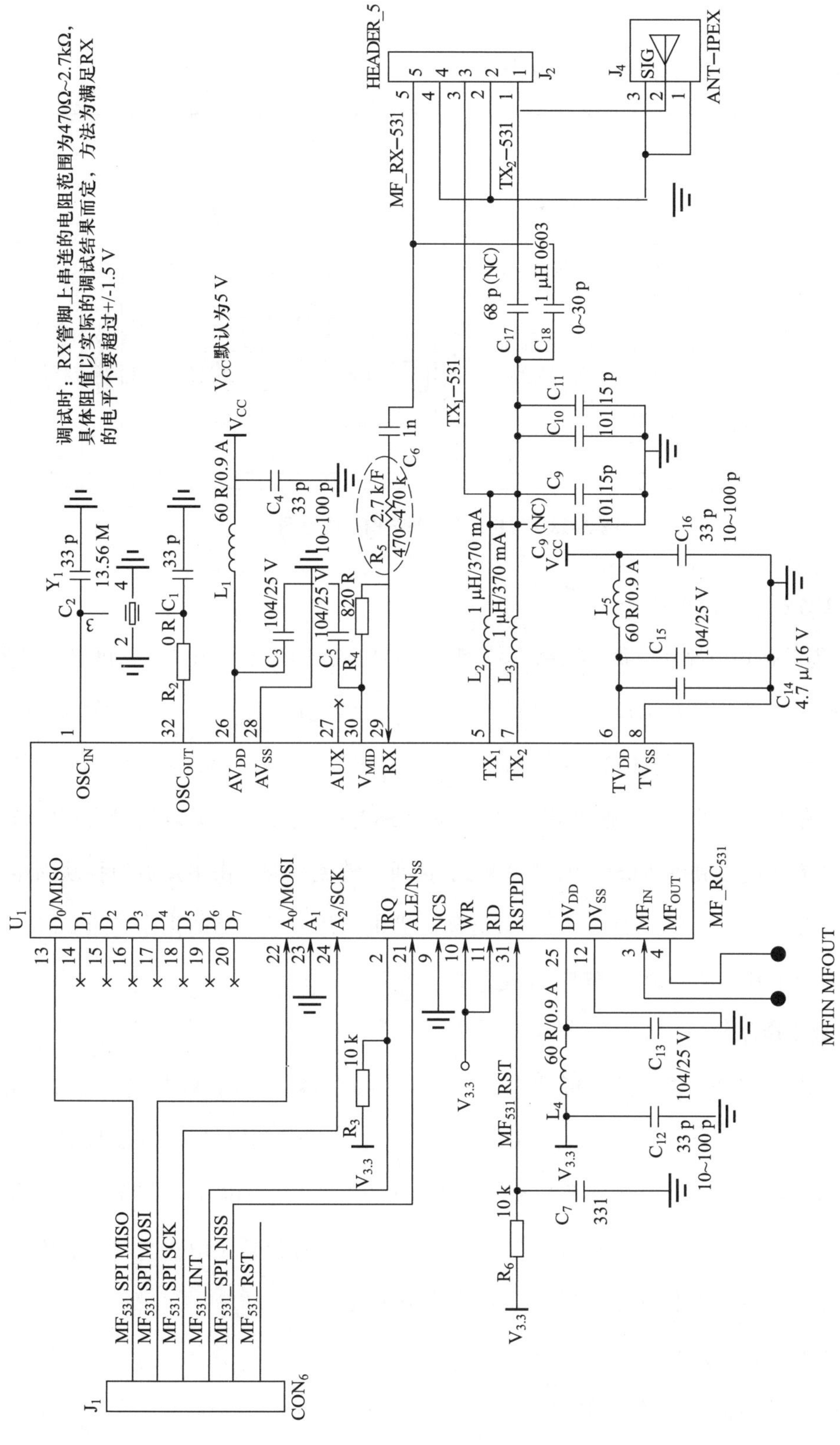

图 2-27 RC531 射频卡读写原理图

（二）M1卡内部结构

M1卡的内部结构组成框图如图2-28所示。

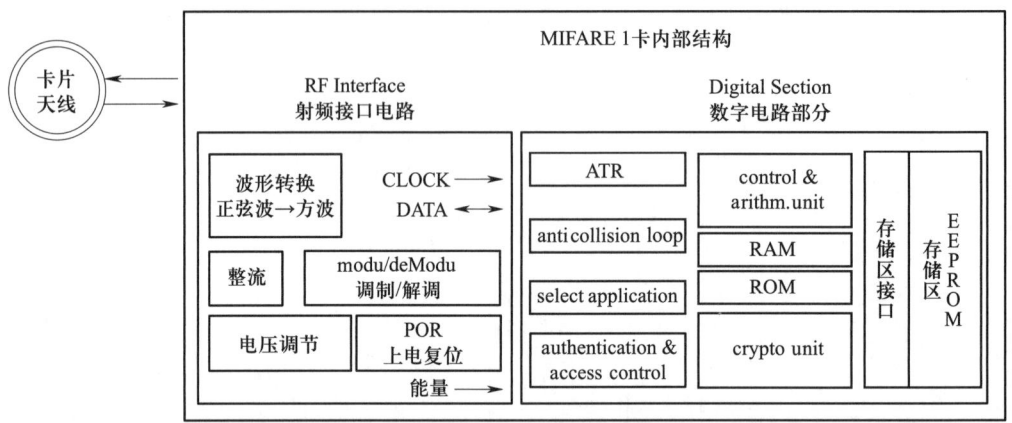

图2-28 M1卡的内部结构组成框图

1. RF射频接口电路

RF射频接口电路包含波形转换模块和上电复位电路（power on reset，POR）模块。波形转换模块接收读写器所发送的13.56 MHz的无线电调制信号，一方面送调制/解调模块，经解调得到相应的数字信息送至数字电路部分模块，而数字电路部分模块送出的数字信息则经由调制/解调模块调制为13.56 MHz的无线电调制信号发送给读写器；另一方面将收到的13.56 MHz频率的能量通过整流滤波，由电压调节模块对电压进行进一步的处理（包括稳压等），最终输出提供卡片上各电路的工作电压。POR模块主要是对卡片上的各个电路进行上电复位。

2. 数字电路部分

数字电路部分由复位应答模块（answer to request，ATR）、防冲突模块（anticollision loop，AL）、卡片选择模块（select application，SA）、认证和访问控制模块（authentication & access control，AAC）、控制及算术运算单元（control & arithmetic unit，CAU）、数据加密单元（crypto unit，CU）、随机存储器（RAM）/只读存储器（ROM）单元、带电可擦可编程只读存储器（EEPROM）及其接口电路组成。

3. M1卡激活流程

M1卡激活流程图如图2-29所示。

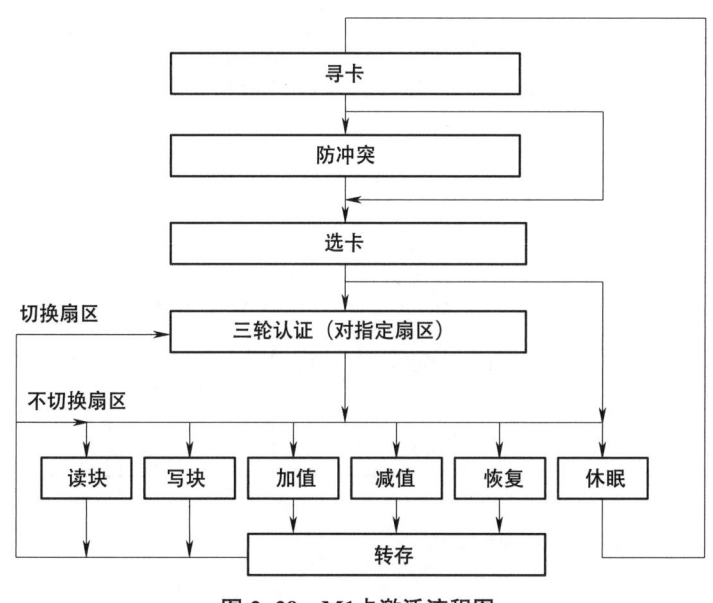

图 2-29 M1卡激活流程图

（1）寻卡。当一张 M1 卡处在读写器的天线工作范围之内时，读写器向卡发出 request all（或 request std）命令，卡的寻卡模块将卡片块 0 区域中的 2 个字节的卡类型号传送给读写器。如果不进行寻卡工作，M1 卡不会响应读写之类的操作命令。

（2）防冲突。如果在读写器的天线工作范围之内只有一张 M1 卡，本步骤自动跳过；如果有多张卡，则防冲突功能将被启动，读写器将会与每一张卡进行通信，读取每一张卡的序列号。由于每一张 M1 卡都具有唯一的序列号，所以可以根据序列号来识别和选定卡。

（3）选卡。读写器对卡进行选择操作，被选中的卡将被激活，可以与读写器进行数据交换，而未被选中的卡处于等待状态。被选中的卡将卡片上存储在块 0 区域中的卡容量字节传送给读写器。

（4）三轮认证。卡被选中后，读写器指定后续读写的存储器位置，并用相应密钥进行三轮认证。密钥的认证具有很高的安全性，若遗忘某一扇区的密钥将使该扇区中的数据不能读写，而卡上的其他扇区如果有密钥还可以正常使用。

4. M1 卡通信协议

由于 M1 卡的主控芯片选用 RC531，厂商已经给出了完整的应用代码，但实际使用中需要熟悉代码函数的功能、了解 ISO/IEC 14443 A 协议和 M1 卡内部的数据结构等，其开发工作量大、时间长。下面对某串口 M1 读写模块进行介绍，该模块通过 SPI 连接 RC531，通过串口连接 PC 或别的串口设备，用户只需通过串口给 M1 读写模块发指令，就能实现对 M1 卡的操作。

（1）主从设备通信协议格式。见表 2-2。

表 2-2　　　　　　　　　　主从设备通信协议格式

SYNC		ID		Command		Size	Data		CRC6	
							Data0->Data255			
0xFF	0x55	X1	X2	X1	X2	xx	X1	Xn	xx	xx

（2）通信协议段定义。见表 2-3。

表 2-3　　　　　　　　　　通信协议段定义

协议名称	内容说明
SYNC	通信协议同步帧，固定为 0xFF 0x55
ID	从设备地址 当主设备与从设备进行通信时，通过设定从设备地址，将通信内容发送到从设备，从设备接收到通信内容后做出相应操作，并返回操作结果，此时从设备的 ID 需填写本设备 ID 号 主设备 ID 从设备 ID 号 从设备 ID 本设备 ID 号 假如"FF FF"则为广播方式
Command （下发）	X1（主命令）0x00 系统定义功能码区，用户不得随意添加 X1（主命令）0x01 用户定义功能码区，查询主命令 X1（主命令）0x02 用户定义功能码区，设置主命令 X1（主命令）0x03 用户定义功能码区，数据传输主命令 X1（主命令）0x04 用户定义功能码区，从设备随机发送 X2（从命令）0x00 禁能 CRC16 校验 X2（从命令）0x01 使能 CRC16 校验 X2（从命令）0x02 查询设备信息 X2（从命令）0x03 ping 从设备 X2（从命令）0x04 设置设备 ID
Command （响应）	从设备应答主设备信号，将主命令或 0x80 做或运算

续表

协议名称	内容说明
Size	数据段大小，一个字节，最大 0xFF
Data	数据段
CRC16	采用 CRC16 校验方式，校验段：ID + Command + Size + Data

（3）通信协议主从命令说明。见表 2-4。

表 2-4　　　　　　　　　　通信协议主从命令说明

主命令	从命令	描述	样例
02	02	高频关闭高频天线	FF 55 00 00 02 02 00 A0 84
02	03	高频打开高频天线	FF 55 00 00 02 03 00 30 85
01	03	读取高频 M1 卡信息	FF 55 00 00 01 03 00 30 75
01	07	高频 M1 寻卡	FF 55 00 00 01 07 00 F0 77
05	03	高频 M1 卡防冲突检测	FF 55 00 00 05 03 00 F1 34
01	06	高频 M1 选卡	FF 55 00 00 01 06 00 60 76
02	00	高频激活 M1 卡，设备收到此命令后，依次执行"寻卡""防冲突""选卡"动作	FF 55 00 00 02 00 00 C0 85
05	01	高频 M1 卡移开检测	FF 55 00 00 05 01 00 91 35
05	02	高频 M1 卡密码认证	FF 55 00 00 05 02 08 00 FF FF FF FF FF FF 00 ED 9 A
03	01	高频 M1 卡块数据块读取	FF 55 00 00 03 01 01 01 CF 91
03	02	高频 M1 卡块数据块写入	FF 55 00 00 03 02 11 11 11 11 11 11 11 11 11 11 11 11 11 11 11 11 01 96 05
02	09	高频 M1 卡 HALT	FF 55 00 00 02 09 00 90 83
00	00	禁止 CRC16 校验	FF 55 00 00 00 00 00 00 00
00	01	使能 CRC16 校验	FF 55 00 00 00 01 00 90 25
80	02	无法识别命令	FF 55 00 00 80 02 02 X1 X2 00 00

5. 指令操作 M1 卡

PC 连接到 M1 卡读写模块的 USART，通过串口调试助手工具，进行激活和读取指令操作，具体如下。

（1）激活 M1 卡。发送十六进制数：FF 55 00 00 02 00 00 C0 85。其中，FF 55 为通信协议同步帧；00 00 为主从设备地址；02 00 为主从命令码；00 表示信息数据长度为 0；C0 85 为 CRC 校验位。

接收数据为十六进制数：FF 55 00 00 82 00 04 C3 6C EA 1D 2F 88。其中，FF 55 为通信协议同步帧；00 00 为主从设备地址；82 00 为主从命令码；04 为接收到的卡信息数据长度；C3 6C EA 1D 为接收到的卡信息；2F 88 为 CRC 校验位。

接收到 4 个字节的数据为 C3 6C EA 1D，说明 M1 卡激活成功。

（2）读取 M1 卡 01 扇区 01 块的数据。发送十六进制数：FF 55 00 00 03 01 01 01 CF 91。其中，FF 55 为通信协议同步帧；00 00 为主从设备地址；03 01 为主从命令码；01 01 为需要读取 M1 卡存储器 01 扇区 01 数据块；CF 91 为 CRC 校验位。

接收数据为十六进制数：FF 55 00 00 83 01 10 11 11 11 11 11 11 11 11 11 11 11 11 11 11 F6 CF。其中，FF 55 为通信协议同步帧；00 00 为主从设备地址；83 01 为主从命令码；10 为读取到的为读取到数据的个数（十六进制，转换为十进制为 16）；11 11 11 11 11 11 11 11 11 11 11 11 11 11 11 11 为读取到的数据；F6 CF 为 CRC 校验位。

思考题

1. 本书封底有 ISBN 条码，即中国标准书号条码，请结合本书的资源了解一下 ISBN 码的定义，说明本书封底 13 位 ISBN 码的含义。

2. 二维条码也存在安全问题，在"扫一扫"之前应该如何提高警惕，防止信息泄露和财产损失？

3. QR 二维条码有纠错，而一维条码是没有纠错的，纠错的好处在哪里？将书中出现的一维条码和二维条码遮盖一小部分，或者在本书的资源中找到一些有意缺损的条码进行识别，体验一下两者的识别结果。

4. 现在的金融 IC 卡都是高频 RFID 卡，其频率是多少？

5. 图 2-17 中，L_1 与 C_2 为串联谐振电路，谐振频率为什么要设计为 125 kHz？如果频率偏离较大时会有什么影响？

6. 对照图 2-21 中介绍的 EM4100 数据格式，分析图 2-25 解码后的数据的含义。

7. M1 卡相对比较安全，密码并没有在空中传输，网上搜索或者本书资源中学习一下 M1 卡三轮相互认证的方法，了解 M1 卡在不传输密码的情况下实现双向密码和身份认证。

8. 对照通信协议，M1 卡激活操作中返回 FF 55 00 00 82 00 00 01 2F 88，数值的含义是什么？

第三章
位置信息采集

互联网促进了人与人之间的信息沟通,物联网则是通过传感装置将物理世界转换成数字世界,进而实现物与物、人与物相联。从物联网整体架构的角度来看,位置感知是感知层中不可或缺的一部分,为整个物联网体系提供基础的位置信息;从应用的角度来看,位置服务将渗透在诸多物联网应用场景中,提供差异化服务。

2020 年的新冠肺炎疫情防控期间,某地建立 13 家方舱医院接纳患者,偌大的方舱医院靠什么实现人员及物资管理的有条不紊?是物联网及其背后隐藏的功臣——位置服务。为实现方舱医院内人员及物资的实时定位及动态管理,大幅度提高方舱医院的管理效率,有关企业研制和应用了一套低功耗物联网定位产品,通过医护人员、患者佩戴定位标签,医疗设备安装定位标签,定位数据通过物联网网关传送至云平台,确保了系统能够监测院内病人在活动区域范围内的实时位置及运动轨迹,并提供了越界报警等信息服务。

定位服务根据部署的场合不同分为室内定位和室外定位,其应用场景如图 3-1 所示。

a) 室内商场定位和导航

b) 室外汽车定位和导航

图 3-1 定位服务应用场景

- **职业功能：** 物联网感知控制开发。
- **工作内容：** 位置信息采集。
- **专业能力要求：** 能运用卫星定位技术，实现位置、时间、状态信息的采集；能运用基站定位技术，实现基站信号覆盖区域内位置、时间、状态信息的采集；能运用室内定位技术，实现室内位置信息的采集。
- **相关知识要求：** 卫星定位知识；基站定位知识；室内定位知识。

第一节　卫星定位信息采集

本节首先介绍了卫星定位基本概念、工作原理，其次对卫星定位通信协议进行讲解，并列举了 $GNGGA、$GNGSA、$GPGSV、$BDGSV、$GNRMC、$GNVTG、$GNGLL、$GNZDA 等语句格式，最后阐述如何通过 ATK-S1216F8-BD 开源模块实现卫星定位数据的采集功能。

考核知识点及能力要求：

- 了解卫星定位基本工作原理。
- 了解卫星定位通信协议中常用语句。
- 掌握运用卫星定位技术，实现位置、时间、状态信息采集的能力。

一、卫星定位概述

全球导航卫星系统（Global Navigation Satellite System，GNSS）是以人造卫星作为导航台的星级无线电导航系统，为全球海、陆、空的各类军民载体提供全天候、高精度的位置、速度和时间信息。全球共有四大卫星导航系统：北斗卫星导航系统（Beidou Navigation Satellite System，BDS）、全球定位系统（Global Positioning Ststem，GPS）、伽利略卫星导航系统（Galileo Satellite Navigation System，GALILEO）和格洛纳斯卫星导航系统（Global Navigation Satellite System，GLONASS），北斗卫星导航系统标识如图 3-2 所示。

图 3-2　北斗卫星导航系统标识图

以前手机上都是用"GPS"来代表定位服务的，近几年手机内置包含北斗卫星导航系统在内的多模 GNSS 后，安卓手机改回"定位"，如图 3-3 所示。

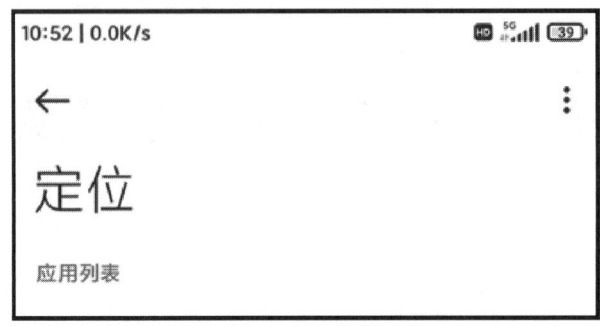

图 3-3 安卓手机的卫星定位名称

（一）卫星定位的定义

卫星定位是一种使用卫星对某物进行准确定位的技术，可以用来引导飞机、船舶、车辆以及个人准确地沿着选定的路线到达目的地，还可以用于物联网中确认物体的位置信息等。

根据不同定位依据，卫星定位方法可以分为：

➢ 根据用户接收机在作业中的运动状态，可分为静态定位和动态定位。

➢ 根据测距的原理不同，可分为测码伪距法定位、测相伪距法定位、差分定位等。

➢ 根据参考点的位置不同，可分为绝对定位和相对定位。在绝对定位和相对定位中，又都包含静态和动态两种方式，即又可以分为动态绝对定位、静态绝对定位、动态相对定位和静态相对定位。

北斗卫星导航系统（以下简称"北斗"）是我国自主研发的全球卫星导航系统。北斗三号全球卫星导航系统由 24 颗中圆地球轨道卫星、3 颗地球静止轨道卫星和 3 颗倾斜地球同步轨道卫星组成，它创新融合了导航与通信能力，具备定位、导航、授时、短报文通信和国际搜救等多种服务能力。

（二）卫星定位基本工作原理

卫星定位计算前需要知道天上每一颗卫星的准确时间 t_0 和准确位置 x_0、y_0、z_0。

1. 准确时间

卫星采用高精度原子钟进行计时，其准确度虽然极高，但与精确时间相比还是会有差别，地面监控中心将卫星的时间与实验室环境中的精确时间做比对，然后向卫星发送校正数据，主要有三个校正项：

- 时钟偏离量：af_0，单位为 ns。
- 时钟偏移率：af_1，单位为 ns/s。
- 时钟偏移加速度：af_2，单位为 ns/s^2。

卫星在收到校正信息之后，将卫星时钟和校正数据一起发送出来。以编号为 C06@0 的北斗卫星为例，对外发送的信号信息如图 3-4 所示。

id1	value1	id2	value2	src	db	delta_hz_corr	qi	prres	elev	used
M0:	1.895536402002505	af0:	6547326							
af1:	10311	af2:	0							
cic:	-5.075708031654358e-8	cis:	2.6170164346694946e-7							
crc:	-131.828125	crs:	96.578125							
cuc:	0.0000037210993468761444	cus:	0.000011823605746030807							
delta-n:	1.817575709323871e-9	e:	0.009603388956747949							
gnssid:	3	i0:	0.9442659670734375							
idot:	1.042543426118369e-9	latitude:	-11.962385269991504							
longitude:	124.93566417381703	omega:	-2.193017734459778							
omega-dot:	-2.005797835245207e-9	omega0:	-1.5135876279372444							
sigid:	0	sqrtA:	6493.686487197876							
sv:	6	t0c:	291600							
t0e:	291600	tow:	291888							
wn:	755	x:	-23703091.6645797							
y:	33932553.85936657	z:	-8760782.562214313							
:		:		8	36		7	4.2	24	1
:		:		12	44		7	0.8	0	1
:		:		20	34		7	2.4	0	1
:		:		117	43		7	2.2	65	1

图 3-4　编号 C06@0 的北斗卫星对外发送的信号信息

2. 准确位置

跟踪站定时计算卫星轨道参数的更新值，并将更新值注入卫星中，并通过卫星广播星历的方式发给接收终端。北斗和 GPS 星历每小时更新一次，如 2022 年 6 月 24 日 02 时的北斗卫星的星历图如图 3-5 所示。

已知卫星的 t_0、x_0、y_0 和 z_0 这 4 个要素，就可以计算出手机与卫星的距离。想象一下，将手机与卫星置身于三维坐标系中，手机在顶点 $A(x, y, z)$ 上，卫星在顶点 $B(x_1, y_1, z_1)$ 上，如图 3-6 所示。

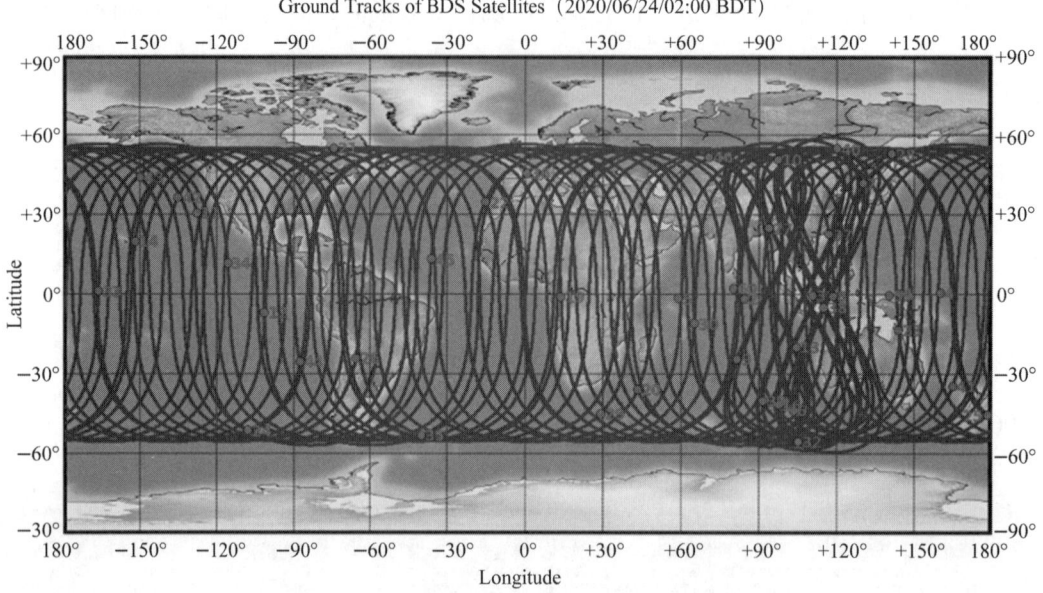

图 3-5　2022 年 6 月 24 日 02 时的北斗卫星的星历图

根据三维空间勾股定理就可以得出 A 和 B 之间的距离 s：

$$s = \sqrt{(x-x_1)^2 + (y-y_1)^2 + (z-z_1)^2} \quad (3-1)$$

电磁波在大气中的传播速度约等于光速 c，卫星 t_0 时间发出的信息被手机在 t 时间接收到，那么信息就在空中传播了 $t-t_0$ 秒，根据距离 = 速度 × 时间，就可以计算出卫星与手机的距离 s：

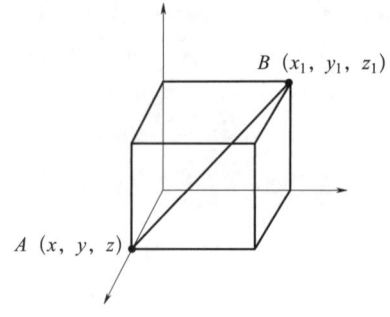

图 3-6　三维坐标中的 A 和 B

$$s = c \times (t - t_0) \quad (3-2)$$

两种计算方法得到的 s 是相等的，这样就可以得到一个方程：

$$c \times (t - t_0) = \sqrt{(x-x_1)^2 + (y-y_1)^2 + (z-z_1)^2} \quad (3-3)$$

方程里面有 x、y、z 三个未知数，是三元一次方程，理论上只要接收到 3 颗卫星信号，利用 3 个这样的方程就能解出手机的位置。辅助 GPS 定位利用手机基站全网同步的准确时间，通过 3 颗卫星就可以解出手机的位置。在非辅助 GPS 技术中仅用 3 颗卫星信号定位是不够的，主要原因是设备的时钟精度有限，需要在定位系统中引入一个钟差的概念，增加钟差之后的公式如下：

$$c \times (t - t_0) - c \times (v_{t0} - v_t) = \sqrt{(x - x_1)^2 + (y - y_1)^2 + (z - z_1)^2} \quad (3-4)$$

上面公式中 v_{t0} 由卫星星历提供，v_t 为未知的手机钟差，因此上面方程需要同时锁定 4 颗卫星，利用 4 个这样的方程组就可以求解手机坐标 x、y、z，方程组如下：

$$\begin{cases} c \times (t - t_0) - c \times (v_{t0} - v_t) = \sqrt{(x - x_0)^2 + (y - y_0)^2 + (z - z_0)^2} \\ c \times (t - t_1) - c \times (v_{t1} - v_t) = \sqrt{(x - x_1)^2 + (y - y_1)^2 + (z - z_1)^2} \\ c \times (t - t_2) - c \times (v_{t2} - v_t) = \sqrt{(x - x_2)^2 + (y - y_2)^2 + (z - z_2)^2} \\ c \times (t - t_3) - c \times (v_{t3} - v_t) = \sqrt{(x - x_3)^2 + (y - y_3)^2 + (z - z_3)^2} \end{cases} \quad (3-5)$$

这是在非常理想的状态下使用的算法，实际上的计算方法要复杂得多，因此出现了很多修正误差的方法。如：手机在锁定 4 颗以上卫星时，会按卫星的星座分布划分成多个组别，每组 4 颗，从中挑选出误差最小的一组用于解码定位；信号在电离层传播会产生延时，由于电离层产生的延迟与信号频率成正比，可以采用多个频率的信号，通过不同频率到达的时间差来推导所产生的总延迟。北斗系统使用了 B1、B2 和 B3 共 3 个频段信号，其消除电离层产生的延迟效果比 GPS 更好。

二、卫星定位数据的采集

（一）卫星定位通信协议的讲解

NMEA0183 协议采用 ASCII 码来传递定位信息，已成为国际海运事业无线电技术委员会（radio technical commission for maritime services，RTCM）统一的 GNSS 导航设备协议。NMEA0183 协议帧格式如下：

$aaccc,ddd,ddd,……,ddd*hh<CR><LF>

其具体涵义如下：

➤ $ 表示帧命令起始位。

➤ aaccc 表示地址域，其中前两位为识别符，后三位为语句名。识别符的 GP 表示单 GPS 模式，BD 表示单北斗模式，GN 表示多星联合定位，常用语句名见表 3-1。

- ddd…ddd 表示数据。
- ＊表示校验和前缀（也可以作为语句数据结束的标志）。
- hh 表示校验和。
- <CR><LF> 表示回车和换行符，代表帧结束。

表 3-1　　　　　　　　　　　常用语句名

序号	语句名	命令示例	说明	最大帧长
1	GGA	$GNGGA	当前定位信息	72
2	GSA	$GNGSA	当前卫星信息	65
3	GSV	$GPGSV	锁定的 GPS 卫星信息	210
4	GSV	$BDGSV	锁定的北斗卫星信息	210
5	RMC	$GNRMC	推荐定位信息	70
6	VTG	$GNVTG	地面速度信息	34
7	GLL	$GNGLL	大地坐标信息	—
8	ZDA	$GNZDA	当前时间信息	—

1. $GNGGA 语句

$GNGGA 语句为当前定位信息，基本格式如下：

$GNGGA,(1),(2),(3),(4),(5),(6),(7),(8),(9),M,(10),M,(11),(12)*hh<CR><LF>

其具体涵义如下：

- (1) 表示 UTC 时间，为 hhmmss.sss（时分秒）格式。
- (2) 表示纬度，为 ddmm.mmmm（度分）格式。
- (3) 表示纬度半球，用 N（北纬）或 S（南纬）表示。
- (4) 表示经度，为 dddmm.mmmm（度分）格式。
- (5) 表示经度半球，用 E（东经）或 W（西经）表示。
- (6) 表示定位状态。其中 0= 未定位，1= 非差分定位，2= 差分定位，6= 正在估算。

- (7) 表示正在使用解算位置的卫星数量（00 ~ 12）。
- (8) 表示 HDOP 水平精度因子（0.5 ~ 99.9）。
- (9) 表示海拔高度（-9999.9 ~ 99999.9 m）。
- (10) 表示地球椭球面相对大地水准面的高度（-9999.9 ~ 99999.9 m）。
- (11) 表示差分时间（指从最近一次接收到差分信号开始的秒数，如果不是差分定位将为空）。
- (12) 表示差分站 ID 号 0000 ~ 1023。

2. $GNGSA 语句

$GNGSA 语句为当前卫星信息，基本格式如下：

```
$GNGSA,(1),(2),(3),(3),(3),(3),……,(4),(5),(6),*hh<CR><LF>
```

其具体涵义如下：

- (1) 表示模式。其中 M= 手动，A= 自动。
- (2) 表示定位形式。其中 1= 未定位，2= 二维定位，3= 三维定位。
- (3) 表示 PRN 数字，显示正在用于定位的卫星编号（01 ~ 32）。
- (4) 表示 PDOP 位置精度因子（0.5 ~ 99.9）。
- (5) 表示 HDOP 水平精度因子（0.5 ~ 99.9）。
- (6) 表示 VDOP 垂直精度因子（0.5 ~ 99.9）。

示例如下：

```
$GNGSA,A,3,14,22,24,12,……,4.2,3.7,2.1*2D
```

3. $GPGSV 语句

$GPGSV 语句为锁定的 GPS 卫星信息，每条 GSV 语句最多可以显示 4 个卫星信息，一般 GPS 有 3 条 GSV 报文，基本格式如下：

```
$GPGSV,(1),(2),(3),(4),(5),(6),(7),(4),(5),(6),(7),(4),(5),(6),(7),(4),(5),(6),(7)*hh<CR><LF>
```

其具体涵义如下：

➢ (1) 表示 GSV 语句的总数。

➢ (2) 表示本句 GSV 的编号。

➢ (3) 表示可见卫星的总数（00 ～ 12）。

➢ (4) 表示卫星编号（01 ～ 32）。

➢ (5) 表示卫星仰角（00 ～ 90°）。

➢ (6) 表示卫星方位角（000° ～ 359°）。

➢ (7) 表示信号噪声比（00 ～ 99 dB）；无表示即意味着未接收到信号。

每个卫星的状态用 (4)(5)(6)(7) 描述，否则这些字段连同后面的","可以省略。

示例如下：

$GPGSV,3,1,10,18,84,067,23,09,67,067,27,22,49,312,28,15,47,231,30*70
$GPGSV,3,2,10,21,32,199,23,14,25,272,24,05,21,140,32,26,14,070,20*7E

4. $BDGSV 语句

$BDGSV 语句为锁定的北斗卫星信息，每条 GSV 语句最多可以显示 4 个卫星信息，一般北斗有 2 条 GSV 报文，基本格式与 $GPGSV 语句相同，示例如下：

$BDGSV,1,1,02,209,64,354,40,214,05,318,40*69

5. $GNRMC 语句

$GNRMC 语句为推荐定位信息，基本格式如下：

$GNRMC,(1),(2),(3),(4),(5),(6),(7),(8),(9),(10),(11),(12)*hh<CR><LF>

其具体涵义如下：

➢ (1) 表示 UTC 时间，为 hhmmss.sss（时分秒）格式。

➢ (2) 表示定位状态。其中 A= 有效定位，V= 无效定位。

➢ (3) 表示纬度，为 ddmm.mmmm（度分）格式。

- (4) 表示纬度半球，用 N（北纬）或 S（南纬）表示。

- (5) 表示经度，dddmm.mmmm（度分）格式。

- (6) 表示经度半球，用 E（东经）或 W（西经）表示。

- (7) 表示地面速率（000.00 ~ 999.99 kn）。

- (8) 表示地面航向（000.00° ~ 359.99°，以真北为参考基准）。

- (9) 表示 UTC 日期，为 ddmmyy（日月年）格式。

- (10) 表示磁偏角（000.0° ~ 180.0°）。

- (11) 表示磁偏角方向。

- (12) 表示模式指示（仅 NMEA0183 3.00 版本输出，其中 A= 自主定位，D= 差分，E= 估算，N= 数据无效）。

示例如下：

```
$GNRMC,121252.000,A,3958.3032,N,11629.6046,E,015.15,359.95,070306,,,A*54
```

6. $GNVTG 语句

$GNVTG 语句为地面速度信息，基本格式如下：

```
$GNVTG,(1),T,(2),M,(3),N,(4),K,(5)*hh<CR><LF>
```

其涵义如下：

- (1) 表示以真北为参考基准的地面航向（000.00° ~ 359.00°）。

- (2) 表示以磁北为参考基准的地面航向（000° ~ 359°）。

- (3) 表示地面速率（000.00 ~ 999.99 kn）。

- (4) 表示地面速率（0000.0 ~ 1851.8 km/h）。

- (5) 表示模式指示（仅 NMEA0183 3.00 版本输出，其中 A= 自主定位，D= 差分，E= 估算，N= 数据无效）。

示例如下：

```
$GNVTG,359.95,T,,M,015.15,N,0028.0,K,A*04
```

7. $GNGLL 语句

$GNGLL 语句为大地坐标信息，基本格式如下：

```
$GNGLL,(1),(2),(3),(4),(5),(6),(7)*hh<CR><LF>
```

其内涵如下：

➢ (1) 表示纬度，为 ddmm.mmmm（度分）格式。

➢ (2) 表示纬度半球，用 N（北纬）或 S（南纬）表示。

➢ (3) 表示经度，为 dddmm.mmmm（度分）格式。

➢ (4) 表示经度半球，用 E（东经）或 W（西经）表示。

➢ (5) 表示 UTC 时间，为 hhmmss.sss（时分秒）格式。

➢ (6) 表示定位状态，其中 A= 有效定位，V= 无效定位。

➢ (7) 表示模式指示（仅 NMEA0183 3.00 版本输出，其中 A= 自主定位，D= 差分，E= 估算，N= 数据无效）。

示例如下：

```
$GNGLL,2318.1330,N,11319.7250,E,095556.000,A,A*4F
```

8. $GNZDA 语句

$GNZDA 语句为当前时间信息，基本格式如下：

```
$GNZDA,(1),(2),(3),(4),(5),(6)*hh<CR><LF>
```

其具体内涵如下：

➢ (1) 表示 UTC 时间，为 hhmmss.sss（时分秒）格式。

➢ (2) 表示日。

➢ (3) 表示月。

➢ (4) 表示年。

➢ (5) 表示本地区域小时（未使用，为 00）。

➢ (6) 表示本地区域分钟（未使用，为 00）。

示例如下：

```
$GNZDA,072433.000,06,02,2021,00,00*9C
```

（二）卫星定位数据采集应用开发

下面以ATK-S1216F8-BD模块为例，介绍如何采集NMEA0183协议的信息。所有的GNSS导航模块都可以输出该协议，采集方式都类似。ATK-S1216F8-BD模块是一款高性能GPS/北斗双模定位模块，其模块实物如图3-7所示。

ATK-S1216F8-BD模块与单片机连接只需要VCC、GND、TXD和RXD 4根线即可，PPS是时钟脉冲信号，如图3-8所示。

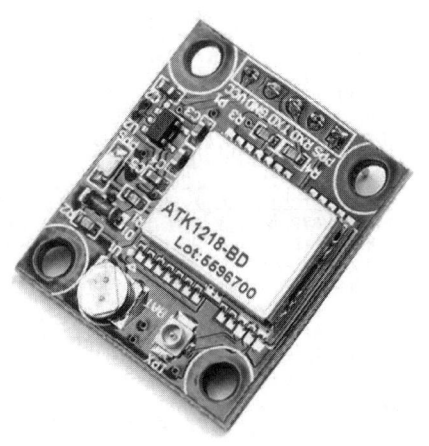

图3-7 ATK-S1216F8-BD模块

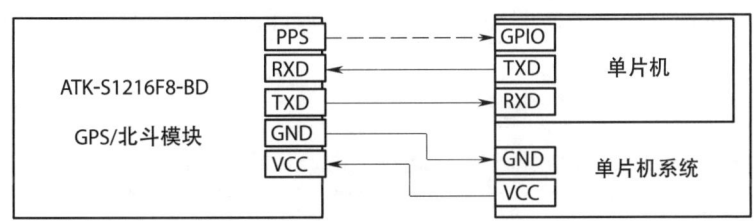

图3-8 ATK-S1216F8-BD模块与单片机相连接

除了与单片机连接之外，ATK-S1216F8-BD模块也可以与PC连接。由于TXD和RXD是TTL电平，需要选用CH340之类的USB电平转换模块进行电平转换。

ATK-S1216F8-BD模块默认会输出GNRMC、GNVTG、GNGGA、GNGSA、GPGSV、BDGSV、GNZDA和GNGGL 8种帧数据。打开串口调试助手工具，选择已识别到的串口号，设置波特率为38 400 bit/s、奇偶校验位NONE、数据位8、停止位1，就可以接收到模块发出的帧数据，如图3-9所示。

```
$GNGGA,110517.000,2318.1179,N,11319.6990,E,1,11,1.8,112.9,M,-5.4,M,,0000*54
$GNGLL,2318.1179,N,11319.6990,E,110517.000,A,A*4F
$GNGSA,A,3,07,23,30,11,09,17,28,,,,,,2.6,1.8,1.8*28
$GNGSA,A,3,202,203,205,208,,,,,,,,2.6,1.8,1.8*24
$GPGSV,4,1,13,11,75,173,31,07,59,317,45,08,50,019,24,01,50,165,26*75
$GPGSV,4,2,13,30,28,321,41,09,25,231,40,27,21,040,34,23,16,197,44*77
$GPGSV,4,3,13,16,15,084,07,22,08,132,18,28,07,297,39,17,05,239,41*70
$GPGSV,4,4,13,03,01,172,*4D
$BDGSV,3,1,09,208,80,317,31,207,73,100,25,210,73,348,25,203,64,187,38*68
$BDGSV,3,2,09,201,51,126,,202,44,239,43,205,24,255,36,209,04,202,*64
$BDGSV,3,3,09,206,04,174,*63
$GNRMC,110517.000,A,2318.1179,N,11319.6990,E,000.0,072.4,280316,,,A*77
$GNVTG,072.4,T,,M,000.0,N,000.0,K,A*12
$GNZDA,110517.000,28,03,2016,00,00*47
$GNGGA,110518.000,2318.1179,N,11319.6990,E,1,11,1.8,112.9,M,-5.4,M,,0000*5B
$GNGLL,2318.1179,N,11319.6990,E,110518.000,A,A*40
$GNGSA,A,3,07,23,30,11,09,17,28,,,,,,2.6,1.8,1.8*28
$GNGSA,A,3,202,203,205,208,,,,,,,,2.6,1.8,1.8*24
$GNRMC,110518.000,A,2318.1179,N,11319.6990,E,000.0,072.4,280316,,,A*78
$GNVTG,072.4,T,,M,000.0,N,000.0,K,A*12
$GNZDA,110518.000,28,03,2016,00,00*48
$GNGGA,110519.000,2318.1179,N,11319.6990,E,1,11,1.8,112.9,M,-5.4,M,,0000*5A
$GNGLL,2318.1179,N,11319.6990,E,110519.000,A,A*41
$GNGSA,A,3,07,23,30,11,09,17,28,,,,,,2.6,1.8,1.8*28
$GNGSA,A,3,202,203,205,208,,,,,,,,2.6,1.8,1.8*24
$GNRMC,110519.000,A,2318
```

图 3-9　ATK-S1216F8-BD 模块默认输出的帧数据

也可以打开百度拾取坐标系统，输入得到的经纬度。在网页的搜索框中输入 119.417292,26.02431，其中经度在前、纬度在后，中间用","分隔。选中"坐标反查"前面的复选框，单击搜索图标就可以得到该经纬的地图信息，如图 3-10 所示。

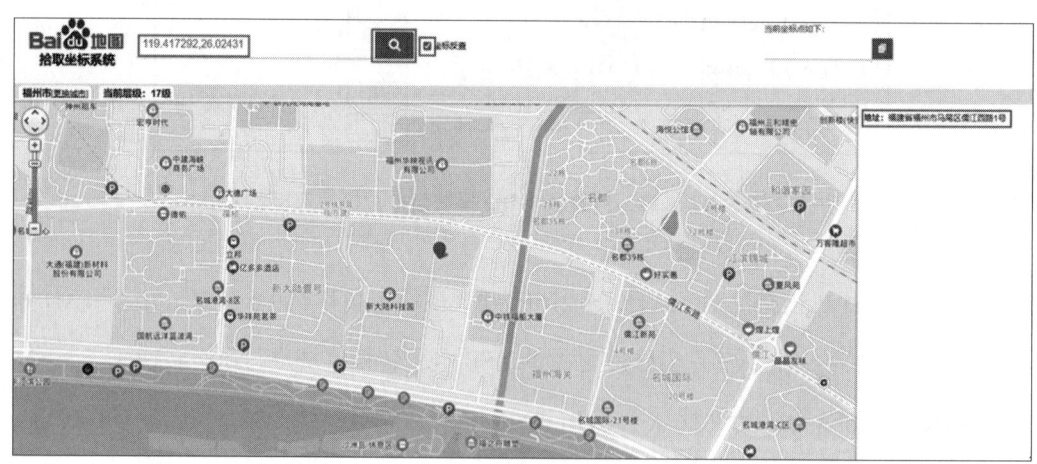

图 3-10　通过经纬度查地图信息

第二节　基站定位信息采集

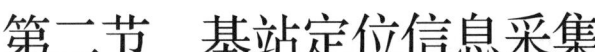

本节首先介绍了基站定位的基本概念、工作原理，其次对基站定位通信协议进行讲解，列举了 GM510 模块 AT 指令，最后阐述如何通过该模块，实现基站定位数据的采集功能。

考核知识点及能力要求：

- 了解基站定位基本工作原理。
- 了解基站定位通信协议中常用语句。
- 掌握运用基站定位技术，具备基站信号覆盖区域内位置、时间、状态信息的采集能力。

一、基站定位概述

很多定位追踪方面的应用需要实时定位到终端的位置，GPS/北斗模块的优势是定位准确迅速，但在隧道、地下车库和高架桥下面等没有卫星信号的地方，就只能利用基站定位。因此基站定位与 GPS/北斗模块配合使用，在室外的不同场景下提供定位服务。

（一）基站定位的定义

基站即公用移动通信基站（又称为手机基站），基于手机基站进行的定位服务又叫作 LBS（location based service），它通过移动运营商的 2G、3G、4G 或 5G 移动通信网络获取移动终端用户的位置信息。基站定位通常可以分为网络方式和终端方式。

1. 网络方式

（1）2G、3G、4G 移动通信网络中的定位技术。传统基站分为 3 个扇区，每扇区通常为 120°，一个扇区对应一个小区，每个小区都有不同的识别码（Cell ID）。由于基站的经纬度是已知的，根据 Cell ID 就可以大致锁定手机的位置，但一个小区的覆盖范围很大，基于 Cell ID 的定位误差非常大。

基于 Cell ID 的增强定位技术（enhanced Cell ID，E-CID），在 Cell ID 的基础上增加到达时间（time of arrival，TOA）测量。TOA 测量通过信号从基站到手机的传播时间来计算基站与手机之间的距离。选 3 个基站分别通过 TOA 测量得到与手机的距离，以该距离为半径画 3 个圆，3 个圆的交点即为手机的位置。在测量过程中，再辅以到达角度（angle of arrival，AOA），AOA 利用手机信号传送至基站的入射角度来进一步确定手机在该区域的位置。

TOA 测量缺点在于若基站与手机之间时间不同步，双方都不知道信号发送的绝对时间，会造成计算和定位误差。到达时间差（time difference of arrival，TDOA）是对 TOA 的改进，不是直接利用信号到达时间，而是用多个基站接收到的信号的时间差来确定移动台位置。与 TOA 相比不需要加入专门的时间戳，定位精度也有所提高。TDOA 又可以细分为 OTDOA、UTDOA 和 E-OTD 等。

（2）5G 移动通信网络中的定位技术。由于 5G 移动通信网络超密集站点增加了参考点的数量和多样性，大规模天线阵列（Massive MIMO）下的 AOA 测距更精确，因为 5G 移动通信网络中更低的网络时延可提升基于时间测量的精度。加上在 5G R16 标准引入了定位参考信号（PRS），并采用了 DL-TDOA、UL-TDOA、DL-AOD、UL-AOA 等 E-CID 技术，现在 5G 移动通信网络最高可以达到 1 ~ 10 m 的定位精度，未来 5G R17 标准还可以将定位精度提升到亚米级。

2. 终端方式

由手机根据接收到的多个已知位置发射机发射信号携带的某种与手机位置有关的特征信息（如场强、传播时间、时间差等），确定其与各发射机之间的几何位置关系后，便可根据有关定位算法计算出手机的位置。有以下几种定位。

（1）基站 ID 定位。其原理是将连接到信号最强基站的位置作为手机位置。

（2）三边测量定位。其与网络定位的 TOA 类似，也是利用 3 个基站到手机的距离为半径画 3 个圆，3 个圆的交点即为手机的位置，如图 3-11 所示。

（3）场景分析定位。大数据时代，收集海量手机定位数据，可通过场景分析实现终端方式的相对精确定位。在手机通过 GPS/北斗定位导航的同时，导航地图也会收集手机接收到的基站 ID 和接收的信号强度指示（received signal strength indication，RSSI），以及 Wi-Fi 信号特征，称为信号指纹（RF pattern matching，RFPM）。将无数手机收集到的信号指纹建立一个数据库，只要将当前用户的信号特征与数据库做比对，利用近邻算法、K 加权近邻算法或贝叶斯概率等信号指纹算法就可以得到用户的位置信息。场景分析定位示意图如图 3-12 所示。

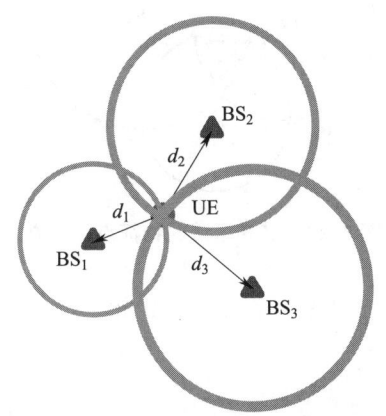
图 3-11 三边测量定位示意图

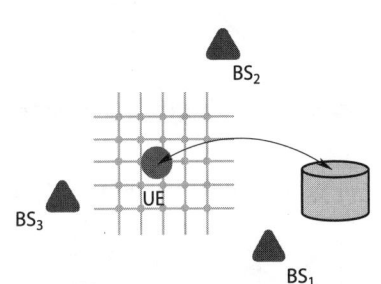
图 3-12 场景分析定位示意图

（二）基站定位的基本工作原理

以手机终端定位为例进行相关说明，手机上的软件可以通过调用手机协议栈函数来获得当前服务小区和邻近小区的信息，得到 Cell ID 和 RSSI 的数据。在计算过程中，应优先选择 RSSI 值大的信息组进行计算，这是提高定位精度的关键。

根据无线电传播路径损耗理论公式，将 RSSI 值转化成相对应的距离，公式如下：

$$d = 10^{\left(\frac{abs(\text{RSSI}) - A}{10 \times n}\right)} \tag{3-6}$$

式中，n 为环境衰减因子；d 为计算所得距离；RSSI 为接收信号强度；A 为发射端和接收端相隔 1 m 时的信号强度。

其定位原理也是利用 3 个基站到手机的距离为半径画 3 个圆，3 个圆的交点即为手机的位置。但由于实际环境的复杂性，根据 RSSI 值计算出的距离总是大于实际距离。A、B、C 为基站位置，未知节点 D 为手机位置，根据 RSSI 模型计算出的节点 A 和 D 的距离为 r_A；节点 B 和 D 的距离为 r_B；节点 C 和 D 的距离为 r_C。分别以 A、B、C 为圆心，r_A、r_B、r_C 为半径画圆，结果得到不是一个交叉的点，而是一个交叠区域，如图 3-13 所示。

将交叠区域的特征点 E、F 和 G 连线成为一个三角形，通过三角形的质心算法得到质心 M 点的位置，如图 3-14 所示。

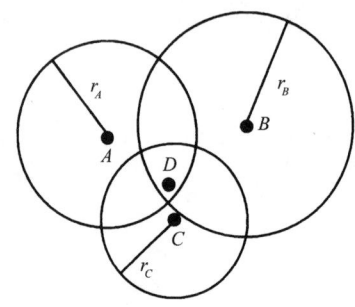

图 3-13　3 个圆得到一个交叠区域

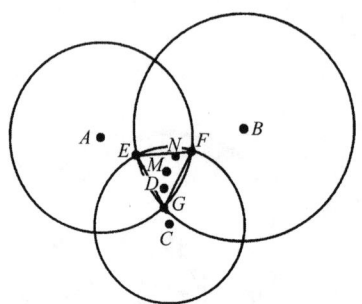

图 3-14　交叠区域的特征点和质心

先计算三圆交叠区域的 E、F、G 点的坐标，其中 E 点的计算公式如下：

$$\begin{cases} \sqrt{(x_E - x_A)^2 + (y_E - y_A)^2} = r_A \\ \sqrt{(x_E - x_B)^2 + (y_E - y_B)^2} = r_B \\ \sqrt{(x_E - x_C)^2 + (y_E - y_{AC})^2} = r_C \end{cases} \quad (3-7)$$

同理，可计算出 F 点和 G 点，再根据三角形质心算法，计算出质心 M 的位置，公式如下：

$$\left(\frac{x_E + x_F + x_G}{3}, \frac{y_E + y_F + y_G}{3} \right) \quad (3-8)$$

将质心 M 等同于手机的位置 D，这样就完成终端定位。

二、基站定位数据的采集

（一）基站定位通信协议的讲解

AT 是 attention 的缩写，AT 指令是应用于终端设备与 PC 或控制设备之间的连接与通信的指令。AT 指令功能较全，它可以通过一组命令对设备进行控制，完成呼叫、短信、电话本、数据业务和传真等功能。

AT 指令都以"AT"开头，不区别大小写，以 <CR> 结束。不同模块的 AT 指令是不同的，读者可自行根据模组指令手册等相关技术文档进行 AT 指令操作。这里以 GM510 模块为例，列举以下 4 种的命令格式。

1. 无参数指令

无参数指令是一种简洁的指令，基本格式如下：

```
AT[+|&]<command>
```

示例如下：

```
AT+CSQ
```

2. 查询指令

查询指令用于查询该指令当前设置的值，基本格式如下：

```
AT[+|&]<command>?
```

示例如下：

```
AT+CNMI?
```

3. 帮助指令

帮助指令列出该指令的可能参数，基本格式如下：

```
AT[+|&]<command>=?
```

示例如下：

```
AT+CMGL=?
```

4. 带参数指令

带参数指令提供了强大的灵活性，基本格式如下：

```
AT[+|&]<command>=<par1>, <par2>, <par3>…
```

这种指令的返回值不同，指令内容也不一样。锁定和仅用 LTE 网络，示例如下：

```
AT+ZSNT=6,0,0
```

（二）基站定位数据采集应用开发

下面以 GM510 模块为例介绍如何通过 AT 指令采集基站定位的经纬度信息。这个 AT 指令为厂商自定义，而不同厂商之间的指令和格式各不相同。GM510 模块为基于 LTE 制式的移动网络通信模块，支持 LTE-FDD 及 LTE-TDD，可以提供最大 50 Mbit/s 上行速率和 150 Mbit/s 下行速率，支持 PAP、CHAP、PPP 等多种网络协议，模块外形如图 3-15 所示。

图 3-15　GM510 模块外形图

GM510 模块与单片机或 PC 连接需要 3 根线：GND、TXD1 和 RXD1，如图 3-16a 所示；也可以使用全功能串口连接方式，如图 3-16b 所示。

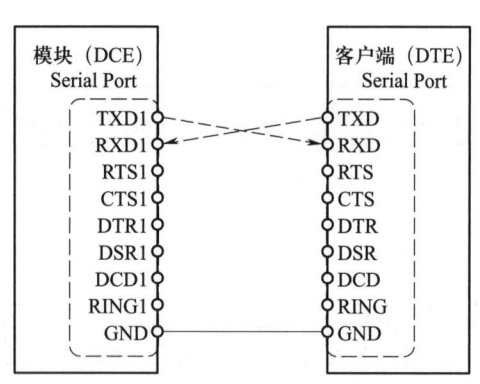 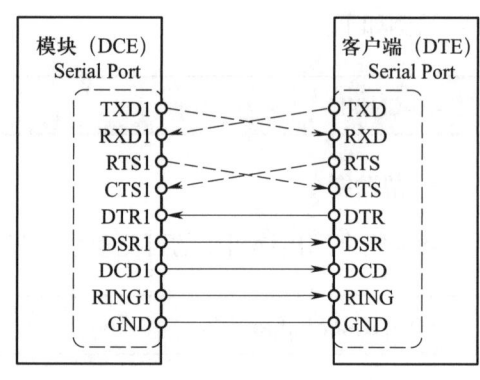

a）两线制的串口连接方式　　　　　　b）全功能串口连接方式

图 3-16　GM510 模块与单片机相连接

通过 AT 指令的基站定位流程如下：①向模块发出 AT 指令；②模块查询网络信息得到基站 ID；③模块将基站 ID 号发给位置服务提供商；④位置服务提供商把该基站 ID 对应的经纬度信息告诉模块；⑤模块回复查询到的经纬度信息。

整个流程都是由 GM510 模块自主完成的，对用户而言，只要发出 AT 指令，等待

GM510模块回复指令就行。基站定位指令如下：

```
AT+CELLOC?
```

如果定位成功，模块返回结果如下：

```
OK
+CELLOC: <LG>,<LA>
```

其内涵如下：

- ➢ <LG>：当前基站经度，其中东经（E）为正数，西经（W）为负数。
- ➢ <LA>：当前基站纬度，其中北纬（N）为正数，南纬（S）为负数。

如果定位失败，模块返回结果如下：

```
+CELLOC: BUSY
ERROR
```

应用举例，发出基站定位AT指令：AT+CELLOC？

模块回复指令如下：

```
OK
+CELLOC: 119.417292,26.02431
```

GM510模块基站定位的功能是商用的，需要另外付费。如果不付费，则每天只能享受有限次数的免费基站定位。也可以使用AT+ZCDS?指令得到基站ID，然后在网络上以"基站定位查询"关键字进行搜索，打开搜索到的网页，输入基站ID，就可以查询到该基站的经纬度信息和地图信息。

基站定位并非4G或5G移动通信网络专有的新技术，只支持2G移动通信网络的模块在很多年前就有基站定位的AT指令，如SIM800C模块使用基站定位指令就能返回基站的经纬度坐标，指令如下：

```
AT+CIPGSMLOC=1,1
```

第三节 室内定位信息采集

本节首先介绍了室内定位的基本概念、工作原理，其次对室内定位关键技术进行讲解，最后阐述如何通过开源模块 EVK1000，实现室内定位数据的采集功能。

考核知识点及能力要求：

- 了解室内定位基本工作原理。
- 了解室内定位通信协议中常用语句。
- 掌握运用室内定位技术，实现室内位置信息采集的能力。

一、室内定位概述

与室外只有卫星定位和基站定位的情况不一样，室内定位技术众多，各种技术都有自己的局限性，彼此间又在一定程度上存在互相竞争。未来的趋势一定是多种技术融合使用，实现优势互补。面对复杂环境，成本越低、兼容性越好、精度越高的技术越容易普及。不同的定位技术的精度和难易度示意图如图3-17所示。

（一）室内定位的定义

室内定位是指在室内环境中定位位置，从而实现对人员、物体等在室内空间中的位置监控。室内定位技术可以分成3类：惯性导航、机械波（超声波）、电磁波。其中电磁波根据波长可以分为可见光、近红外、微波和无线电频谱，而无线电频谱又可以细分为调频收音机、雷达、蜂窝网络、Wi-Fi、ZigBee、RFID、超宽带和高灵敏度GNSS等伪卫星系统。

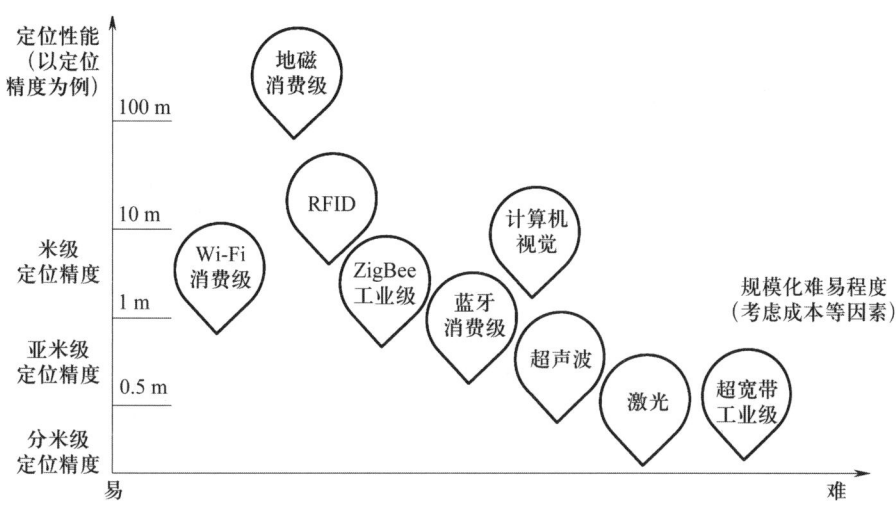

图 3-17　不同定位技术的定位精度和难度示意图

2022 年的冬奥会上，中国国家体育场和国家速滑馆实现 AR 室内定位，通过 360°全方位采集场馆的公共空间场景信息，把实景"搬"到线上，将采集后的空间信息与实际场景叠加，建立场馆内的"元宇宙"。观众只需要通过网络连接到 AR 室内定位系统、打开手机摄像头就能定位，系统基于人工智能 AI 视觉识别算法自动比对位置信息，可达到厘米级的定位精度。在软件中输入目的地，系统会为用户自动规划路径，观众只需跟随箭头前行就能到达指定位置。

（二）室内定位基本工作原理

室内定位有多种定位方式，不同定位方式的工作原理也不同，主要定位方式及基本工作原理如下。

1. Wi-Fi 定位

目前 Wi-Fi 定位是相对成熟且应用较多的技术。Wi-Fi 定位主要采用近邻法判断，即最靠近哪个热点或基站就认为处在什么位置。如附近有多个基站，则可以通过 3 个基站进行 RSSI 三角定位，这与基站定位的 RSSI 类似。也有使用 Wi-Fi 信号指纹方式定位的，如高德地图和百度地图就是以 Wi-Fi 信号指纹为主、多种技术综合实现室内定位。

定位平台有每个 Wi-Fi 接入点（access point，AP）位置的数据库，移动终端可以检测周边 Wi-Fi 接入点的 MAC 地址、SSID（接入点的名称）等参数，并将这些参数上报给定位平台的 Wi-Fi 接入点数据库查询，定位平台根据查询到的 Wi-Fi 接入点的位置就可以估算出移动终端的位置，如图 3-18 所示。

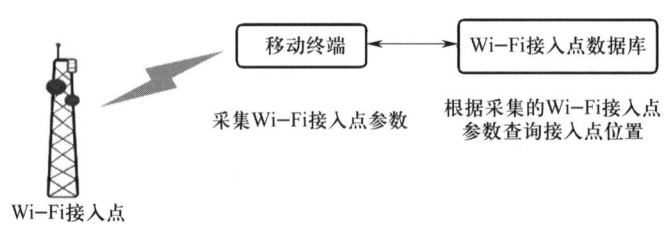

图 3-18　Wi-Fi 定位原理

2. 惯性导航定位

这是一种纯客户端的技术，主要利用终端惯性传感器采集的运动数据（如加速度传感器、陀螺仪等）测量物体的速度、方向、加速度等信息，并基于航位推测法，经过各种运算得到物体的位置信息。在扫地机器人中常使用惯性导航定位，手机导航在进入隧道后也会切换为惯性导航定位。

3. 蓝牙信标定位

蓝牙信标定位技术目前部署的场合也比较多，也是相对比较成熟的技术，其与 Wi-Fi 定位的原理和定位方式相似，精度会比 Wi-Fi 定位稍微高一点。

4. RFID 定位

RFID 定位的基本原理是通过一组固定的阅读器读取目标 RFID 标签的特征信息（如身份 ID、接收信号强度等），同样可以采用近邻法、多边定位法、接收信号强度等方法确定标签所在位置。

5. ZigBee 定位

ZigBee 定位是一种短距离、低速率的无线网络技术，介于 RFID 定位和蓝牙信标定位之间，可以通过传感器之间的相互协调通信进行设备的位置定位。这些传感器只需要很少的能量，以接力的方式通过无线电波将数据从一个传感器传到另一个传感器，所以 ZigBee 定位最显著的技术特点是它的低功耗、低成本和组网灵活。

6. 视觉定位

视觉定位系统可以分为自运动系统（移动中的视觉定位需求）和静态照相定

位（定位图像中的移动或固定物体），两者都是基于 AOA 原理得到定位数据，利用 CMOS 传感器上的二维图像计算得到物体在三维世界里的位置。单目图像的深度信息可以通过相机的运动来获得，这种方法被称为合成立体视觉，即相同的摄像机从不同位置按顺序观察场景，并且以类似于立体视觉的方式估计图像深度。

7. 超宽带定位

超宽带（UWB）定位技术利用事先布置好的已知位置的锚节点和桥节点与新加入的盲节点进行通信，并利用三角定位或者信号指纹定位方式来确定位置。UWB 信号可以轻松穿透常见障碍物的阻隔，用于在一定空间范围内获取人或物的位置信息，同时应用于各个领域的室内精确定位和导航，能够满足隧道、监狱、工厂、煤矿、工地、电厂、养老院、展览馆、机房、机场等高精度室内定位需求。

8. 5G 定位

5G 定位是 5G 移动通信网络通过测量无线信号来确定 5G 终端设备地理位置信息的技术，可为用户提供任何时间、任何地点基于定位信息的地理信息服务。R16 版本标准首次将定位能力引入 5G 网络标准，按照 R16 版本标准，5G 室内定位能力可以达到室内 3 m 的精度。

二、室内定位数据的采集

（一）室内定位关键技术实例

UWB 技术是一种基于 IEEE 802.15.4z 标准的无线电技术。近年来，UWB 芯片正在全球掀起大热潮，吸引了众多的芯片厂商投入这个市场。据《2021 年超宽带市场分析》报告中表示，超宽带市场主要由 4 个主要应用类别组成，分别是：实时定位系统，如工业和零售室内定位系统应用；手机（智能手机、可穿戴设备等）；汽车和智能家居；其他应用，包括智能门、大门和付款等。报告中指出，2021 年全球 UWB 的出货量达到 2 亿个以上，到 2027 年将超过 12 亿个；按照其估计，智能手机将在 2027 年成为 UWB 的最大应用市场，其次是汽车、智能家居设备、可穿戴设备和实时定位系统。

一般的通信体制都是利用一个被调制的高频载波来传输信号。UWB 不同于传统的通信技术，其并没有使用载波，而是利用非正弦波窄脉冲为信息载体传输数据。其脉冲持续时间很短，一般为 0.2 ~ 1.5 ns，有很低的占空比，在高速通信时系统的耗电量仅为几百微瓦至几十毫瓦。FCC 为 UWB 分配了 3.1 ~ 10.6 GHz 的频带，还对其辐射功率做出了比 FCC Part15.209 更为严格的限制，将其限定在 –41.3 dB/MHz 的频带内，如图 3-19 所示。

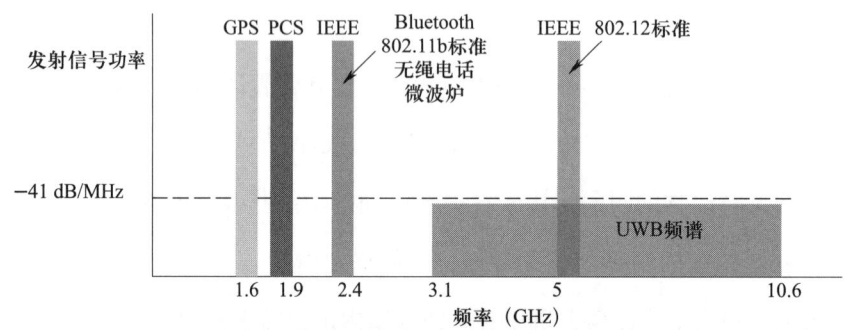

图 3-19　FCC 对 UWB 辐射功率的限制

在国内，工信部对 UWB 在 6 ~ 9 GHz 频段的限值为 –41 dB，而别的频段限值要求比 FCC 的更严。

UWB 常用测距方法有 TDOA、AOA 和飞行时间法（time of flight，TOF）。其中，TDOA 和 AOA 与基站定位的原理和算法类似；TOF 是一种双向测距技术，它通过测量 UWB 信号在基站与标签之间往返的飞行时间来计算距离。TOF 又分为单边双向测距和双边双向测距两种方式。

1. 单边双向测距

单边双向测距（single sided two way ranging，SS-TWR）是对单个往返消息时间的简单测量，即设备 A 主动发送数据到设备 B，设备 B 返回数据响应设备 A，如图 3-20 所示。

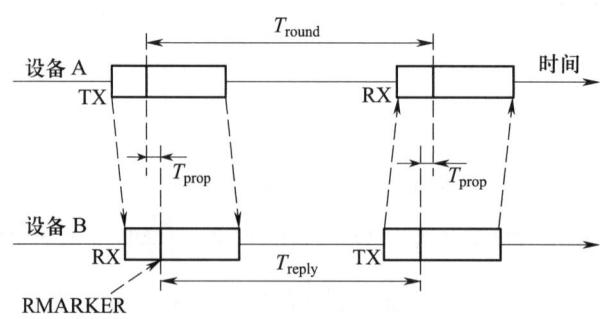

图 3-20　单边双向测距时间示意图

数据包在空中单向传输的时间计算公式如下：

$$T_{\text{prop}} = \frac{(T_{\text{round}} - T_{\text{reply}})}{2} \tag{3-9}$$

两个差值时间都是基于本地的时钟计算得到的，本地时钟误差可以抵消，但是不同设备之间会存在微小的时钟偏移，导致测距不准确。

2. 双边双向测距

双边双向测距（double sided two way ranging，DS-TWR）是单边双向测距的一种扩展测距方法。双边双向测距分为两次测距，设备 A 主动发起第一次测距消息，设备 B 响应，当设备 A 收到响应数据之后，再返回数据，如图 3-21 所示。

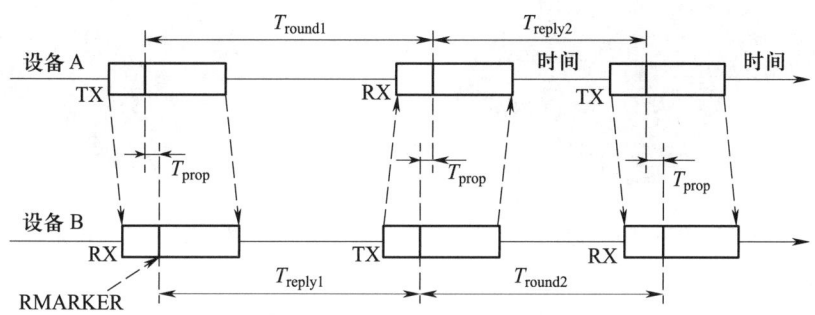

图 3-21 双边双向测距时间示意图

数据包在空中单向传输的时间计算公式：

$$T_{\text{prop}} = \frac{(T_{\text{round1}} \times T_{\text{round1}} - T_{\text{reply1}} \times T_{\text{reply2}})}{(T_{\text{roun}} + T_{\text{round1}} + T_{\text{reply1}} + T_{\text{reply2}})} \tag{3-10}$$

由此可以看出，不同设备之间不需要时间同步，误差仅与时钟漂移有关。假设设备 A 和设备 B 的时钟精度是 0.02 ppm，设备 A、B 相距 100 m，电磁波的飞行时间是 333 ns，则时钟漂移引入的误差换算成距离值为 2.2 mm，此时可以忽略不计了。

（二）室内定位数据采集应用开发

下面以国内应用相对最早最广泛的 DW1000 芯片为例，介绍如何通过 UWB 采集室内定位数据。DW1000 芯片遵循 IEEE 802.15.4-2011 标准，精度为 10 cm，使用了从 3.5 ~ 6.5 GHz 的 6 个射频频段（Channe15 和 Channe17 频段符合中国 UWB 标准），支持

100 kbit/s、850 kbit/s、6.8 Mbit/s 的数据速率。DW1000 芯片实物如图 3-22 所示。

官方还推出了 EVK1000 模块（如图 3-23 所示），公开了模块的原理图，还提供了基于某款芯片的完整例程，国内有很多公司直接仿制该模块。

图 3-22　DW1000 芯片

图 3-23　EVK1000 模块

调节 EVK1000 模块上的拨码开关设置模块参数，如图 3-24 所示。

使用 4 个 EVK1000 模块，3 个设置为基站，1 个设置为标签，4 个 EVK1000 模块设置为同一信道和同样波特率，组网示意图如图 3-25 所示。

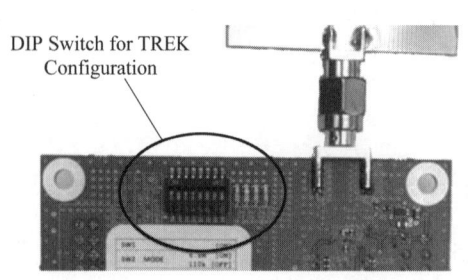

图 3-24　EVK1000 模块上的拨码开关

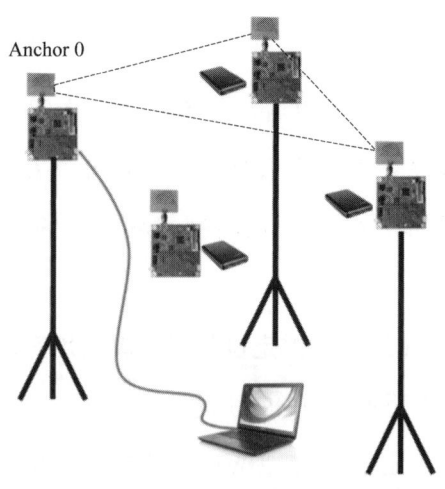

图 3-25　EVK1000 模块组网示意图

在 EVK1000 评估模块上进行虚拟串口通信，在 PC 上安装好 ST 的 USB 虚拟串口驱动。打开串口调试助手工具，无须设置波特率等参数，就可以在串口调试助手工具上接收到基站 0 传送的数据，格式如下：

> MID MASK RANGE0 RANGE1 RANGE2 RANGE3 NRANGES RSEQ DEBUG aT: A

其具体涵义如下：

➢ MID。消息 ID，分别为 mr、mc 和 ma。mr 代表标签—基站距离（原生数据）；mc 代表标签—基站距离（修正优化过，用于定位标签）；ma 代表基站—基站距离（修正优化过，用于基站自动定位）。

➢ MASK。表示 RANGE0、RANGE1、RANGE2 和 RANGE3 有哪几个消息是有效的。如 MASK=7（0000 0111）表示 RANGE0、RANGE1、RANGE2 有效，MASK=F（0000 1111）代表全部都有效。

➢ RANGE0。如果 MID=mc 或 mr，表示标签 x 到基站 0 的距离，单位为 mm。

➢ RANGE1。如果 MID=mc 或 mr，表示标签 x 到基站 1 的距离；如果 MID=ma，表示基站 0 到基站 1 的距离；单位为 mm。

➢ RANGE2。如果 MID=mc 或 mr，表示标签 x 到基站 2 的距离；如果 MID=ma，表示基站 0 到基站 2 的距离；单位为 mm。

➢ RANGE3。如果 MID=mc 或 mr，表示标签 x 到基站 3 的距离，如果 MID=ma，表示基站 1 到基站 2 的距离；单位为 mm。

➢ NRANGES。原始数据计数值（不断累加）。

➢ RSEQ。范围序列号计数值（不断累加）。

➢ DEBUG。如果 MID=ma，代表 TX/RX 天线延迟。

➢ aT: A。T 是标签 ID，A 是基站 ID。

串口调试助手工具接收到的数据举例如下：

> mr 0f 000005a4 000004c8 00000436 000003f9 0958 c0 40424042 a0: 0
> ma 07 00000000 0000085c 00000659 000006b7 095b 26 00024bed a0: 0
> mc 0f 00000663 000005a3 00000512 000004cb 095f c1 00024c24 a0: 0

也可以使用 EVK1000 模块的官方开发工具软件 DecaRangeRTLS 进行图形化开发，如图 3-26 所示。

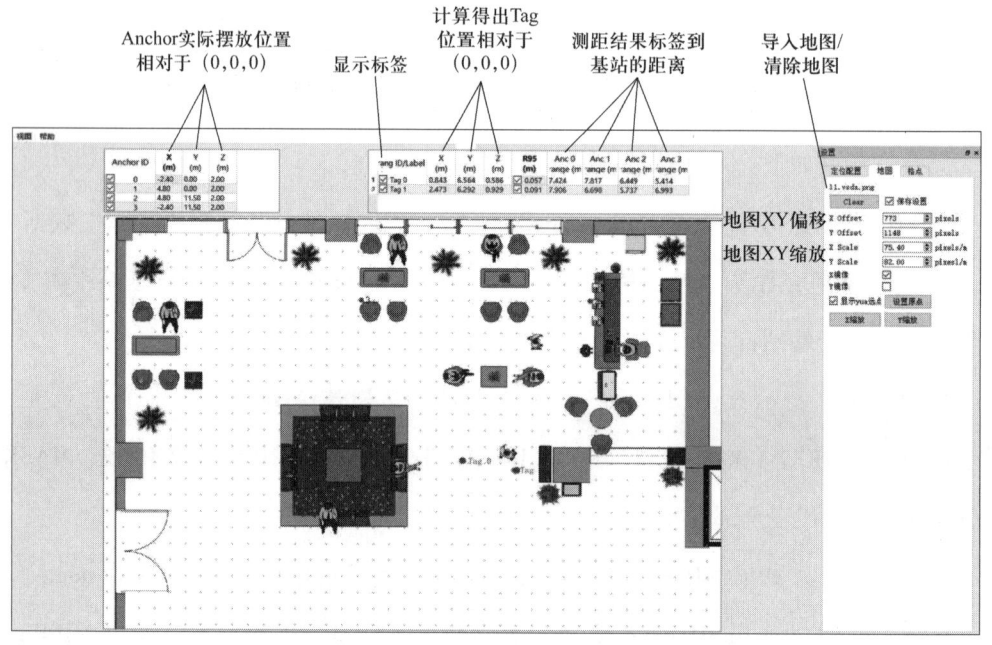

图 3-26　DecaRangeRTLS 软件图形化开发示例

思考题

1. 北斗三号系统使用静止轨道卫星（GEO），对于低纬度地区搜星有什么好处？

2. 北斗系统使用了 B1、B2 和 B3 三个频段信号，相较于 GPS 使用的 L1 和 L5 两个频段有什么优势？

3. NMEA0183 协议常用语句名有哪些？

4. 网络方式和终端方式的基站 ID 定位有什么区别？

5. AT 指令能不能以"At"或"at"开头？为什么？

6. 根据 AT 指令的基站定位流程，在 SIM 卡无效的情况下，是否通过 AT 指令能得到定位信息？

7. 室内定位很少单独使用一种技术，一般都是多种技术融合，主要有哪些定位技术？

8. TOF中双边双向测距比单边双向测距好在哪里？

9. EVK1000模块的Channel5和Channel7频段符合中国UWB标准，这两个频段的频点值是多少？

第四章
单片机开发

调查显示，2025年全球物联网设备将增长至740亿个，而中国是最大的物联网设备市场，物联网设备占比将近全球的30%。物联网设备大体分为感知层设备、网络层设备、平台层设备和应用层设备，其中感知层设备以单片机为主，而每个感知层设备需要的单片机数量至少一个。

单片机是物联网系统的核心，是物联网发展的基础。随着电子技术的迅速发展，单片机已实现信息化、自动化和智能化等多种应用，应用场景包括可穿戴设备、家用电器、工业仪器仪表、智能交通、智能家居和智慧城市等。

本章从物联网应用场景需求分析出发，阐述单片机相关知识。解释如何根据数据手册、电路图、编程手册等开发文档，运用单片机标准输入/输出（input/output，I/O）驱动技术、串口驱动技术等知识，使用嵌入式软件开发工具（IAR embedded workbench，简称 IAR）、仿真器（CC Debugger）等软件，实现单片机应用开发。

- **职业功能：** 物联网感知控制开发。
- **工作内容：** 单片机开发。
- **专业能力要求：** 能根据物联网应用场景需求，比较、选择单片机型号；能运用单片机输入输出接口标准，进行标准输入输出设备的应用开发；能运用单片机总线技术，进行总线数据收发；能运用单片机技术，进行智能物设备的应用开发。
- **相关知识要求：** 单片机总线原理；单片机外设原理。

第一节　单片机设备选型

本节列举了单片机在物联网各个领域的应用场景，并说明如何通过设备选型，选用合适的单片机，从而对单片机基本概念和结构进行阐述，使读者具备比较、选择单片机型号的能力。

考核知识点及能力要求：
- 了解单片机的基本组成。
- 了解单片机的基本概念和内部结构。
- 掌握根据物联网应用场景需求，比较、选择单片机型号的能力。

一、物联网应用场景概述

受益于物联网的快速发展，单片机制造商们生产了大量不同规格和配置的单片机。据 IC Insights 的数据显示，近 5 年全球单片机产品出货量以平均每年 70 亿片的规模递增。

这些单片机根据位数可分为 64 位、32 位、16 位、8 位、4 位；根据指令集的不同可分为复杂指令集（complex instruction set computer，CISC）、精简指令集（reduced instruction set computer，RISC）；根据内存架构可分为冯·诺依曼架构、哈佛架构；根据应用类型分为通用型、专用型。

目前市场上以 8 位和 32 位的单片机为主，其中 8 位单片机凭借超低成本、设计简单等优势，市场占有率高。我国 2020 年市场上的单片机，其中 32 位单片机占比

54%，8位单片机占比43%，4位和16位单片机合计只占比3%。单片机的内核类型以ARM Cortex和8051为主，分别占比52%和22%。

当今社会生活和生产离不开各种物联网应用，而单片机运算能力强、体积小、功能完善、可靠性高、能耗低，在工业仪器仪表、家用电器、医用设备、航空航天和专用设备的智能化管理及过程控制等领域都有广泛应用，几乎所有的电子产品和机电产品中都集成有一个或多个单片机芯片。单片机主要应用于以下方面。

（一）可穿戴设备

智能手表、智能手环、健康监视器和智能眼镜等可穿戴设备都嵌入了单片机。这些设备通过单片机处理传感器采集到佩戴者的运动步数、能量消耗、血氧和心率数值等信息，并生成健康统计数据。除此之外，还可监控自身传输网络、调节网络传输节奏、控制设备耗能。

（二）智能仪器控制

单片机可以对各类传感器采集的数据进行接收和处理，完成电压、电流、功率、湿度、温度、频率、流量、速度、压力、厚度、长度和角度等各种信息的测量。

（三）智能家居

智能家居是单片机在物联网的一种重要应用，物联网通过统一平台对家居设备中的开关、插座、门窗、照明、家电、监控和门禁设备等进行统一管理和控制，如图4-1所示。

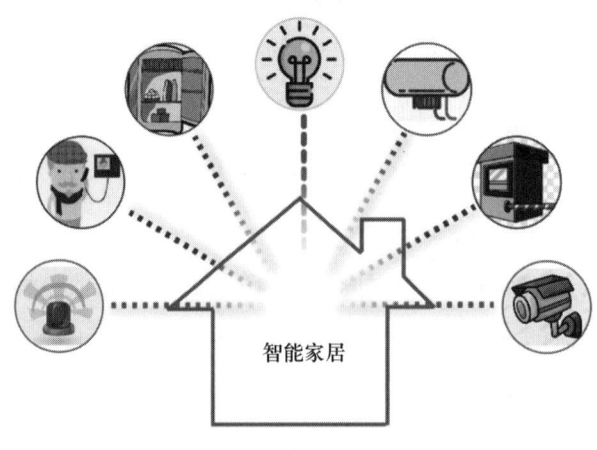

图4-1 智能家居应用

（四）网络与通信

新型的单片机普遍具备 RS-485、RS-422、SPI、I²C 等总线接口，高端的单片机还设有 CAN 总线、以太网络接口和 IDE、USB 等接口，为计算机网络和通信设备间的互联提供基础。手机、电话机、共享单车、楼宇自动通信呼叫系统等各种基于通信系统的智慧应用大部分通过单片机实现智能控制功能。

（五）智慧医疗

未来智慧医疗的核心技术之一是物联网技术，其实质是将传感器技术、RFID 技术、无线通信技术、网络技术等综合应用于整个医疗管理体系中，使用单片机进行信息交换和通信，以实现智能化识别、定位、追踪、监控和管理。

二、单片机设备选型

由于单片机有许多的规格和配置，要想满足多样化开发需求，就要对单片机设备进行选型。对单片机设备选型，主要从单片机应用系统的技术性、实用性和开发性三方面来考虑：从技术指标角度，对单片机型号进行选择，以保证单片机应用系统在一定的技术指标下运行可靠；从单片机的供货渠道、供货信誉等角度，对单片机的生产厂家进行选择，以保证单片机供货长期、可靠；选用的单片机要有可靠的开发手段，如程序开发工具、仿真调试手段等。

（一）设备选型

本单元以 CC253x 系列单片机为例，阐述如何进行输入/输出接口、总线数据收发等应用开发。

（二）单片机相关概述

1. 单片机基本知识

单片机全称为微控制单元（microcontroller unit，MCU），它把中央处理器、存储器、中断/定时器和各种 I/O 端口等集成到一块电路芯片上。简单来说，单片机就是一个微型计算机系统集成电路芯片，单片机内部结构如图 4-2 所示。

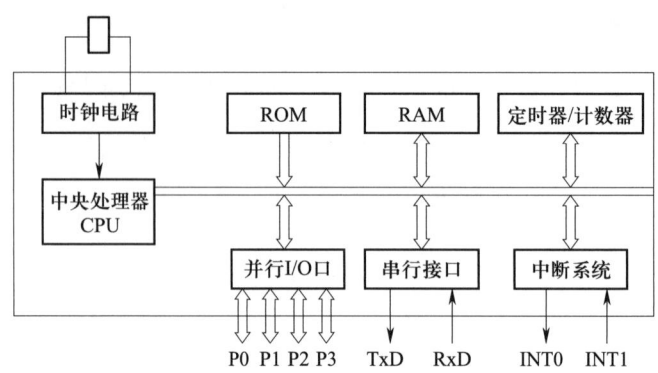

图 4-2 单片机内部结构

单片机内部结构如下。

（1）中央处理器（central processing unit，CPU）。主要由运算器、控制器和寄存器组成。其中，运算器执行所有的算术和逻辑运算；控制器负责把指令逐条从存储器中取出，经译码后向计算机发出各种控制命令；寄存器为处理单元提供操作所需要的数据。

（2）存储器。主要包括只读存储器（read only memory，ROM）、随机存储器（random access memory，RAM）。ROM 主要用来保存单片机运行所需要的程序和数据。RAM 用来保存单片机运行的临时数据。

（3）输入/输出设备。主要包括并行 I/O 口、串行接口等通信方式，用来与其他单片机、外部设备或普通计算机进行信息传输。

（4）时钟电路。主要为单片机提供运行所需要的节拍信号。

（5）中断系统。负责实时控制、故障自动处理和单片机与外部设备间的数据传送等。

（6）定时器/计数器。用来实现定时或计数功能。

2. CC253x 系列单片机

CC253x 系列单片机是用于 IEEE 802.15.4 标准的一个真正的系统级芯片（system on chip，SoC）解决方案，如图 4-3 所示，它能够以非常低的总材料成本建立功能强大的网络节点。它是业界标准的增强型 8051 CPU，具有强大的功能。CC253x 系列单片机包括许多不同的外部设备，允许设计者开发先进的应用，其提供的外部设备主要包括：

- 21 个 I/O 端口引脚。
- 闪存控制器。
- 具有 5 个通道的 DMA 控制器。
- 4 个定时器。
- 1 个睡眠定时器。
- 2 个串行通信接口。
- 8 通道 12 位 ADC。
- 1 个随机数发生器。
- 1 个看门狗定时器。
- AES 安全协处理器。

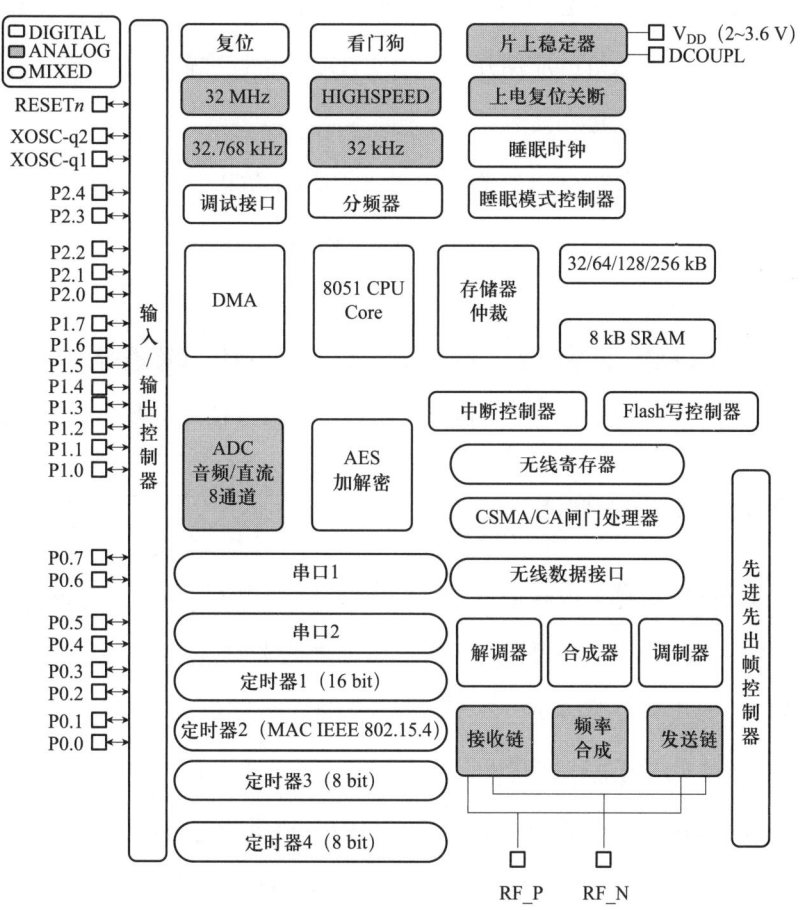

图 4–3　CC253x 系列单片机架构图

第二节 单片机标准输入/输出端口的应用

本节首先以某 CC253x 系列单片机为例,对该单片机的 I/O 端口引脚进行讲解,其次阐述基于该单片机的 PxSEL、PxDIR、PxINP 等 I/O 端口寄存器的配置,最后讲解如何通过该单片机 LED 流水灯的应用开发,以实现单片机标准输入输出的应用开发。

考核知识点及能力要求:

- 理解 CC253x 系列单片机 I/O 端口的外部引脚和功能。
- 掌握基于 CC253x 系列单片机的 PxSEL、PxDIR、PxINP 等 I/O 端口寄存器的配置。
- 能搭建开发环境、创建工程、编写简单代码并使用仿真器进行代码调试下载。
- 掌握运用单片机输入输出接口标准,进行标准输入输出设备的应用开发能力。

一、单片机 I/O 设备概述

单片机与外界的信息交换是通过输入/输出设备(I/O 设备)进行的,比如串口、按键、传感器、数码管等,它们相对于快速的处理器来说,速度要慢很多,而且不同外部设备的信号形式和数据格式也各不相同。因此,外部设备不能与单片机处理器直接相连,需要通过对应的电路来完成它们之间的速度匹配和信号转换。

通常把介于单片机处理器和外部设备之间的一种缓冲电路称为 I/O 端口电路,外部设备必须通过 I/O 端口才能与单片机处理器交换信息,如图 4-4 所示。交换信息时使用 I/O 端口引脚,I/O 端口存储了主机送给外部设备的一切命令和数据,从而使主机与外部设备协调一致地工作，完成控制功能。小到 LED 灯亮灭，大到家用电器控制都离不开对单片机 I/O 端口的应用。

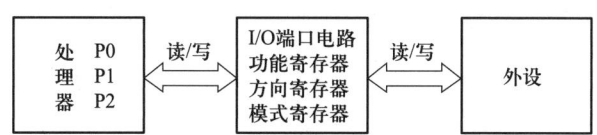

图 4-4　处理器与外部设备（外设）信息交换

（一）CC253x 系列单片机的 I/O 端口引脚

CC253x 系列芯片引脚布局如图 4-5 所示，它采用 6 mm × 6 mm QFN40 封装，共有 40 个引脚：I/O 端口引脚 21 个，电源引脚 13 个，时钟引脚 2 个，天线引脚 2 个，复位引脚和外接偏置电阻引脚各 1 个，引脚功能分类见表 4-1。

其中，I/O 端口引脚由 3 个端口组成，分别表示为 P0、P1 和 P2。P0 和 P1 是 8 位端口，P2 端口仅有 5 位可用。实际上，在 P2 端口的 5 个引脚中，有 2 个需要用作仿真，有 2 个需要用作晶振，因此，真正能够使用的 I/O 端口引脚的只有 17 个。

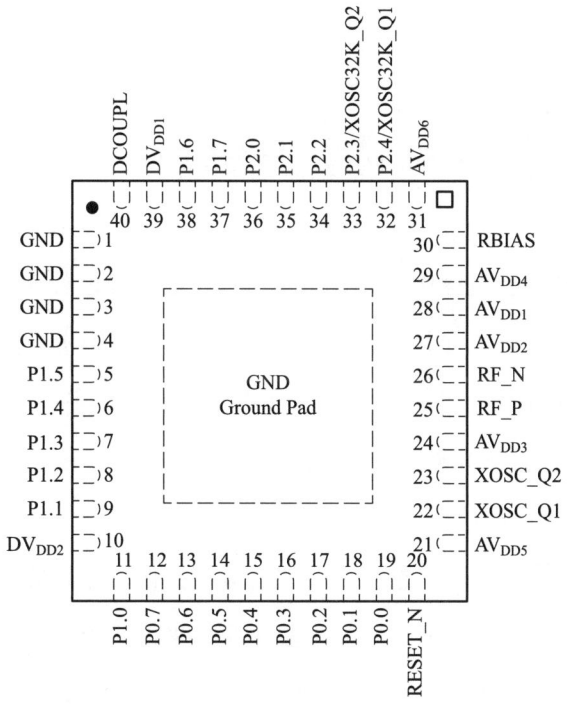

图 4-5　CC253x 系列芯片引脚布局

表 4-1　　　　　　　　　　CC253x 系列芯片引脚划分

引脚类型	包含引脚	功能简介
I/O 端口引脚	P0.0 ~ P0.7、P1.0 ~ P1.7、P2.0 ~ P2.4	数字信号输入/输出
电源引脚	AV_{DD1} ~ AV_{DD6}、DV_{DD1} ~ DV_{DD2}、GND、DCOUPL	模拟电源、数字电源引脚
时钟引脚	XOSC_Q1、XOSC_Q2	晶振引脚
天线引脚	RF_N、RF_P	外接天线引脚
复位引脚	RESET_N	芯片复位引脚
外接偏置电阻引脚	RBIAS	连接提供基准电流偏置电阻

CC253x 系列芯片有 4 种与电源相关的引脚：

➢ AV_{DD1} ~ AV_{DD6}：模拟电源引脚。

➢ DV_{DD1} ~ DV_{DD2}：数字电源引脚。

➢ DCOUPL：去耦数字电源引脚（不使用外部电路供电）。

➢ GND：接地引脚。

（二）CC253x 系列单片机的 I/O 端口寄存器配置

在单片机内部，有一些特殊功能的存储单元，这些单元用来存放控制单片机内部器件的命令、数据或运行过程中的一些状态信息，这些寄存器统称为"特殊功能寄存器（SFR）"。每一个 SFR 本质上就是一个内存单元，而标识每个内存单元的是内存地址，不容易记忆。为了便于使用，每个 SFR 都会有一个名字，例如，P1 是 SFR 的名字，它对应的内存地址为 0x90。在程序设计时，只要引入头文件"ioCC2530.h"，就可以直接使用 P1 访问内存地址。

操作单片机的本质，就是对这些 SFR 进行读写操作，并且某些 SFR 可以进行位寻址操作，例如，通过配置好的 P1.1 口向外输出高电平可以用以下代码实现：

```
P1 = 0x02; // 或 P1.1 = 1;
```

其中，P1 是 SFR 的名称，P1.1 是 P1 中一位的名称。每个 SFR 都有一个名称。数据手册中，与 I/O 端口相关的寄存器有很多，其中常用的 SFR 设置方法如图 4-6 所示。

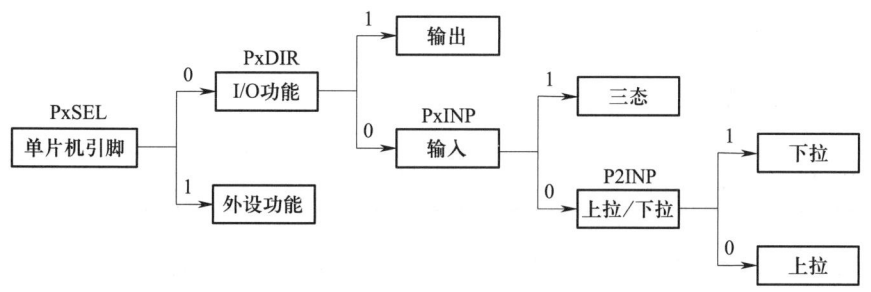

图 4-6　SFR 的 I/O 端口的设置基本思路

1. PxSEL 端口功能选择寄存器

大部分 I/O 端口都是可复用功能的，在使用的时候需要通过 PxSEL 端口功能选择寄存器来配置端口的功能，见表 4-2。

表 4-2　　　　　　　　　　PxSEL 端口功能选择寄存器

位	位名称	复位值	操作	简介
7：0	SELPx[7：0]	0	R/W	设置 Px_7 到 Px_0 端口的功能 0：对应端口被设置为 I/O 端口功能 1：对应端口被设置为外设功能

要配置 P0.0 端口为 I/O 端口功能，则可按以下配置 P0SEL 端口功能选择寄存器：

```
P0SEL &= ～ 0x01;
```

要配置 P1.0 端口为外设功能，则可按以下配置 P1SEL 端口功能选择寄存器：

```
P1SEL |= 0x01;
```

2. PxDIR 端口传输方向寄存器

当其作为 I/O 端口时，需要设置数据的传输方向，见表 4-3。

表 4-3　PxDIR 端口传输方向寄存器

位	位名称	复位值	操作	功能简介
7:0	DIRPx[7:0]	0	R/W	设置 Px_7 到 Px_0 端口的传输方向 0：设置端口为输入功能 1：设置端口为输出功能

要配置 P0.0 端口传输方向为输入，则可按以下配置 P0DIR 端口传输方向寄存器：

P0DIR &= ~0x01;

要配置 P1.0 端口传输方向为输出，则可按以下配置 P1DIR 端口传输方向寄存器：

P1DIR |= 0x01;

3. PxINP 端口输入模式寄存器

当传输方向为输入时，能够提供"上拉""下拉"和"三态"三种输入模式，可以通过编程进行设置。详细内容见表 4-4 和表 4-5。

表 4-4　P0INP 和 P1INP 端口输入模式寄存器

位	位名称	复位值	操作	功能简介
7:0	MDPx[7:0]	0	R/W	设置 P0 和 P1 的第 7 位到第 0 位端口的输入模式 0：上拉/下拉（还需在 P2INP 寄存器中确定） 1：三态

表 4-5　P2INP 端口输入模式寄存器

位	位名称	复位值	操作	功能简介
7	PDUP2	0	R/W	为端口 2 所有引脚选择上拉或下拉 0：上拉 1：下拉
6	PDUP1	0	R/W	为端口 1 所有引脚选择上拉或下拉 0：上拉 1：下拉

续表

位	位名称	复位值	操作	功能简介
5	PDUP0	0	R/W	为端口 0 所有引脚选择上拉或下拉 0：上拉 1：下拉
4：0	MDPx[7：0]	0	R/W	设置 P2.4 到 P2.0 端口的输入模式 0：上拉 / 下拉 1：三态

要配置 P0.0 端口为输入上拉模式，则可按以下配置 P0INP 和 P2INP 端口输入模式寄存器：

```
P0INP &= ~0x01;
P2INP &= ~0x20;
```

要配置 P1.0 端口为输入下拉模式，则可按以下配置 P1INP 和 P2INP 端口输入模式寄存器：

```
P1INP &= ~0x01;
P2INP |= 0x40;
```

二、单片机 I/O 设备应用

（一）开发环境的搭建

1. 硬件环境搭建

准备 1 块 CC253x 系列单片机、1 个 CC Debugger 仿真器和 1 个移动实验盒。硬件搭建图如图 4-7 所示。

2. 软件环境搭建

IAR 根据支持的微处理器种类不同分许多不同的版本，CC253x 系列单片机需要选用的版本

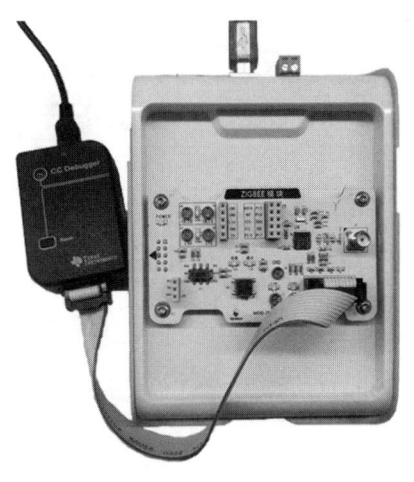

图 4-7 硬件搭建图

是 IAR Embedded Workbench for 8051。可访问官方网址下载 IAR 软件安装包，单击右键以管理员身份进行安装，在弹出来的对话框中单击①"Next"，如图 4-8 所示，在打开如图 4-9 所示的对话框中选中②，单击③"Next"，打开如图 4-10 所示的对话框。

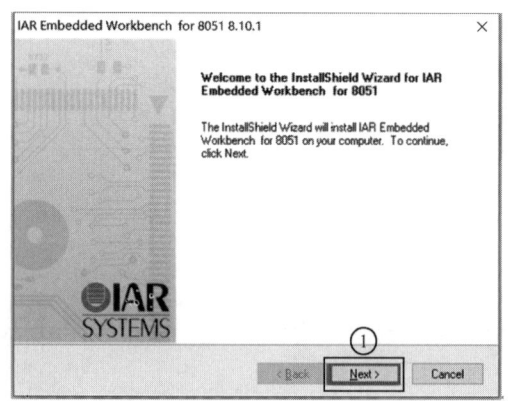

图 4-8 单击"Next"进行安装

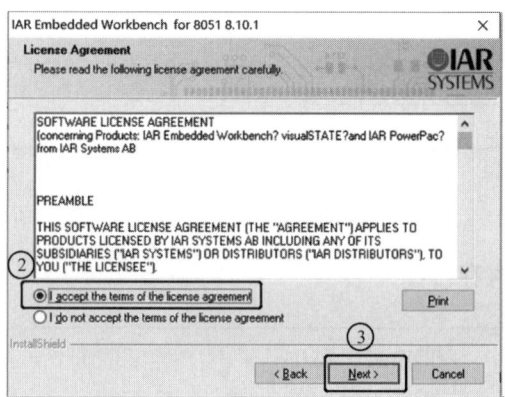

图 4-9 选中"I accept…"后单击"Next"进行安装

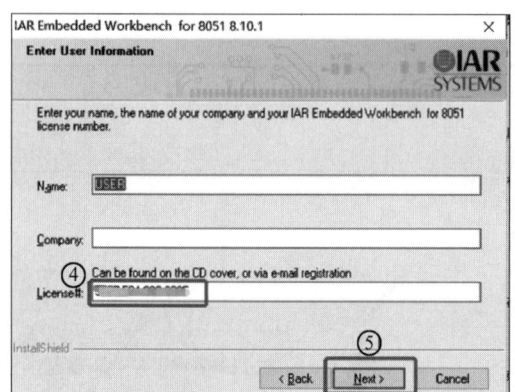

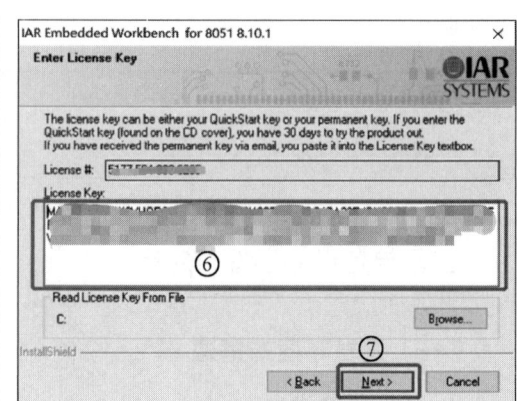

图 4-10 粘贴 License 和 Key

在④中输入厂家授权的序列号，单击⑤"Next"，在新打开的对话框⑥中输入得到的安装密匙，单击⑦"Next"，打开如图 4-11 所示的对话框，单击⑧"Next"，在打开的对话框中单击⑨"Finish"。到这里，IAR 软件安装完成。

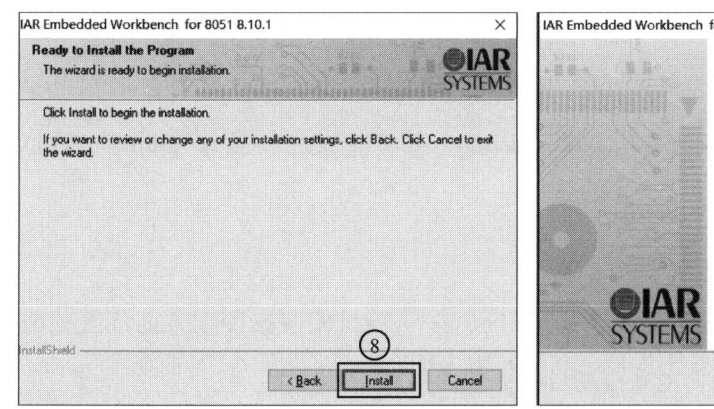
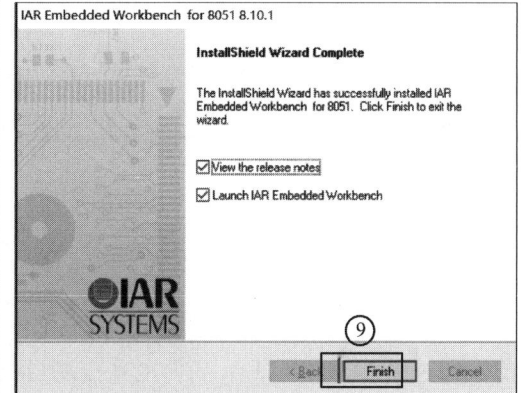

图 4-11　等待安装完成

（二）LED 流水灯应用开发

运用该单片机 I/O 端口，实现 LED 流水灯应用开发。

1. 电路连接

LED_1 和 LED_2 与 CC253x 系列单片机的连接电路图如图 4-12 所示，其中 LED_1 和 LED_2 的负极端分别通过一个限流电阻连接到地（低电平），正极端分别连接到 CC253x 系列单片机的 P1.0 口和 P1.1 口。

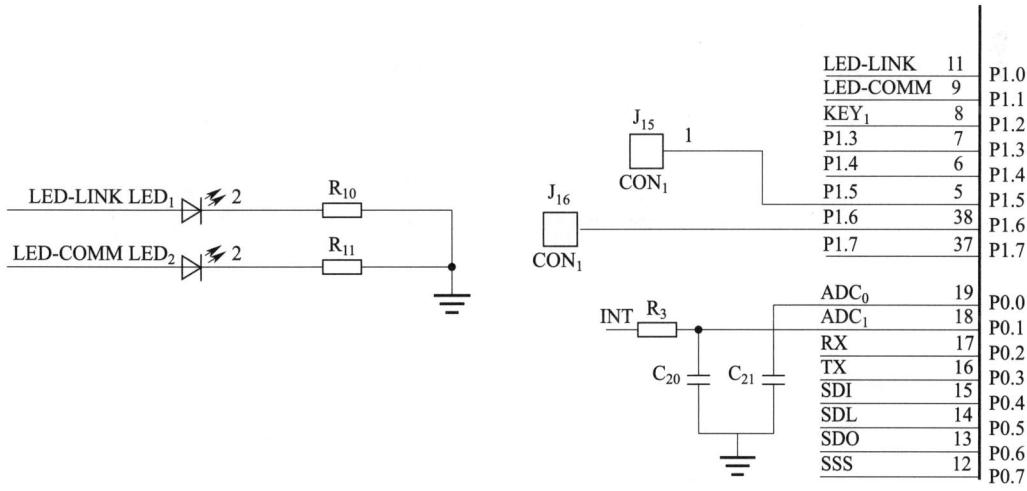

图 4-12　LED_1 和 LED_2 与 CC253x 系列单片机连接电路图

为了控制两个 LED 引脚电平的高低，连接 LED 灯的 P1.0 端口和 P1.1 端口需要配置成通用输出端口。当给这两个端口输出低电平（逻辑值 0）时，LED 灯的正极端和负极端都为低电平,LED灯两端就没有电压差,也就没有电流通过LED灯,此时LED灯灭。当给这两个端口输出高电平(逻辑值1)时,LED灯的正极端电平高于负极端电平,LED灯两端有电压差,因此会有电流通过LED灯,此时LED灯亮。

2. 代码编写

将 LED_1、LED_2 的 I/O 端口配置成 I/O 功能,并将端口的数据传输方向配置成输出,通过给 LED_1 和 LED_2 高低电平控制灯亮灭。代码如下:

```
P1SEL   &= ~0x03;        // 设置 P1.0 口和 P1.1 口为普通 I/O 口
P1DIR   |= 0x03;         // 设置 P1.0 口和 P1.1 口为输出口
LED1 = 0;                // 熄灭 LED1
LED2 = 0;                // 熄灭 LED2
```

3. 实验效果

将生成的程序下载到 CC253x 系列单片机后,可观察到该单片机上的 LED_1 和 LED_2 的流水灯效果,如图 4-13 所示。

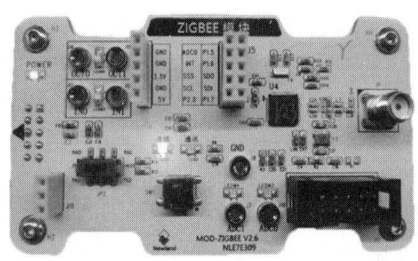
a) LED_1 亮

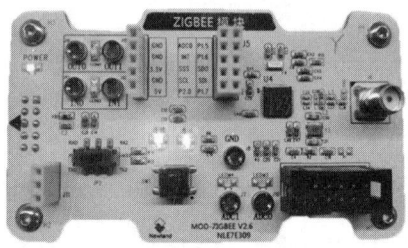
b) LED_1 和 LED_2 亮

c) LED_1 灭

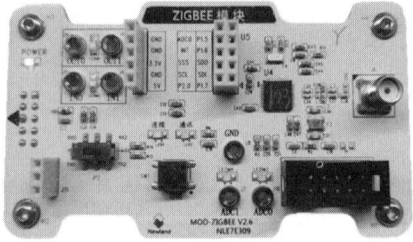
d) LED_1 和 LED_2 灭

图 4-13 LED 流水灯效果

第三节 单片机总线数据收发应用

本节首先对总线、串口通信基本知识进行讲解,其次以 CC253x 系列单片机为例,阐述该单片机的串口通信引脚相关寄存器配置,最后阐述如何通过单片机串口数据收发任务,以实现总线数据收发的应用开发。

考核知识点及能力要求:

- 了解总线基本概念。
- 掌握 CC253x 系列单片机串口通信引脚配置、发送与接收的工作方法。
- 能搭建开发环境、创建工程、编写简单代码并使用仿真器进行代码调试下载。
- 掌握运用单片机总线技术进行总线数据收发的能力。

一、总线概述

单片机系统是由元器件通过连线连接而成的,它以单片机为核心,各器件与单片机相连,器件之间的工作相互协调。如果在单片机和各器件之间单独连线,不仅连线的数量多,单片机引脚也不够用。为了简化硬件电路设计和系统结构,常用一组线路,配置以适当的接口电路,与各部件和外部设备连接,这组共用的连接线路被称为总线(bus)。

(一)总线的定义和分类

总线是计算机各种功能部件之间传送信息的公共通信干线。在计算机领域,总线指的是计算机内部各模块间或计算机之间的一种通信系统,涉及硬件(器件、线缆、电平)和软件(通信协议)。当总线被引入嵌入式系统领域后,它主要用于嵌入式系统的芯片级、板级和设备级的互联。

在总线的发展过程中,有多种分类方式:一是按传输速率分类,分为低速总线和高速总线;二是按连接类型分类,分为系统总线、外设总线和扩展总线;三是按传输方式分类,分为并行总线和串行总线。

而单片机中常见的 I^2C、SPI、RS-232、RS-485 等属于低速的外设串行总线。

(二)串口通信基本知识

1. 串口通信

根据 CPU 与外部设备之间的连线结构和数据传送方式的不同,可将通信方式分为并行通信和串行通信。串行通信又分为同步和异步,它们的主要区别在于通信时是否使用同一个时钟线。

(1)串行同步通信。串行同步通信时,所有设备使用同一个时钟线,并以数据块为单位传送数据,每个数据块包括同步字符、数据块和校验字符。同步字符位于数据块的开头,用于确认数据字符的开始。接收数据时,接收设备连续不断地对传输线采样,并把接收到的字符与双方约定的同步字符进行比较,只有比较成功后才会把后面接收到的字符加以存储。同步通信的优点是数据传输速率高,缺点是要求发送时钟和接收时钟保持严格同步,这种数据传输方式对硬件结构要求较高。其流程如图 4-14 所示。

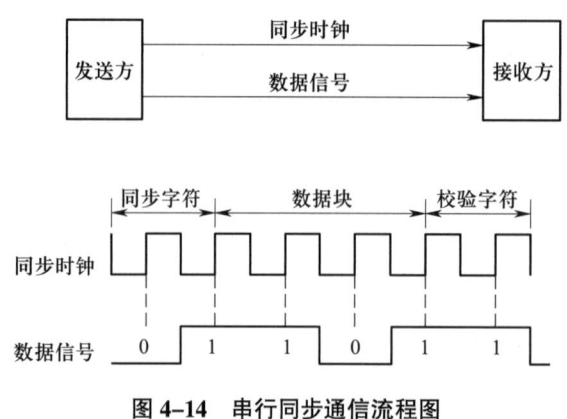

图 4-14 串行同步通信流程图

（2）串行异步通信。串行异步通信时发送设备（发送方）和接收设备（接收方）使用各自的时钟控制数据的发送和接收，以字符为单位进行数据传送，每一个字符又被称为帧，均按照固定的格式传送，即串行异步通信一次传送一个帧，每一帧数据由起始位（低电平）、数据位、可选的奇偶校验位（可选）和停止位（高电平）组成。如图4-15所示。

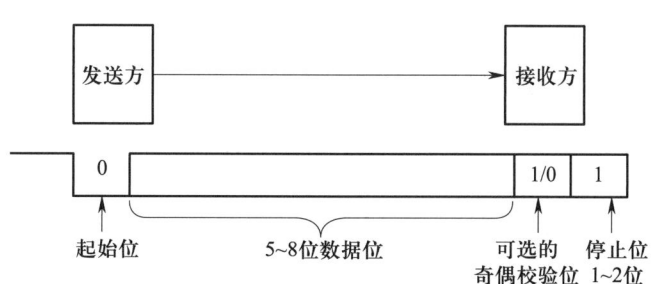

图 4-15　串行异步通信流程图

2. CC253x 系列单片机的串口通信模块

CC253x 系列单片机有两个串行通信模块 USART 0 和 USART 1，它们能够分别运行于异步 UART 模式或者同步 SPI 模式。两个 USART 具有同样的功能，可以设置单独的 I/O 端口引脚。当某个 I/O 端口引脚被其他器件占用时，可以使用另外一个端口引脚代替，这种方式叫引脚映射，CC253x 系列单片机 UART 的 I/O 端口引脚映射见表 4-6。

表 4-6　　　　CC253x 系列单片机 UART 的 I/O 端口引脚映射

外设/功能	P0								P1							
	7	6	5	4	3	2	1	0	7	6	5	4	3	2	1	0
USART0 UART			RT	CT	TX	RX										
Alt.2											RX	TX	RT	CT		
USART1 UART			RX	TX	RT	CT										
Alt.2											RX	TX	RT	CT		

每个 USART 串口通信包含 5 个寄存器，串口通信相关寄存器见表 4-7（x 值只能为 0 或 1，为 0 时指 USART0 相关寄存器，为 1 时指 USART1 相关寄存器）。

➢ UxCSR：USARTx 控制和状态寄存器。

➢ UxDBUF：USARTx 接收/发送数据缓冲寄存器。

➢ UxBAUD：USARTx 波特率控制寄存器。

➢ UxUCR：USARTx UART 控制寄存器。

➢ UxGCR：USARTx 通用控制寄存器。

表 4-7 串口通信相关寄存器

寄存器	位 7	位 6	位 5	位 4	位 3	位 2	位 1	位 0
UxCSR	0：SPI 1：UART	0：禁用接收 1：使能接收	0：SPI 主 1：SPI 从	数据帧错误	奇偶错误	0：没收到 1：准备好	0：没传送 1：传送完	0：空闲 1：忙碌
UxDBUF	R/W DATA	R/W DATA	R/W DATA	R/W DATA	R/W DATA	R/W DATA	R/W DATA	R/W DATA
UxBAUD	波特率小数值	波特率小数值	波特率小数值	波特率小数值	波特率小数值	波特率小数值	波特率小数值	波特率小数值
UxUCR	清除 Flash	0：禁用流 1：使能流	0：奇校验 1：偶校验	0：8 位传送 1：9 位传送	0：禁用奇偶校验 1：使能奇偶校验	0：1 位停止位 1：2 位停止位	0：停止位低电平 1：停止位高电平	0：起始位低电平 1：起始位高电平
UxGCR	0：负极 1：正极	0：上升沿 1：下降沿	0：LSB 先 1：MSB 先	波特率指数值	波特率指数值	波特率指数值	波特率指数值	波特率指数值

例如，当需要把 USART 0 配置为 UART 模式并且使其能接收数据时，可以把 U0CSR 寄存器的第 7 位和第 6 位配置为 1，按以下方法进行设置：

```
U0CSR |= 0xC0;
```

3. 串口通信波特率设置

波特率，即每秒传输的二进制位数，用 bit/s 表示，通过对时钟的控制可以改变波特率。

当模块运行在串口模式时，内部的波特率发生器设置串口波特率。公式如下：

$$波特率 = \frac{(256 + \text{BAUD\_M}) \times 2^{\text{BAUD\_E}}}{2^{28}} \times F \qquad (4-1)$$

式中，F 为系统时钟频率，等于 16 MHz 或者 32 MHz；BAUD_M 为波特率小数部分的值；BAUD_E 为波特率指数值。

标准波特率所需的寄存器值见表 4-8。该表适用于典型的 32 MHz 系统时钟。真实波特率与标准波特率之间的误差用百分数表示。

表 4-8　　　32 MHz 系统时钟常用的波特率寄存器值

波特率（baud/s）	UxBAUD.BAUD_M	UxGCR.BAUD_E	误差（%）
2 400	59	6	0.14
4 800	59	7	0.14
9 600	59	8	0.14
14 400	216	8	0.03
19 200	59	9	0.14
28 800	216	9	0.03
38 400	59	10	0.14
57 600	216	10	0.03
76 800	59	11	0.14
115 200	216	11	0.03
230 400	216	12	0.03

二、总线数据收发应用

（一）开发环境的搭建

基于软硬件环境搭建条件，使用 USB 转串口线，可将设备连接到 PC 的串口，并使用串口调试助手等工具进行数据收发，其硬件搭建图如图 4-16 所示。

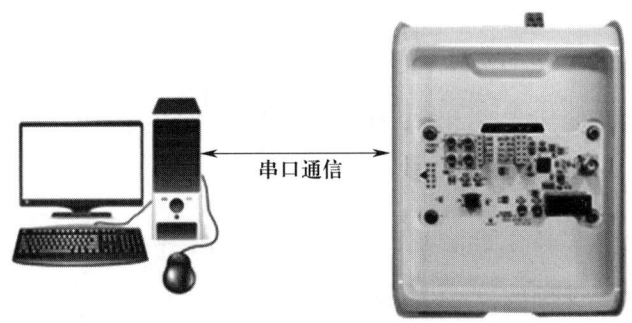

图 4-16 数据收发硬件搭建图

（二）单片机串口数据收发应用开发

1. 电路分析

使用 CC253x 系列单片机和计算机进行串行通信，需要了解常用的串行通信接口。常用的串行通信总线有 RS-232-C、RS-422-A 和 RS-485 等。由于 CC253x 系列单片机的输入/输出电平是 TTL 电平，计算机配置的串行通信总线接口是 RS-232，TTL 逻辑电平和 RS-232 总线接口的电气特性完全不同。要完成两者的通信，必须进行电平转换。CC253x 系列单片机和计算机总线接口的电平转换方案如图 4-17 所示。

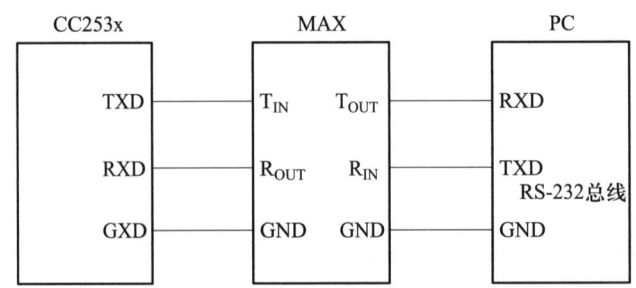

图 4-17 CC253x 系列单片机与计算机总线接口的电平转换方案

CC253x 系列单片机串口电路图如图 4–18 所示。

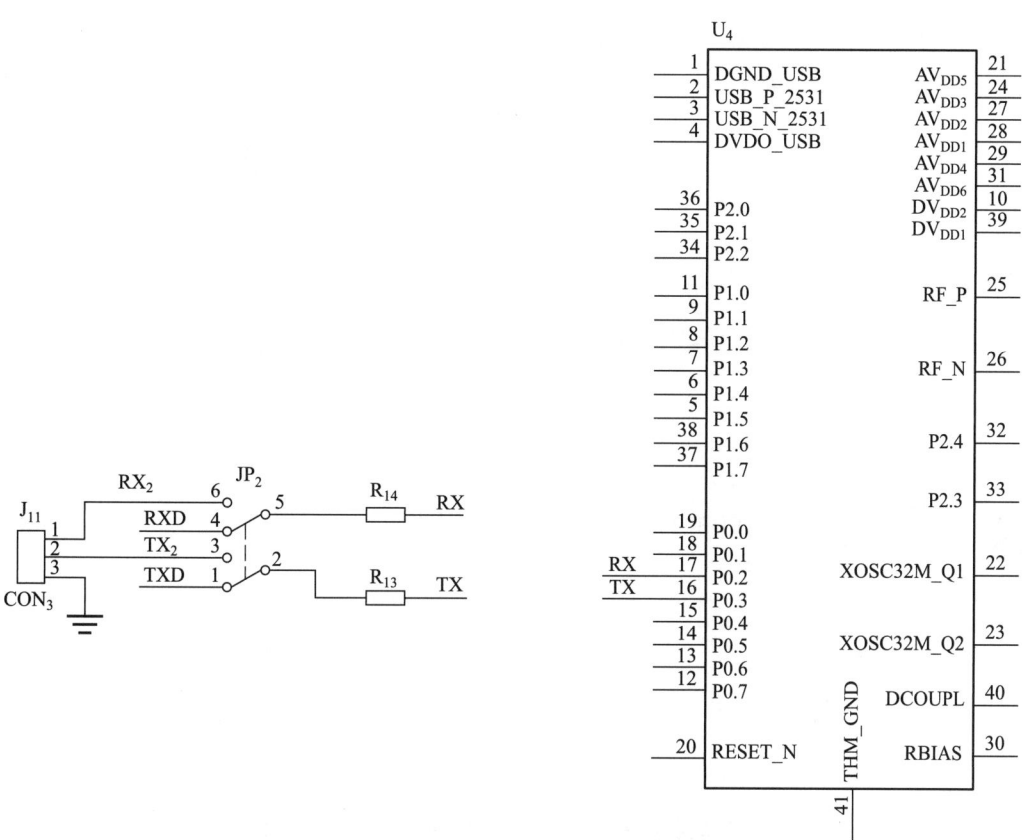

图 4–18 CC253x 系列单片机串口电路图

串口发送数据时,向 USART 的 UxBUF 寄存器写入数据,该字节数据就通过 TXDx 引脚发送出去了。数据发送完毕,中断标志位 TCON.UTXxIF 被置为 1。程序通过检测 UTXxIF 来判断数据是否发送完毕。

串口接收数据时,有轮询和中断两种方式。轮询方式是指通过接收程序不断地查询串口中断标志位 TCON.URXxIF 是否为 1 来实现。而中断方式是通过使能 IEN0. URXxIE,在数据接收完毕后产生中断,在中断服务函数中完成数据接收。

2. 代码编写

(1)串口数据发送函数。代码如下:

```
void  UART0SendByte(unsigned    char   c)
{
```

```
 U0DBUF  =  c;
   while   (!UTX0IF);      // 等待 TX 中断标志，即 U0DBUF 就绪
   UTX0IF  =  0;           // 清零 TX 中断标志
}
```

（2）串口数据接收函数（中断方式）。代码如下：

```
#pragma   vector  =  URX0_VECTOR    // 中断向量表设置
__interrupt    void   URX0_ISR(void)
{
            URX0IF  =  0;           // 清中断标志
            unsigned char   c;
            c = U0DBUF;             // 读取接收到的字节
}
```

3. 实验效果

打开串口调试助手工具，选择端口，波特率选择 115 200 bit/s，单击"打开串口"，在右边的窗口即可看到串口助手显示的收发数据，如图 4-19 所示。

图 4-19　串口助手显示的收发数据

第四节　单片机在智能设备中的应用

本节阐述智能环境监测设备的任务开发，讲解如何借助传感器数据采集知识，使用温湿度传感器采集当前环境的温度、湿度数据，最终以串口调试助手工具将数据实时显示出来，以实现智能物设备的应用开发。

考核知识点及能力要求：

- 了解智能设备的基本概念。
- 能搭建开发环境、创建工程、编写简单代码、使用仿真器进行代码调试下载。
- 掌握运用单片机技术，进行智能物设备应用开发的能力。
- 提升与人交流、与人合作、信息处理的能力。

一、智能设备功能概述

我国在新型传感器、智能控制系统和自动化识别技术应用等方面取得了较大的发展。智能设备有着终端多样化和场景碎片化的特点，如何将获取到的各种数据转换成有价值的信息，是智能设备应用开发过程中重点。

（一）智能设备的定义

智能设备是指其自身具备计算能力，可接收来自外部源的数据或向外部发送数据，能对智能设备进行控制的装置、仪器或机器。随着电子技术的发展，智能设备可以被构建到越来越多的装置中，功能完备的智能设备必须具备灵敏的感知能力、正确的计算与判断能力、准确的执行能力。

智能设备能对获取的数据进行加工处理，并且可以通过标准的接口与外界实现数据交换，能根据实际需要通过软件控制传感器的工作，从而实现智能化。

（二）智能设备的应用场景

智能设备在生产生活中的应用场景越来越多，如智能门锁、智能红绿灯、智能停车场、智能分拣机器人、智能机器狗、无人机等。

1. 智能门锁

智能门锁通过指纹、人脸识别或者蓝牙技术等方式进行连接，具有远程操作、胁迫指纹报警、访客记录、声控视频监控、密码试错报警、撬门报警、高温报警和门虚掩报警等功能。

2. 智能红绿灯

智能红绿灯依据车流量、行人数量及天气等情况，通过动态调控灯信号来控制车流，提高道路承载力。

3. 智能停车场

智能停车场能自动识别车辆信息、控制道闸开启或关闭、实现智能停车导航、显示车场空位信息并自动收费，从而降低人工工作强度，提升停车场的安全和效率。

4. 智能分拣机器人

智能分拣机器人通过智能算法对机器人进行训练，使机器人可自动识别并准确抓取货物，并投放到相应位置。智能分拣机器人可大量减少分拣过程中的人工需求，提高分拣效率及自动化程度，并大幅度提高分拣准确率。

5. 智能机器狗

智能机器狗融机械、电子、控制、传感器和人工智能等多学科技术于一体，可代替人类完成诸如复杂地形运输、特殊环境科学考察、抢险救灾和消防救助等任务。如图 4-20 展示的是在北京冬奥会互动展示活动中亮相的 Panda5 四足仿生机

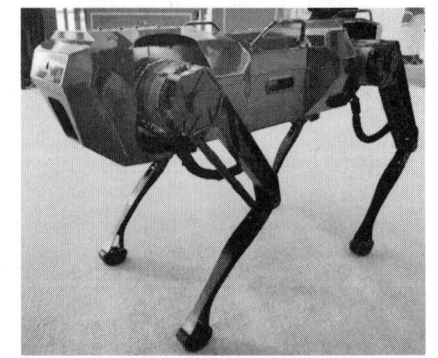

图 4-20　Panda5 四足仿生机器狗

器狗。

6. 无人机

无人机利用无线电遥控设备和程序控制装置操纵无人飞机，具备智能避障功能，并依靠计算机视觉来实现自主飞行，在航拍、农业、快递运输、灾难救援、野外观察、测绘和影视拍摄等领域有着广泛的应用。

二、单片机智能设备应用开发

（一）开发环境的搭建

基于软硬件环境搭建条件，使用 USB 转串口线，将设备连接到 PC 的串口，使用串口调试助手等工具进行温湿度数据采集，其硬件搭建图如图 4–21 所示。

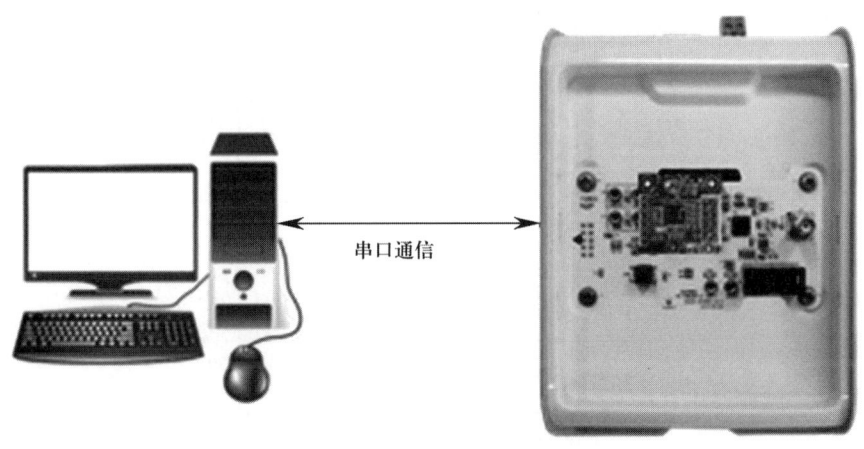

图 4–21　温湿度数据采集硬件搭建图

（二）智能环境监测设备应用开发

1. 电路分析

利用 CC253x 系列单片机的 I/O 端口，通过 I²C 总线协议读取温湿度传感器的数据，使用串口调试助手工具显示采集到的温湿度值，如图 4-22 所示。

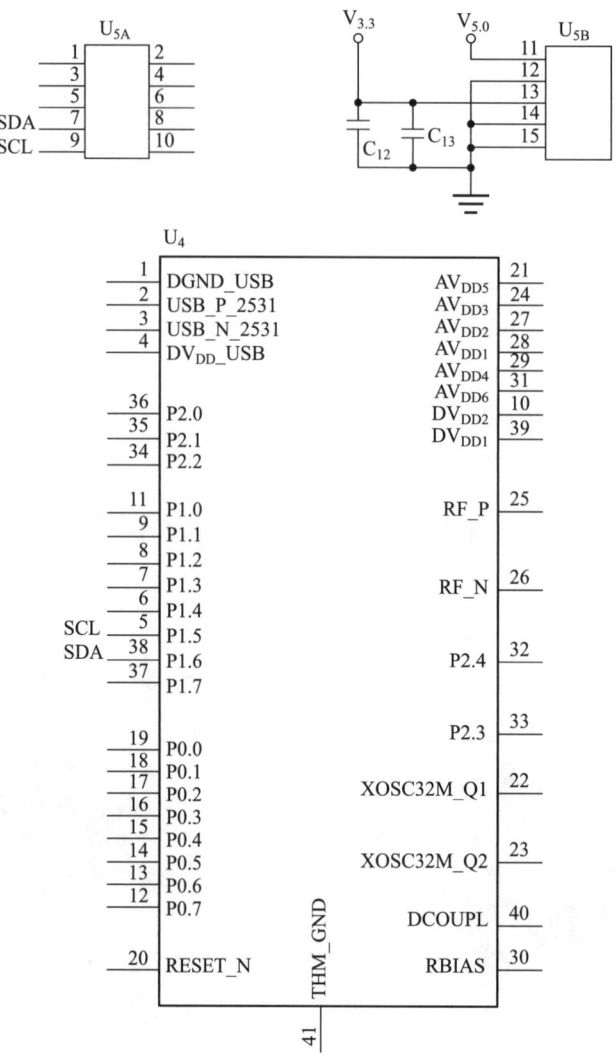

图 4-22 CC253x 系列单片机读取温湿度传感器数据电路图

2. 代码编写

通过采集温湿度数据，把数值转化成字符串输出到串口，以便于在串口上显示并进行观察。代码如下：

```
uint16    sensor_val,sensor_tem;
call_sht11((unsigned    int*)(&sensor_tem),(unsigned    int*)(&sensor_val));
uart_printf(" 温湿度传感器,温度：%d ℃ , 湿度：%d%%",   sensor_tem,sensor_val);
```

3. 实验效果

打开串口调试助手工具，选择端口，波特率选择 115 200 bit/s，单击打开串口，在右边窗口即可看到串口助手显示的收发温湿度数据，如图 4-23 所示。

图 4-23　串口助手显示的收发温湿度数据

思考题

1. 单片机由哪些基本部件组成？

2. CC253x 系列单片机有几个 I/O 端口引脚？

3. I/O 端口引脚配置基本步骤有哪些？

4. 要配置 P0 端口的低 4 位为数字输出功能，高 4 位为上拉方式数字输入，则相应寄存器该如何配置？

5. 异步通信帧主要由什么组成？

6. 选用 32 MHz 系统时钟时，设置波特率为 9 600 bit/s 须将 UxBAUD、xGCR 分别设置为多少？

第五章
生产线环境监测项目

车间内,机器运转的声音此起彼伏。在位于某生产基地 23 km² 的生产车间里,全自动生产线正有条不紊地运转着。在车间大屏幕上,实时产量、故障分析统计、备件需求信息等数据正不断更新着。

时代在不断发展,印刷、仪器加工、电子设备、航天航空等行业的生产技术不断优化,因此我们对生产环境的要求也越来越高。在生产中我们要严格监控生产环境,以确保其符合生产标准,所以事先了解生产间的环境状况很有必要。如图 5-1 所示为某地印刷厂的生产线。

图 5-1 某地印刷厂的生产线

第一节　生产线环境监测项目概述

本节以某 CC253x 系列单片机为例,阐述如何对传感器进行数据采集,并对单片机开发进行综合运用,以及如何通过无线组网通信将传感器采集到的数据发送到 PC 并进行实时监控,以达到生产线环境监测系统的安全化、智能化。

考核知识点及能力要求:
- 能够依据不同工作任务的特点选择相关传感器。
- 能够根据物联网应用场景需求,比较、选择单片机型号。
- 能够识读相关模块电路图和数据手册。

一、项目背景

印刷厂为了降低生产线管理成本,利用传感技术对车间实现集成化、统一化、安全化的管理。生产线是工厂生产材料、成品的地方,要注意观察生产线环境的温湿度,保持生产线通风良好、干燥,利用温湿度传感器采集温湿度数据,利用可燃气体传感器进行气味检查,实现生产线环境检测功能。本节主要阐述如何通过单片机采集传感器数据,并通过无线通信监测相关环境参数。

二、功能概述

安全、方便、智能等是生产线环境必不可少的考虑因素。传统的生产线环境监测系统对人的依赖性较强,在耗费人力的同时,也耗费了更多的时间和成本,而且处理的结果还差强人意。随着物联网技术的发展,生产线环境监测已逐渐智能化。生产线环境监测项目主要功能如图 5-2 所示。

图 5-2 生产线环境监测项目的主要功能

如图 5-3 所示,2 块 CC253x 系列单片机(白板)分别与温湿度传感器、可燃气体传感器组成采集节点 A、采集节点 B;1 块 CC253x 系列单片机作为汇聚节点;采集节点 A、采集节点 B 实现传感器数据采集功能,并且每隔 2s 将采集到的数据通过无线通信传给汇聚节点;汇聚节点通过 PC 上的串口调试助手工具显示数据,进行实时监测。

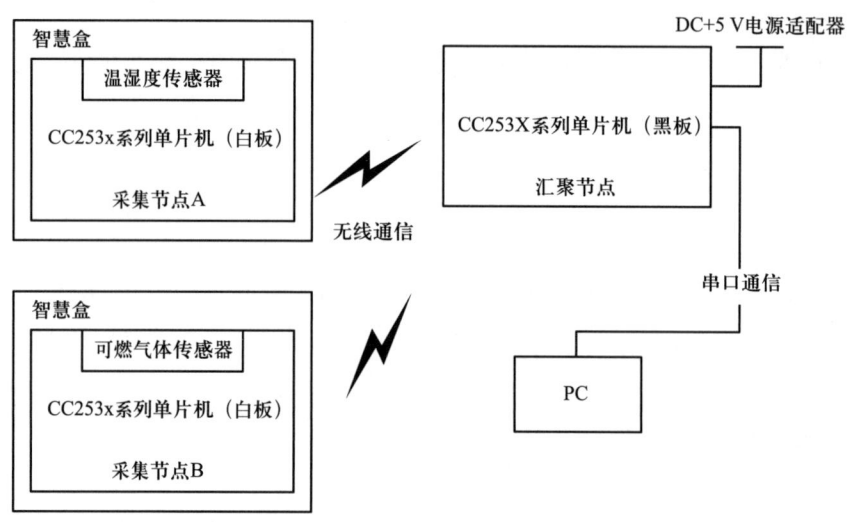

图 5-3 生产线环境监测项目拓扑图

(一)数据采集功能

数据采集功能是指利用 CC253x 系列单片机(白板)、温湿度传感器、可燃气体传感器实现温湿度数据、可燃气体数据的采集功能。通过相关传感器采集数据,对生产线环境进行监测。

(二)无线组网功能

无线组网功能是指使用 ZigBee 技术实现传感器数据的无线通信,将 CC253x 系列单片机(白板)采集到的传感器数据发送给另一块 CC253x 系列单片机(黑板)。这个技术在后续章节会进行详细介绍，这里不再进行赘述。

（三）实时监测功能

实时监测功能是指利用 CC253x 系列单片机（黑板），通过串口调试助手工具进行传感器数据的实时显示，以达到实时监测、阈值告警等功能。

第二节　生产线环境监测项目应用开发

本节阐述如何进行生产线环境监测项目案例开发：首先进行软硬件环境的搭建；其次进行功能开发，包含数据采集功能、无线组网功能、实时监测功能；最后对开发过程中产生的问题的解决方法进行总结。

考核知识点及能力要求：

- 掌握相关传感器（模拟量、开关量、数字量）数据采集的能力。
- 能搭建开发软硬件环境、创建工程、编写代码并使用仿真器进行代码调试下载。
- 掌握运用单片机总线技术进行总线数据收发的能力。
- 掌握运用单片机技术进行智能物设备应用开发的能力。
- 提升与人交流、与人合作、信息处理的能力。

一、环境搭建

根据生产线环境监测项目方案设计，进行功能的开发。先对硬件环境进行搭建，然后对使用到的设备进行相关开发软件安装。软硬件环境搭建完成之后，进行相关的功能开发。

(一) 硬件环境搭建

生产线环境监测项目需要使用 3 块 CC253x 系列单片机，如图 5-4 所示，并进行如下操作：①取 1 块 CC253x 系列单片机（白板）与 1 个温湿度传感器组成采集节点 A；②再取 1 块 CC253X 系列单片机（白板）与 1 个可燃气体传感器组成采集节点 B；③取另 1 块 CC253x 系列单片机（黑板）作为汇聚节点；④采集节点 A 和 B 分别采集各自传感器补捉到的数据，并通过无线发送给汇聚节点；⑤汇聚节点将接收到的数据通过串口发送给 PC，PC 通过串口调试助手工具进行数据查看，从而起到传感器数据的实时模拟作用。

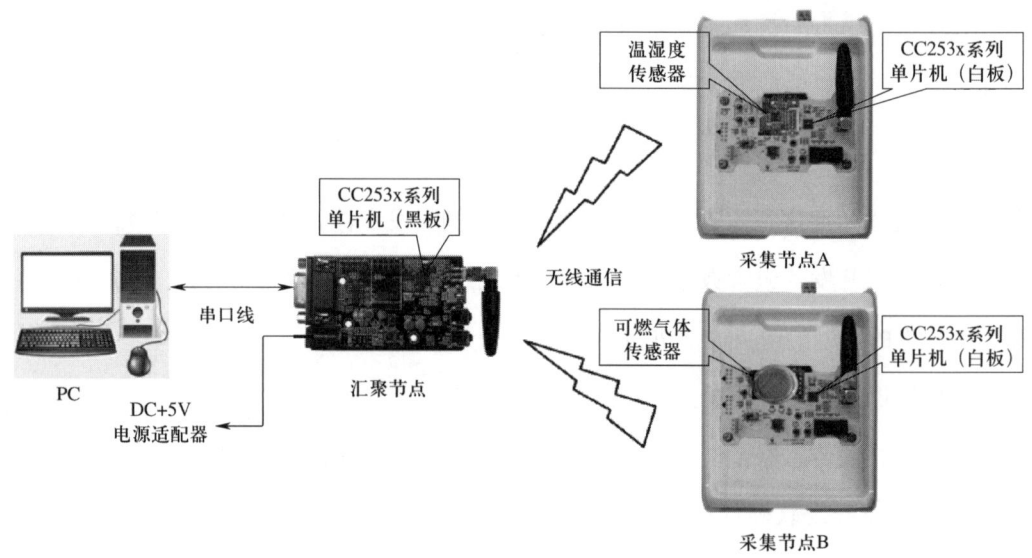

图 5-4　生产线环境监测项目硬件搭建图

1. CC253x 系列单片机（白板）

如图 5-5 所示，CC253x 系列单片机（白板）上相关的硬件资源主要有：

➢ 标号①：CC2530 芯片。

➢ 标号②：天线接口，用于连接小辣椒天线。

➢ 标号③：调试器接口，用于连接 CC Debugger 调试器。

➢ 标号④：LED 灯，用于现象指示。

➢ 标号⑤：ADC 接口，用于连接外部输入模拟量信号。

➢ 标号⑥：按键，用于有按键需求的应用。

➢ 标号⑦：拨码开关，向左拨时，USART0 与底板相连，向右拨则 USART0 与 J11 接口相连。

➢ 标号⑧：输入输出接口，用于连接外部数字量 I/O 端口引脚信号。

➢ 标号⑨：传感器接口，用于连接各种传感器模块。

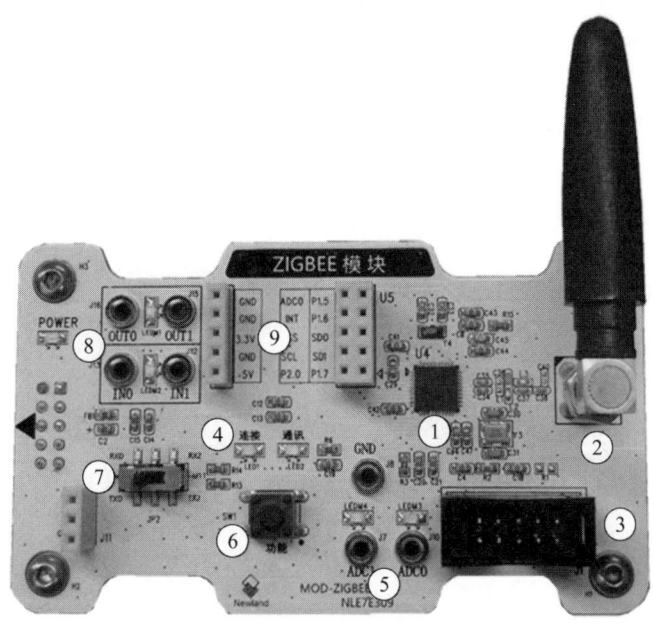

图 5–5　CC253x 系列单片机（白板）

2. CC253x 系列单片机（黑板）

如图 5-6 所示，CC253x 系列单片机（黑板）上相关的硬件资源主要有：

➢ 标号①：CC2531 芯片。

➢ 标号②：调试器接口，用于连接 CC Debugger 调试器。

➢ 标号③：COM1 UART 串口线接口，用于数据通信。

➢ 标号④：电源线接口，用于供电。

➢ 标号⑤：天线接口，用于连接小辣椒天线。

➢ 标号⑥：传感器接口，用于连接各种传感器模块。

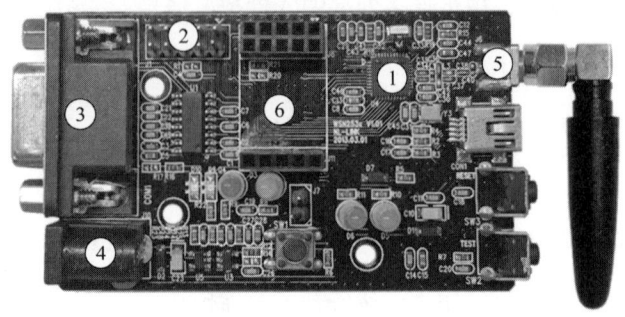

图 5-6 CC253x 系列单片机（黑板）

3. 传感器

SHT3X 温湿度传感器为数字量传感器，MQ-4 可燃气体传感器为模拟量传感器，如图 5-7 所示。

a）SHT3X温湿度传感器　　b）MQ-4可燃气体传感器

图 5-7　传感器

（二）软件环境搭建

IAR 软件环境搭建前面已详细介绍，这里不再赘述。

二、功能开发

软硬件环境搭建完成之后，针对项目需求，可基于 CC253x 系列单片机，实现数据采集功能、无线组网功能以及数据实时监测功能。

（一）实现数据采集功能

1. 温湿度数据采集

采集节点 A 采集温湿度传感器数据，IAR 空间选择 "temprh_sensor"，在 "fire_

sensor.c"文件下，call_sht11（）函数通过调用 SHT_SmpSnValue（）函数进行温湿度数据的采集，而 SHT_SmpSnValue（）函数在前面传感器数据采集就已经对应实现。代码如下：

```
void   call_sht11 (unsigned   int   *tem, unsigned   int   *hum)
{
    int8   sensor_tem; // 温度
    uint8   sensor_val; // 湿度
    SHT_SmpSnValue ((int8   *) (&sensor_tem), (uint8   *) (&sensor_val)); // 采集温度
    *tem   =   sensor_tem; // 获取温度数据
    *hum   =   sensor_val; // 获取湿度数据
}
```

2. 可燃气体数据采集

采集节点 B 采集可燃气体传感器数据，IAR 空间选择"flammableGas_sensor"，在"flammableGas_sensor.c"文件下，通过 get_adc（）函数进行可燃气体数据的采集。以 CC253x 系列单片机为例，采集对应引脚的 ADC 值，并通过公式转换成的电压值，即为可燃气体数据。代码如下：

```
uint16   get_adc (void)
{
    uint32   value;           // 可燃气体传感器数据
    hal_adc_Init ( );         // ADC 初始化
    ADCIF   =   0;            // 清 ADC 中断标志
    ADCCON3 =   (0x80   |   0x10   |   0x00); // 采用基准电压 avdd5: 3.3 V, 通道 0, 启动 AD 转化
    while   (   !ADCIF   )
    {
        ;   // 等待 AD 转化结束
    }
```

```
value   =   ADCL;                           // ADC 转换结果的低位部分存入 value 中
value   |=  (((uint16) ADCH) <<  8);        // 取得最终转换结果存入 value 中
value   =   value   *   330;
value   =   value   >>   15;                // 根据计算公式算出结果值
return  (uint16)value;                      // 返回可燃气体传感器数据
}
```

（二）实现无线组网功能

采集节点 A、B 将传感器数据根据协议进行封装，通过无线通信发送给汇聚节点，这里列举采集节点 B 的封装数据帧。在数据无线传输过程中，各个节点之间的信道、网络 ID 必须一致，且处在同一个网络同一个信道内，才能实现组网通信的功能。代码如下：

```
void BasicRF_SendFlammableGas ( )
{
    // 发送数据帧封装
    memset (pTxData,  '\0',  MAX_SEND_BUF_LEN);
    pTxData[0] = START_HEAD;     // 帧头
    pTxData[1] = CMD_READ;       // 命令帧
    pTxData[2] = LEN;            // 长度
    pTxData[3] = 1;              // 一组数据
    pTxData[4] = SENSOR_GAS;     // 类型
    pTxData[5] = (uint8) ((FlammableGas*10) >>8);   // 可燃气体数据
    pTxData[6] = (uint8) ((FlammableGas*10));
    pTxData[7] = CHK ((uint8  *) pTxData,  pTxData[2]);// 校验
    srand1 (FlammableGas); // 产生一个随机延时，减少信道冲突
    halMcuWaitMs (randr (  0,  3000  ));
    basicRfSendPacket ((unsigned  short) SEND_ADDR, (unsigned  char  *) pTxData, pTxData[2]+1); // 把数据通过无线通信发送出去
}
```

IAR 空间选择"collect"，在"collect.c"文件下，汇聚节点接收到采集节点 A、B 发送过来的数据帧进行解析，并通过 uart_printf ( ) 函数串口打印输出。代码如下：

........// 其他代码省略
if (basicRfPacketIsReady ( ))   // 查询有没收到无线信号
{
FlashLed (2,100); // 无线接收指示，LED2 亮 100 ms

// 接收无线数据
    len = basicRfReceive (pRxData, MAX_RECV_BUF_LEN, NULL);
    char DebugOutput[256];
    memset (DebugOutput, '\0', 256);
    GetHexStr ((uint8 *) pRxData, len, (uint8 *) DebugOutput);
    uart_printf (" 接收到原始无线 RF 数据：%s\r\n", DebugOutput);

// 数据解析
    uint8 check = 0;
    if ((pRxData[2]+1) > MAX_RECV_BUF_LEN) // 数据长度不符合规则
    {
continue;
    }
    check = CheckSum ((uint8 *) pRxData, pRxData[2]);
if ((pRxData[0] == START_HEAD) && (check == pRxData[pRxData[2]])) // 帧头正确且校验通过
{
if ((pRxData[3] == 1) && (pRxData[4] == SENSOR_GAS)) // 一个传感数据并且是可燃气体传感器
{
uart_printf (" 当前可燃气体数据为：%dmV\r\n", (((uint16) pRxData[5]) <<8) + pRxData[6]);
}
.... // 其他代码省略
}
}
.... // 其他代码省略

（三）实现实时监测功能

如图 5-8 所示，温湿度传感器采集到的温湿度数据会随着环境的变化而变化，可燃气体传感器采集到的可燃气体数据会随着环境中的可燃气体浓度变化而变化。采集节点 A、B 通过无线通信将数据发送给汇聚节点，汇聚节点接收到数据帧并进行解析，然后通过串口调试助手工具，实现实时监测。

图 5-8 对实验数据实时监测

三、小结

如果 CC253x 系列单片机（白板）无法采集温湿度传感器的温湿度数据或可燃气体传感器的可燃气体数据，请查看硬件是否损坏或安装错误；在确保硬件无误的前提下，查看代码中是否完成 SHT3X 驱动、ADC 初始化、ADC 采集等功能函数的编写。

如果 CC253x 系列单片机（黑板）无法接收到 CC253x 系列单片机（白板）发送过来的数据，请确认各个节点之间的信道、网络 ID 是否一致，是否处在同一个网络同一个信道内。

如果串口调试助手工具无法实时显示传感器数据，请考虑 CC253x 系列单片机（黑板）串口线是否损坏或接线是否错误；确认硬件无误提交的情况下，请考虑串口调试助手工具波特率、串口号等是否存在配置错误。

思考题

1. IAR 软件开发工具如何进行工程项目搭建？

2. IAR 软件开发工具如何进行源码编译、下载、调试等操作？

3. 如果采集节点 A（或采集节点 B）和汇聚节点处在不同网络或者不同信道，那么汇聚节点是否能接收到采集节点 A（或采集节点 B）发送过来的数据？

4. 如果追加报警灯模块，通过阈值判断，进行报警灯告警，要如何实现？

5. 以 CC253x 系列单片机为例，再追加 1 块 CC253x 系列单片机（白板），进行开关量传感器数据采集，如何实现？

第二篇
物联网应用协议开发

物联网要实现的万物互联主要包含三个层次：首先是传感网络，也就是前面章节所说的包括传感器、无线射频、条码等设备在内的传感网；其次是信息传输网络，主要用于远距离传输传感网所采集的数据信息；最后是信息应用网络，也就是智能化数据处理和信息服务。

本篇主要是针对信息传输网络阐述如何将传感网所采集到数据信息通过物联网相对应的协议进行传输。首先对自定义通信协议开发进行讲解，包含通信协议概念、自定义协议设计、数据校验等知识；其次介绍物联网轻量级协议开发，包含消息队列遥测传输（message queuing telemetry transport，MQTT）、受限制的应用协议（constrained application protocol，CoAP）等相关知识；最后以一个小型综合案例，糅合知识点，阐述物联网应用协议开发在物联网中应用。

第六章
自定义通信协议开发

在物联网的通信中，经常需要自定义通信协议。当然，这些通信协议一般都是在已有的协议基础上，再定义一套协议，用来简化复杂的标准通信协议。在满足使用者多样化需求的同时，能够保证双方正常的通信。如下位机端需要将监测到的数据通过一套通信协议实时显示在上位机端上，或者通过上位机端下发指令控制下位机端进行相关操作等，这些都涉及自定义通信协议。而自定义通信协议包含对基本数据的读、写、控制等简单指令的操作，并且对该通信数据进行封装和解析。

- **职业功能：** 物联网应用协议开发。
- **工作内容：** 自定义通信协议开发。
- **专业能力要求：** 能定义基本的读、写、控制等简单指令；能实现读、写、控制等指令的封装和解析。
- **相关知识要求：** 数据校验和纠错知识。

第一节 通信协议

本节对通信协议的定义、组成进行讲解，列举 OSI 七层模型、TCP/IP 四层模型，通过对其体系结构、数据传输过程进行讲解，为后续自定义通信协议作铺垫。

考核知识点及能力要求：
- 了解通信协议定义、组成等基本概念。
- 了解 OSI 七层模型体系结构及数据传输过程。
- 了解 TCP/IP 四层模型体系结构及数据传输过程。

一、通信协议的概念

通信就是完成通信双方的信息交换，且信息都以数据形式存在。这个交换可以在工作站和服务器之间进行，也可以在两个终端之间进行。无论是哪种信息交互，至少都包含发送端、传输信道、接收端三个部分，如图 6-1 所示。

图 6-1 通信组成

（一）通信协议的定义

发送端将要发送的信息按照一定的协议封装成指定格式的数据包，转换成比特流形式在网络上传输；接收端接收到数据包后，根据协议进行解析，从而获取相关信息。

（二）通信协议的组成

通信协议主要由以下 3 部分组成：

➢ 语义：规定通信双方完成通信需要的控制信息及应执行的动作。

➢ 语法：规定通信双方交换的数据或控制信息的格式和结构。

➢ 时序：规定通信双方彼此的应答关系，包括速度的匹配和顺序。

二、OSI 七层模型

由于通信任务的复杂性，通常要把通信功能分解为易管理的若干部分，再组成通信体系，因此不同的功能层划分就形成不同的协议标准体系框架。国际标准化组织（International Organization for Standardization，ISO）在 1977 年成立了开放系统互联（open system interconnection，OSI）七层模型，并于 1984 年正式推出 ISO 7498 标准。

（一）OSI 七层模型体系结构

OSI 七层模型各层之间相互独立，每层都向其上层提供服务，不同层涉及的协议和通信功能也不同。如图 6-2 所示，OSI 七层模型采用逐层传递、对等通信的机制。整个通信都经过一个自上而下或自下而上的数据传输过程，通信必须在双方对等层次进行，不同层处理的协议也不相同。对应的各层功能如下。

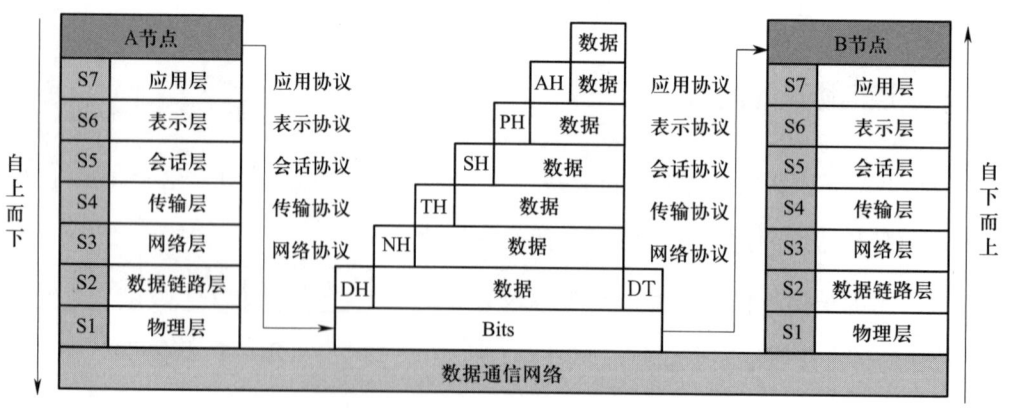

图 6-2 OSI 七层模型的通信机制

1. 物理层

物理层负责建立、维持和断开两个网络节点之间的物理连接，以传递通信数据。一个完整的数据传输包括激活物理连接、传送数据、终止物理连接。常用的几个物理层标准见表 6-1。

表 6-1　　常见物理层标准

标准号	描述	兼容性
ISO 2110	25 芯 DTE/DCE 接口连接器和插针分配定义	基本兼容 RS-232-C 总线
ISO 2593	34 芯 DTE/DCE 接口连接器和插针分配定义	
ISO 4092	37 芯 DTE/DCE 接口连接器和插针分配定义	兼容 RS-449 总线
CCITTV.24	数据终端设备和数据电路终端设备间的接口定义表	100 序列线上兼容 RS-232-C 总线、RS-449 总线

2. 数据链路层

数据链路层负责网络节点之间可靠的数据帧传输，该层将物理层的比特流数据封装成帧传递给网络层，同时也将网络层的数据帧拆解成比特流数据传递给物理层。常见数据链路层标准见表 6-2。

表 6-2　　常见数据链路层标准

标准号	描述
ISO 1745-1975	面向字符，利用 10 个控制字符完成链路的建立、拆除及帧收发情况控制和差错恢复
ISO 1155/1177/2626/2629	组合使用，实现多种方式的链路控制和数据传输
ISO 7776	DTE 规程，兼容 CCITT 的平衡型链路访问规程 X.25LAB

3. 网络层

网络层负责通过路由算法，为报文或分组通过通信子网选择最适当的路径。常见网络层标准见表 6-3。

表 6-3　　常见网络层标准

标准号	描述
ISO.DIS 8208	数据终端设备用 X.25 分组级协议
ISO.DIS.8348	面向连接的"CO 网络服务对定义"
ISO.DIS 8349	面向无连接的"CL 网络服务定义"
ISO.DIS 8473	CL 网络协议
ISO.DIS 8348	物理层寻址协议

4. 传输层

传输层负责网络节点之间的可靠数据传输，该层将应用层从其他数据传输的各层中隔离出来，将数据转换成网络传输所需的格式，检测传输结果，并纠正不成功的传输。传输层标准共有 5 个，具体标准分别是 ISO TP0 ~ ISO TP4，见表 6-4。

表 6-4　　　　　　　　　　　　　传输层标准

标准号	描述
ISO TP0	分段和重组
ISO TP1	分段和重组、差错恢复
ISO TP2	分段和重组、单一虚电路上数据流复用和解复用
ISO TP3	分段和重组、差错恢复、单一虚电路上数据流复用和解复用
ISO TP4	分段和重组、差错恢复、单一虚电路上数据流复用和解复用、数据单元排序

5. 会话层

会话层、表示层、应用层构成 OSI 七层模型的上层，共同实现应用进程的分布式处理、对话管理、信息表示及回复最后的纠错等功能。

会话层负责在各网络节点应用程序或者进程之间进行协商和连接，不仅要建立合适的连接，而且验证会话双方时要求双方提供身份验证。

6. 表示层

表示层负责确保一个应用程序的命令和数据能被网络上其他节点所理解，使用户通信流程尽可能简化。

7. 应用层

应用层负责直接向用户提供服务，完成用户希望在网络上完成的各种工作。

（二）OSI 数据传输过程

如图 6-2 所示，A 节点（发送端）要向 B 节点（接收端）发送数据，A 节点需要将数据逐层封装，每层都会对数据附加上该层相关的协议信息，最终将数据转换为 0 和 1 组成的比特流，然后传输到网络连接介质上。B 节点接收到数据后，对封装的数据进行逐层分解，完成一个通信过程。

三、TCP/IP 四层模型

传输控制协议/网际协议（transmission control protocol/internet protocol，TCP/IP 协议）是指能够在不同网络间实现信息传输的协议簇。在实际应用中，OSI 七层模型过于复杂，而 TCP/IP 四层模型对其部分进行简化，侧重具体协议的实现。

（一）TCP/IP 四层模型体系结构

TCP/IP 四层模型体系将通信任务分为 4 个相对独立的层次。OSI 七层模型的应用层、表示层、会话层对应 TCP/IP 四层模型的应用层，OSI 七层模型的数据链路层、物理层对应 TCP/IP 四层模型的网络接口层。具体如图 6-3 所示。

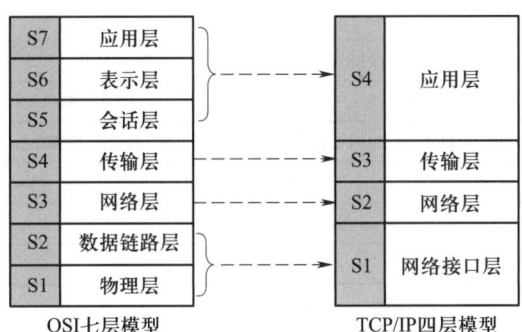

图 6-3　OSI 七层模型和 TCP/IP 四层模型对应图

TCP/IP 四层模型体系结构各层的功能介绍如下。

1. 网络接口层

网络接口层定义了通信媒介互联设备间的传输规范，负责向网络物理介质发送数据包，并通过网络物理介质接收数据包。

以下阐述以太网的数据链路层的协议规定示范，不同协议的数据链路层规范也不同。以以太网帧为例，如图 6-4 所示，以太网帧的头部一共有 14 字节，包括 6 字节的目标 MAC 地址和 6 字节的源 MAC 地址，以及 2 字节的类型；帧尾的 FCS 为帧校验序列，用来排除硬件噪声的干扰导致的错误。

目标MAC地址 （6字节）	源MAC地址 （6字节）	类型 （2字节）	数据 （46~1 500字节）	FCS （4字节）

图 6-4　以太网帧格式

2. 网络层

网络层负责处理 IP 协议数据包的传输、路由选择、流量控制和拥塞控制，其核心是 IP 协议，其具体协议格式如图 6-5 所示，包括：报头固定 20 个字节；4 位版本号（用来区分 iPv4 和 iPv6）；4 位首部长度（即 IP 协议数据报头长度）；8 位服务类型；16 位总长度（用来标识 IP 协议数据段的总长度，包括报头和有效载荷）；16 位标识（为 IP 协议报文唯一 id）；3 位标志（表明是否分片）；13 位偏移（旨在能让数据到达对方网络层按序组装）；8 位生存时间（数据段到达对方主机的最大路由次数，一般为 64）；8 位协议（ICMP 协议为 1，TCP 协议为 6，UDP 协议为 17 等，把数据段交给上层协议）；16 位首部检验和；32 位源 IP 地址；32 位目的 IP 地址；预留字段；数据段。

图 6-5 网络层 IP 协议格式

3. 传输层

传输层负责建立连接、断开，保证传输的可靠性。该层主要包含传输控制协议（TCP）和用户数据报协议（user datagram protocol，UDP）。

以 TCP 协议为例，如图 6-6 所示，包括：16 位源端口域（其中包含发送端应用程序对应的端口）；16 位目的端口域（定义传输的目的）；32 位序列号（标识 TCP 协议报文中第一个 Byte 在对应方向的传输中对应的字节序号）；32 位确认应答号（标识报文发送端期望接收的字节序列）；4 位头长（包括 TCP 协议包头大小，指示 TCP 协议包头的长度，即数据从何处开始）；4 位保留位（这些位必须是 0，为了将来定义新的用途）；8 位标志位（包含 CWR、ECE、URG、ACK、PSH、RST、SYN、FIN）；16 位窗口大小（用来表示当前接收端的接收窗还有多少剩余空间）；16 位校验位；16 位优先指针（指向后面是优先数据的字节）；24 位可选字段；8 位填充；数据段。

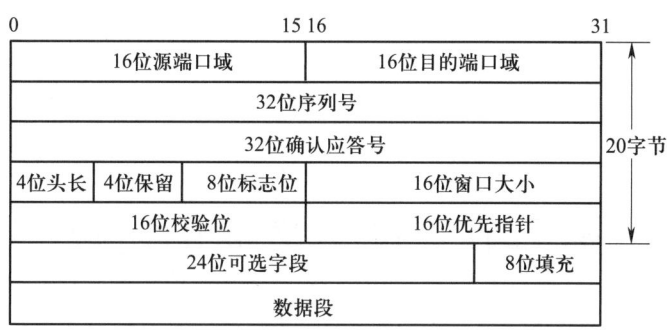

图 6-6 传输层 TCP 协议格式

4. 应用层

应用层负责为用户提供一些常用的应用程序。该层定义了很多协议，不同协议之间提供的服务不同，如超文本传输协议（hypertext transfer protocol，HTTP）、消息队列遥测传输（Message Queuing Telemetry Transport，MQTT）、受限制的应用协议等。

（二）TCP/IP 协议数据传输过程

如图 6-7 所示，A 节点要向 B 节点发送数据。A 节点的 TCP 协议根据应用的指示，将应用层数据送入协议栈中，然后逐层封装，将对应层的头部信息以及其他信息打包到数据包中，最终转换成比特流传递。而 B 节点在接收到以太网数据后，数据在协议栈中由底层向顶层逐层传递的过程中去掉各层协议加上的头部信息以及其他信息，最终获得 A 节点发送过来的数据。

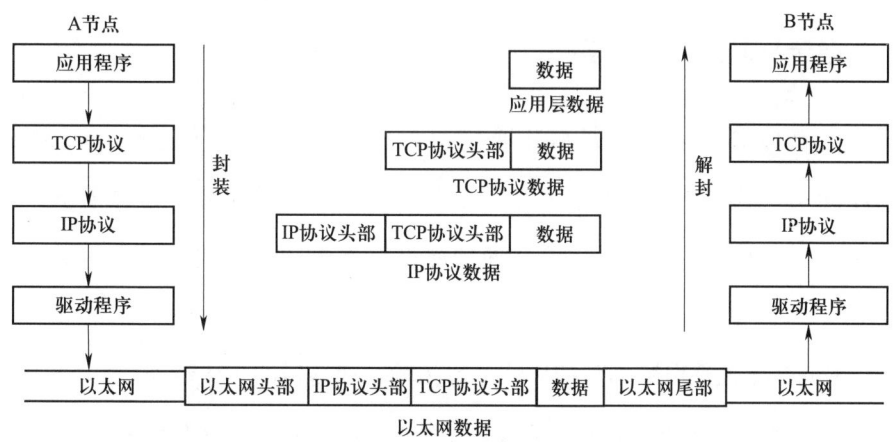

图 6-7 TCP/IP 协议数据传输过程

第二节　自定义通信协议

本节对自定义通信协议组成部分进行讲解，阐述如何对帧头、设备地址/类型、命令/指令、命令类型/功能码、数据长度、数据、帧尾、校验码等内容进行设计，以及如何通过某32位单片机的任务开发、编程，实现对读、写、控制等指令的封装与解析。

考核知识点及能力要求：

- 了解自定义通信协议设计的基本组成部分。
- 能搭建开发环境、编写简单代码并使用仿真器进行代码调试下载。
- 掌握定义基本的读、写、控制等简单指令的能力。
- 掌握实现读、写、控制等指令的封装与解析的能力。

一、自定义通信协议的设计

整个信息传输网络，都离不开通信协议。而常用的通信协议（如 ARP、IP、TCP、HTTP 等）用到的指令比较多，也比较复杂。为了满足用户多样需求，需要设计并实现自定义通信协议。虽然这些通信协议有着不同的格式，但结构组成却大体类似。

通信中的数据往往以数据包的形式进行传输，而这样的一个数据包称为一帧数据。一帧数据一般包含以下几个部分：帧头、设备地址/类型、命令/指令、命令类型/功能码、数据长度、数据、帧尾、校验码（见表6-5）。

表 6-5 自定义通信协议

组成部分	帧头	设备地址/类型	命令/指令	命令类型/功能码	数据长度	数据	帧尾	校验码
长度/byte	1	2	1	1	2	n	1	1
举例	0xAA	0x0001	0x01	0x02	0x0002	0x18 0x40	0xFF	0x07
说明	固定数值	0x0001-0xFFFF	0x01 读 0x02 写 0x03 控制 …… 0xFE 预留	见表 6-6	0x0001-0xFFFF（可选）	可选	固定数值	和校验，取低 8 位

（一）帧头/帧尾的设计

帧头和帧尾，就是一帧数据的起始和结尾标志，用于判别数据包的完整性，通常由一定长度的固定字节组成，设计要求是在整个数据链中判别数据包的误码率。通常降低误码率的方式有两种：第一种是减小帧头和帧尾的特征字节的匹配概率。整个数据链路中的数据不具有随机性，数据可预测，可人为选择帧头和帧尾的特征字来避开（表 6-5 中，帧头为 0xAA，帧尾为 0xFF）。第二种是增加特征字节的长度。数据链中的数据具有随机性，通过增加特征字节的长度减小匹配概率，如帧头为多个字节。

（二）设备地址/类型的设计

设备地址/类型的设计通常用于多种设备的情形，一方面为了方便区分不同设备，另一方面也易于用户根据需求进行功能扩展。表 6-5 中，设备地址为 0x0001。

（三）命令/指令的设计

命令/指令一般表示不同的操作，用来指示这帧数据的意图或作用。命令字节通常用数值表示读、写、控制等。表 6-5 中，0x01 表示读配置指令；0x02 表示写配置指令；0x03 表示控制设备指令；0xFE 为预留指令；等等。

（四）命令类型/功能码的设计

命令类型/功能码的设计是对命令或指令的进一步补充。见表 6-6，根据不同命令，设计不同功能。当指令为读命令时，功能码主要是采集传感器数据；当指令为写命令时，功能码主要是读写 Flash；当指令为控制命令时，功能码主要是控制 LED 灯亮灭。

表 6-6 命令与功能码对应关系

命令 / 指令	命令类型 / 功能码
0x01 读指令	0x01 采集光照度
	0x02 采集温湿度
	0x03 采集红外信号
	0xFE 预留
0x02 写指令	0x01 读 Flash
	0x02 写 Flash
	0x03 擦除 Flash
	0xFE 预留
0x03 控制指令	0x01 正向流水灯
	0x02 逆向流水灯
	0x03 熄灭流水灯
	0xFE 预留
0xFE 预留	0xFE 预留

（五）数据长度的设计

数据长度主要是方便协议（接收）解析的时候统计接收数据的长度。比如有时候传输一个或多个有效数据，甚至一个数组的数据时，所传输的一帧数据就是不定长数据，那么就必须要有"数据长度"来约束。表 6-5 中，数据长度为 2 个字节，范围为 0x0001 ~ 0xFFFF。

（六）数据的设计

数据就是当前传输的数据包的内容，见表 6-5。

（七）校验码的设计

数据校验是为了保证数据的完整性，用一种指定算法对原始数据计算出的一个校验值，且接收端用同样的方法计算校验值。如果与发送方数据包中的校验值一致，说明数据具备完整性。

常用校验方法有很多种，如异或校验、循环冗余校验、校验和等，可以根据运算速度、容错度等要求来选择。

1. 异或校验

异或校验就是将每一个字节的数据（一般是两个16进制的字符）进行异或后得到校验码的技术。

例如，0x01 0xA0 0x7C 0xFF 0x02（Hex）数据帧的异或校验计算得 0x20。

2. 循环冗余校验

循环冗余校验（cyclic redundancy check，CRC）是一种对网络数据包或计算机文件等数据产生的简短固定位数校验码进行校验的一种信道编码技术，主要用来检测或校验数据传输或者保存后可能出现的错误。它是利用除法及余数的原理来做错误检测的。

根据应用环境与习惯的不同，CRC 又分为以下几种标准：CRC-4 码、CRC-5 码、CRC-6 码、CRC-7 码、CRC-8 码、CRC-16 码、CRC-32 码等。常见的 CRC 参数模型见表 6-7。

表 6-7　　　　　　　　　　常见的 CRC 参数模型

CRC 算法名称	多项式公式	宽度	多项式	初始值	结果异或值	输入反转	输出反转
CRC-4/ITU	$x4+x+1$	4	03	00	00	true	true
CRC-5/EPC	$x5+x3+1$	5	09	09	00	false	false
CRC-5/ITU	$x5+x4+x2+1$	5	15	00	00	true	true
CRC-5/USB	$x5+x2+1$	5	05	1F	1F	true	true
CRC-6/ITU	$x6+x+1$	6	03	00	00	true	true
CRC-7/MMC	$x7+x3+1$	7	09	00	00	false	false
CRC-8	$x8+x2+x+1$	8	07	00	00	false	false
CRC-8/ITU	$x8+x2+x+1$	8	07	00	55	false	false
CRC-8/ROHC	$x8+x2+x+1$	8	07	FF	00	true	true

续表

CRC 算法名称	多项式公式	宽度	多项式	初始值	结果异或值	输入反转	输出反转
CRC-8/MAXIM	$x8+x5+x4+1$	8	31	00	00	true	true
CRC-16/IBM	$x6+x5+x2+1$	16	8005	0000	0000	true	true
CRC-16/MAXIM	$x6+x5+x2+1$	16	8005	0000	FFFF	true	true
CRC-16/USB	$x6+x5+x2+1$	16	8005	FFFF	FFFF	true	true
CRC-16/MODBUS	$x6+x5+x2+1$	16	8005	FFFF	0000	true	true
CRC-16/CCITT	$x6+x2+x5+1$	16	1021	0000	0000	true	true
CRC-16/CCITT-FALSE	$x6+x2+x5+1$	16	1021	FFFF	0000	false	false
CRC-16/x5	$x6+x2+x5+1$	16	1021	FFFF	FFFF	true	true
CRC-16/XMODEM	$x6+x2+x5+1$	16	1021	0000	0000	false	false
CRC-16/DNP	$x6+x3+x2+x1+x0+x8+x6+x5+x2+1$	16	3D65	0000	FFFF	true	true
CRC-32	$x2+x6+x3+x2+x6+x2+x1+x0+x8+x7+x5+x4+x2+x+1$	32	04C11DB7	FFFFFFFF	FFFFFFFF	true	true
CRC-32/MPEG-2	$x32+x6+x3+x2+x6+x2+x1+x0+x8+x7+x5+x4+x2+x+1$	32	04C11DB7	FFFFFFFF	00000000	false	false

例如，表 6-7 中，以 CRC-5/USB 为例，多项式公式为 $x5+x2+1$，初始值及结果异或值均为 0x1F，二进制表示为 $(11111)_2$，算法要求输入和输出位反转，并计算数据为 2b（ASCII）的校验码。具体参考以下步骤：①位反转，得到数据为 $(0100110001000110)_2$；②后面补位（5 个 0），得到数据 $(010011000100011000000)_2$；③异或初始值 $(11111)_2$，得到数据 $(101101000100011000000)_2$；④模二除法运

算，得到余数（11010）$_2$；⑤对余数进行位反转，得到数据（01011）$_2$；⑥与输出异或值（11111）$_2$进行异或，得到（10100）$_2$；⑦最后得到2b（ASCII）的校验码为0x14。

3. 校验和

检验和（checksum）是指在数据处理和数据通信领域中，用于校验目的地一组数据项的和。它通常是以十六进制为数制表示的形式。如果校验和的数值超过十六进制的FF（也就是255），就要求其补码作为校验和。一般简单的自定义串口通信协议常用此校验方法。

例如，0x01 0x02 0x03 0x04 0x05 0x06 0x07 0x08（Hex）数据帧的校验和为这8个字节数据的累加和，即0x24。

二、自定义通信协议的封装和解析

数据封装和解析包括两个层面：一个层面是协议内部数据的封装和解析，另一个层面是数据通过网络传输过程中的封装和解析。数据通过网络进行传输，从高层一层一层地向下传送，把数据包装到一个特殊协议报头中，这个过程叫封装；接收设备收到封装后的数据，删除数据的封装信息，并根据报头中的封装信息决定如何将数据沿协议栈向上传递，这个过程称为解析。数据通过OSI七层模型进行封装和解析，如图6-8所示。

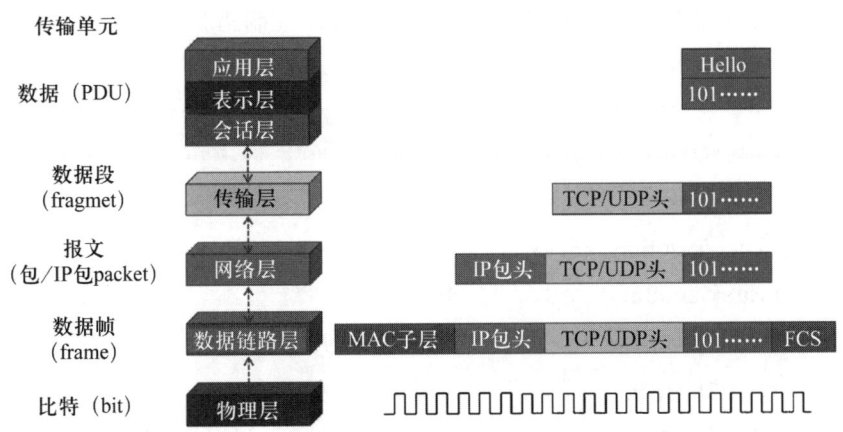

图6-8　数据通过OSI七层模型进行封装和解析示意图

根据前面设计的自定义数据帧格式,可以进行读指令、写指令、控制指令等命令的封装和解析。本节自定义的通信协议是建立在物理层上的,较常用的通信总线 RS-232、RS-485、无线等相对简单,而实现自定义通信协议最底层的方法无非就是数据发送、数据接收这两个操作方法。

(一)自定义指令的封装

以某 32 位单片机为例,使用 Keil 软件开发工具,实现上位机端(PC)与下位机端(某 32 位单片机)自定义串口通信的数据发送,如图 6-9 所示。

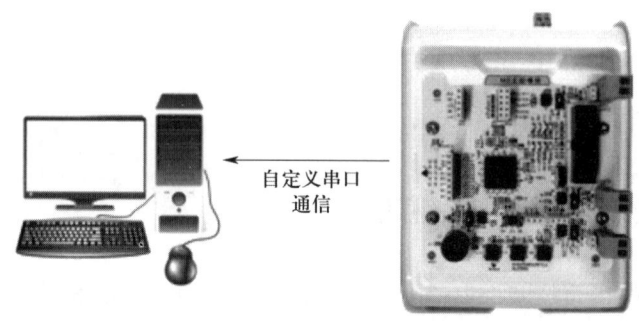

图 6-9　自定义串口通信(32 位单片机数据发送)

该单片机根据不同的命令,进行读指令、写指令、控制指令数据的封装。表 6-6 中,当命令为 0x01(即读指令)时,该单片机读取各个类型的传感器数据,包括模拟量、数字量、开关量;当命令为 0x02(即写指令)时,对该单片机 Flash 进行读写操作;当命令为 0x03(即控制指令)时,控制该单片机 LED 灯亮灭。

表 6-5 和表 6-6 中,按照协议格式,对读、写、控制指令进行代码封装。代码如下:

```
void  Uart_SendDataParse (uint8_t  mode,  uint8_t  func)
{
    uint8_t  SendBuf[128] =  {0};
    memset(SendBuf, '\0', 128);
    SendBuf[0] = 0xAA;                    // 帧头
    SendBuf[1] = 0x00;                    // 设备地址(高字节)
    SendBuf[2] = 0x01;                    // 设备地址(低字节)
```

```c
SendBuf[3] = mode;                          // 命令
SendBuf[4] = func;                          // 功能码
SendBuf[5] = 0x00;                          // 数据长度（高字节）
SendBuf[6] = 0x02;                          // 数据长度（低字节）

// 数据的封装
if (mode  ==  CMD_READ)                     // 读指令，对单片机进行各个传感
                                            //   器数据的读取
{
    if (func  ==  SENSOR_RH)                // 光敏传感器
    {
        SendBuf[7] = vol>>8;                // 光照数据（高位）
        SendBuf[8] = vol;                   // 光照数据（低位）
    }
    else if (func  ==  SENSOR_TEMP)         // 温湿度传感器
    {
        SendBuf[7] = sensor_tem;            // 温度数据
        SendBuf[8] = sensor_hum;            // 湿度数据
    }
    else if (func  ==  SENSOR_BODY)         // 人体红外传感器
    {
        SendBuf[7] = 0x00;                  // 人体感应数据（高位）
        SendBuf[8] = read_io;               // 人体感应数据（低位）
    }
    else {                                  // 其他
        SendBuf[7] = 0x00;                  // 数据位（高位）清空
        SendBuf[8] = 0x00;                  // 数据位（低位）清空
    }
}
else if (mode == CMD_WRITE)                 // 写指令，对单片机 Flash 进行读写操作
{
    SendBuf[7] = 0x00;
```

```
        SendBuf[8] = Flash_value;          // 写数据（低位）
    }
    else if (mode == CMD_CONTROL)           // 控制指令，对单片机 LED 灯亮灭功能进
                                            行控制
    {
        SendBuf[7] = 0x00;
        SendBuf[8] = func;                  // 控制数据（低位）
    }
    else   {                                // 其他
        SendBuf[7] = 0x00;
        SendBuf[8] = 0x00;
    }
    SendBuf[9] = 0xFF;                                      // 帧尾
    SendBuf[10] = CheckSum ((uint8_t   *) SendBuf,11);      // 校验和
    HAL_UART_Transmit (&huart1, (uint8_t   *) SendBuf,11,10);  // 串口发送
}
```

（二）自定义指令的解析

基于以下硬件环境搭建，使用 Keil 软件开发工具，实现上位机端与下位机端自定义串口通信的数据接收功能，如图 6-10 所示。

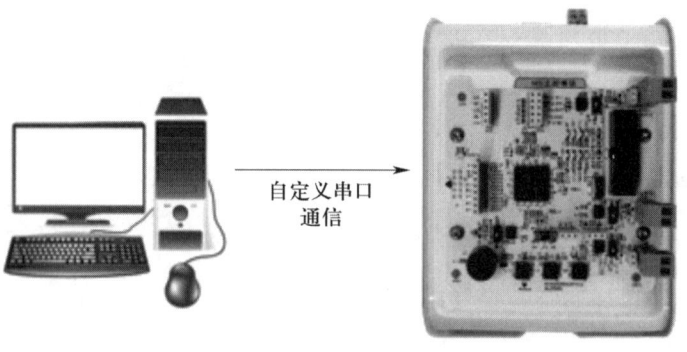

图 6-10　自定义串口通信（32 位单片机数据接收）

表 6-5 和表 6-6 中，接收了来自上位机端下发的数据帧，对读、写、控制指令进行代码解析。代码如下：

```c
void  Uart_RevDataParse (uint8_t  *RxBuf,  uint16_t  len)
{
    uint8_t  *DestData  =  NULL;
#define  HEAD_DATA           *DestData           // 帧头
#define  ADDRH_DATA          *(DestData+1)       // 设备地址（高字节）
#define  ADDRL_DATA          *(DestData+2)       // 设备地址（低字节）
#define  CMD_DATA            *(DestData+3)       // 命令
#define  FUNC_DATA           *(DestData+4)       // 功能码
    DestData  =  ExtractCmdframe ((uint8_t  *) RxBuf,  len,  START_HEAD);
    if (DestData  !=  NULL)          // 检索到数据帧头
    {
        if ((CMD_DATA == CMD_WRITE) && (FUNC_DATA == FLASH_WRITE)){ // 写指令
            if ((HEAD_DATA != START_HEAD) && (*(DestData+9) != END_TAIL)) return;    // 帧头和帧尾
            if (*(DestData+10) != CheckSum ((uint8_t *) DestData,10)) return;  // 校验和
        }
        else {         // 读指令、控制指令
            if ((HEAD_DATA != START_HEAD) && (*(DestData+5) != END_TAIL)) return;
            if (*(DestData+6) != CheckSum ((uint8_t *) DestData,6)) return;
        }
        if (((((uint16_t) ADDRH_DATA) <<8) +ADDRL_DATA) != DEV_ADDRESS) return;    // 设备地址
        flag = CMD_DATA;
        if ((CMD_DATA == CMD_READ)  ||  (CMD_DATA == CMD_WRITE)
            || (CMD_DATA == CMD_CONTROL))     // 读、写、控制指令
        {
            if (FUNC_DATA == 0x01)
            {
                mode = 1;                              // 读光敏传感器
                LED_value = 0x80;                      // LED 模式 – 正向
```

```
            }
            else    if (FUNC_DATA == 0x02)
            {
                mode = 2;                            // 读温湿度传感器
                Flash_value = uart1RxBuff[8];        // 写 Flash
                LED_value = 0x01;                    // LED 模块 – 逆向
            }
            else    if (FUNC_DATA == 0x03)
            {
                mode = 3;                            // 读人体红外传感器
                Flash_value = 0;                     // 擦除 Flash
                LED_value = 0x00;                    // LED 模块 – 熄灭
            }
            else    {                                // 其他
                mode = 0;
                LED_value = 0x00;
            }
        }
        memset (uart1RxBuff,0,128);                  // 清空
    }
}
```

上位机端与下位机端进行数据收发，通过串口调试助手工具查看数据报文，如图 6-11 所示。

1. 当命令为读指令（0x01）时

（1）光敏传感器数据帧。发送帧为 AA 00 01 01 01 FF AC；接收帧为 AA 00 01 01 01 00 02 00 AE FF 5C。其中，0x01 为光敏传感器，0x0002 为数据长度，0x00AE 为传感器数据（174 lux）。

（2）温湿度传感器数据帧。发送帧为 AA 00 01 01 02 FF AD；接收帧为 AA 00 01 01 02 00 02 18 26 FF ED。其中，0x02 为温湿度传感器，0x0002 为数据长度，0x1826 为传感器数据，高字节表示温度，低字节表示湿度。

图 6-11 收发数据帧

（3）人体红外传感器数据帧。发送帧为 AA 00 01 01 03 FF AE；接收帧为 AA 00 01 01 03 00 02 00 00 FF B0。其中，0x03 为人体红外传感器，0x0002 为数据长度，0x0000 为传感器数据，1 表示有人体感应，0 表示无人体感应。

2. 当命令为写指令（0x02）时

（1）读 Flash。发送帧为 AA 00 01 02 01 FF AD；接收帧为 AA 00 01 02 01 00 02 00 00 FF AF。0x01 为读 Flash 值，0x0002 为数据长度，0x0000 为 Flash 值。

（2）写 Flash。发送帧为 AA 00 01 02 02 00 02 00 13 FF C3；接收帧为 AA 00 01 02 02 00 02 00 13 FF C3。0x02 为写 Flash 值，0x0002 为数据长度，0x0013 为 Flash 值。

（3）擦除 Flash。发送帧为 AA 00 01 02 03 FF AF；接收帧为 AA 00 01 02 03 00 02 00 00 FF B1。0x02 为擦除 Flash 值，0x0002 为数据长度，0x0000 为 Flash 值。

3. 当命令为控制指令（0x03）时

（1）正向流水灯。发送帧为 AA 00 01 03 01 FF AE；接收帧为 AA 00 01 03 01 00 02 00 01 FF B1。0x01 为控制流水灯正向点亮功能，0x0002 为数据长度，0x0001 为流水灯功能。

（2）反向流水灯。发送帧为 AA 00 01 03 02 FF AF；接收帧为 AA 00 01 03 02 00 02 00 02 FF B3。0x02 为控制流水灯反向点亮功能，0x0002 为数据长度，0x0002 为流水灯功能。

（3）流水灯熄灭。发送帧为 AA 00 01 03 03 FF B0；接收帧为 AA 00 01 03 03 00 02

00 03 FF B5。0x03 为控制流水灯熄灭功能，0x0002 为数据长度，0x0003 为流水灯功能。

思考题

1. 通信协议主要组成部分包括哪些？
2. 简述 OSI 七层模型体系结构。
3. 简述 OSI 协议通信机制。
4. 简述 TCP/IP 四层模型体系结构。
5. 简述 TCP/IP 协议通信机制。
6. 除了本章阐述的校验方法，自定义通信协议设计中还有其他哪些校验方法？
7. 自定义写指令"AA 00 01 02 02 00 02 00 04 FF B4"各字节含义是什么？

第七章
物联网轻量级协议开发

由于物联网感知层的数据多源异构，不同的设备有不同的接口和不同的技术标准；传统互联网的标准和协议并不适合物联网，物联网网络层、应用层也由于使用的网络类型不同、行业的应用方向不同而存在不同的网络协议和体系结构。物联网硬件"物"具有如下特性：低成本、资源受限、电池与能耗受限、网络环境不稳定、传递数据量小等。基于这些特性，对"物"有如下要求：轻量级协议栈、硬件低功耗、一定的安全性。MQTT 和 CoAP 是目前物联网广泛使用的轻量级网络协议。其中，MQTT 是多对多通信协议，适合于实时数据通信；CoAP 主要是点对点协议，适合于状态传输模型。

- **职业功能：** 物联网应用协议开发。
- **工作内容：** 物联网轻量级协议开发。
- **专业能力要求：** 能运用轻量级协议（如 MQTT、CoAP 等）进行数据封装与解析；能运用轻量级协议（如 MQTT、CoAP 等）实现数据通信。
- **相关知识要求：** MQTT、CoAP 等协议知识；QoS 质量服务知识；M2M 技术知识。

第一节　数据封装和解析

本节对 MQTT、CoAP 协议相关知识进行讲解，通过对 MQTT、CoAP 协议发送数据和接收数据中的数据包中各个字段进行剖析，使读者掌握物联网轻量级协议相关知识。

考核知识点及能力要求：

- 了解 MQTT 协议相关知识、数据封装与解析。
- 了解 CoAP 协议相关知识、数据封装与解析。
- 掌握运用轻量级协议（如 MQTT、CoAP 等）进行数据封装与解析的能力。

一、MQTT 协议的概述

MQTT 协议是一种基于发布 / 订阅模式的轻量级通信协议，该协议构建于 TCP/IP 协议上，目前广泛使用的版本为 V3.1.1，最新版本为 V5.0。MQTT 协议的设计原则为：必须简单、容易实现，必须支持端到端的服务质量（quality of service，QoS），必须轻量且省带宽，必须与数据无关，必须有持续会话感知能力。

MQTT 协议中从网络架构的角度来看包括服务端和客户端，从消息传递的角度来讲包括发布者（Publish）、代理（Broker）和订阅者（Subscribe），如图 7-1 所示，其中代理就是服务端，客户端包括了发布者和订阅者。

MQTT 协议传输的消息分为主题（Topic）和消息体（Payload）两部分。可以将主题理解为消息的名称，订阅者订阅消息后，就会收到该主题的消息体，也就是订阅者需要的内容。

图 7-1 发布者、代理和订阅者的关系图

MQTT 协议特点如下：

➢ 使用发布/订阅消息模式，提供了一对多消息分发，实现了与应用程序解耦。

➢ 具有对消息体内容屏蔽的消息传输机制。

➢ 传输消息有三种服务质量（QoS）。

➢ 数据传输和协议交换的最小化（协议头部只有 2 字节）。

➢ 具有通知机制，异常中断时通知传输双方。

（一）MQTT 协议的定义

MQTT 协议是一种轻量级的协议，只专注于收发消息，所以协议的结构也非常简单。在 MQTT 协议中，数据包由固定报头（fixed header）、可变报头（variable header）和消息体（payload）三部分构成，如图 7-2 所示。

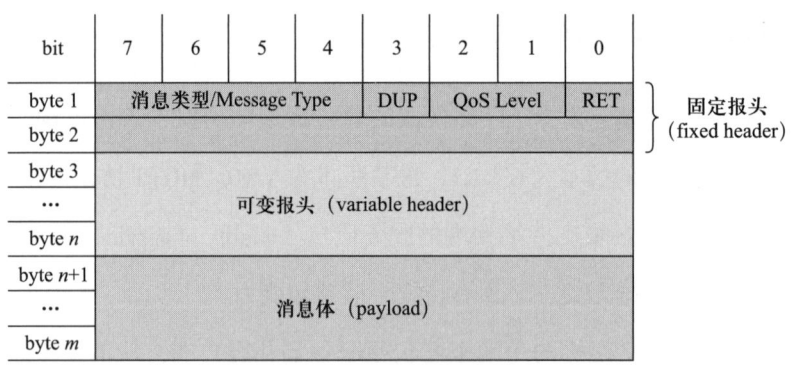

图 7-2 MQTT 协议的消息格式

1. 固定报头

MQTT 协议的固定报头最少 2 个字节，最多包含 5 个字节。表 7-1 中，第一个字节包含 MQTT 协议消息类型和消息类型的标志位；从第二个字节开始至第五字节是剩余长度字段，该字段最多包含 4 个字节。

表 7–1　MQTT 协议固定报头

位（bit）	7	6	5	4	3	2	1	0
第一字节（Byte）	消息类型				消息类型的标志位（目前只在 Publish 中使用）			
第二字节（Byte）至第五字节（Byte），长度可变	剩余长度							

（1）消息类型。MQTT 协议支持的消息类型见表 7-2。

表 7–2　MQTT 协议支持的消息类型

名称	值	流方向	描述
Reserved	0（0b0000）	不可用	保留位
Connect	1（0b0001）	客户端到服务端	客户端请求连接服务端
ConnectAck	2（0b0010）	服务端到客户端	服务端确认连接建立
Publish	3（0b0011）	双向	发布消息请求
PublishAck	4（0b0100）	双向	发布消息确认
PubRec	5（0b0101）	双向	发布收到（保证第 1 部分到达）
PubRel	6（0b0110）	双向	发布收到（保证第 2 部分到达）
PubComp	7（0b0111）	双向	发布收到（保证第 2 部分到达）
Subscribe	8（0b1000）	客户端到服务端	订阅消息请求
SubAck	9（0b1001）	服务端到客户端	订阅消息确认
UnSubscribe	10（0b1010）	客户端到服务端	取消订阅请求
UnSubAck	11（0b1011）	服务端到客户端	取消订阅确认
PingReq	12（0b1100）	客户端到服务端	客户端发送 Ping 命令（心跳包）
PingResp	13（0b1101）	服务端到客户端	Ping 命令应答
Disconnect	14（0b1110）	客户端到服务端	断开连接
Reserved	15（0b1111）		保留位

注：值为 15（0b1111）时在 V3.1.1 版本为保留（Reserved），在 V5.0 版本为认证交换（Auth）。

（2）消息类型的标志位。消息类型的标志位目前只在 Publish 中使用，除了 Publish 之外的只能全为 0，Publish 的消息类型标志位定义见表 7-3。

表 7-3　publish 中消息类型的标志位

标志位	3 位	2 位	1 位	0 位
仅在 V3.1.1 和 V5.0 的 Publish 协议中使用	DUP	QoS		Retain

具体含义如下：

> Retain：发布保留标识。设置为 1 时表示服务端要保留此次推送的信息，若是有新订阅者出现就推送这条消息；设置为 0 时推送至当前订阅者后释放。

> QoS：发布消息的服务质量。00：最多一次，消息发送者会尽力发送消息，但是遇到意外并不会重试，即 <=1。此级别可用于环境传感器等设备，单次读数是否丢失并不重要，因为下一个读数将很快发布。01：至少一次，消息接收者如果没有知会或者知会本身丢失，消息发送者会再次发送直到收到知会为止，可能造成重复消息，即 >=1。10：恰好一次，其中消息保证只到达一次，即 =1，此级别可用于计费系统，其中重复或丢失的消息可能导致计费错误。11：预留。

> DUP：发布消息副本。值为 0 表示第一次发送，值为 1 表示当前消息先前已经发送过。

（3）剩余长度。剩余长度为可变报头长度加上消息体长度，剩余长度字段包含 1～4 个字节，其中每个字节的第 8 位（最高位）为标志位，表示长度是否溢出，剩下的 7 个位表示数据长度。如果仅用 1 个字节来表示剩余字段长度，表示范围最小为 0 字节，最大为 127 字节，超过 127 字节的话就需要使用更多的字节来表示。如果用 4 个字节来表示剩余字段长度，则能发送的最大消息长度为：

$$\frac{128 \times 128 \times 128 \times 128}{1\,024 \times 1\,024} = 256 \text{ MB}$$

剩余长度计算示例：假如可变报头长度加上消息体长度为 120 个字节，小于 127 个字节，剩余长度字段只需要 1 个字节表示，值为：0x78。假如可变报头长度加上消息体长度为 210 个字节，由于 210 个字节大于 128，所以剩余长度字段需要使用 2 个字节表示，由于 210-128=82，因此低位字节为 82。将 82 转为二进制值为 0b0101 0010，其中最高位的标志位置 1，低位字节值为 0b1101 0010，转为十六进制为 0xD2，高位字节为 0x01（对应 128 个字节），因此 210 个字节的剩余长度值为：0xD201。

2. 可变报头

可变报头主要包含协议名称、协议版本、连接标志和心跳间隔时间等组成，可变报头的内容取决于数据包类型。

（1）协议名称。以连接（Connect）为例，可变报头协议名称为 MQTT 四个英文字母时前 6 个字节定义见表 7-4。

表 7-4　可变报头的协议名称为 MQTT 四个英文字母的前 6 个字节定义

	描述	7	6	5	4	3	2	1	0
字节 1	长度 MSB（0）	0	0	0	0	0	0	0	0
字节 2	长度 LSB（4）	0	0	0	0	0	1	0	0
字节 3	'M'	0	1	0	0	0	1	0	1
字节 4	'Q'	0	1	0	1	0	0	0	1
字节 5	'T'	0	1	0	1	0	1	0	0
字节 6	'T'	0	1	0	1	0	1	0	0

MQTT 协议传输时为 UTF-8 编码（注：标准并没有指定可变报头中的协议名称，也没有指定协议名称的长度，这里的协议名称只是示例，有些 MQTT 协议的云服务平台会指定别的名称）。

（2）协议版本。在可变报头中占用第 7 个字节，表示客户端使用的协议版本，具体如下：

➢ 4（0x04）：协议版本 V3.1.1。

➢ 5（0x05）：协议版本 V5.0。

（3）连接标志。在可变报头中占用第 8 个字节，见表 7-5。

表 7-5　连接标志

位（bit）	7	6	5	4	3	2	1	0
	User Name Flag	Password Flag	Will Retain	Will QoS		Will Flag	Clean Session	预留

具体含义如下：

➢ Clean Session：在 V3.1.1 版本意为清除会话，在 V5.0 版本时改为 Clean Start，

两者意思相似,但V5.0用法更灵活。如果将其设置为0,客户端连接服务端会恢复上一次连接时的会话状态,如果上一次连接时的会话状态不存在,服务端将会为客户端建立一个新的会话;如果将其设置为1,每次客户端和服务端连接都会建立一个新的会话。

➤ Will Flag:遗嘱通知,即当客户端掉线后,服务端会向关联这个客户端的设备发送遗嘱消息。

➤ Will QoS:指发布遗嘱消息时要使用的QoS级别。

➤ Will Retain:指发布遗嘱消息时是否保留该遗嘱消息。

➤ Password Flag:密码标志,如果设置为1,则消息体中会有密码信息;如果设置为0,消息体中不能有密码信息。

➤ User Name Flag:用户名标志,如果设置为1,则消息体中会有用户名信息,密码标志一般也会设置为1;如果设置为0,消息体中不能有用户名信息,密码标志只能设置为0。

(4)心跳间隔时间。心跳间隔是两个字节的整数,在可变报头中占用第9和第10字节。第9字节为MSB,第10字节为LSB,是以秒为单位的时间间隔。如果心跳间隔不为0且没有发送任何其他MQTT协议控制包,客户端必须定期发送PingReq包,服务端会返回一个PingResp消息进行确认;如果服务端在1.5 s心跳间隔时间周期内没有收到来自客户端的消息,就会断开与客户端的连接。心跳间隔时间最大值可以设置为18 h,当值为0意味着客户端不断开。

3. 消息体

消息体为客户需要的数据内容,当MQTT消息服务端发送的消息类型是连接(Connect)、发布(Publish)、订阅(Subscribe)、订阅确认(Suback)和取消订阅(Unsubscribe)时会带有消息体。

(二)MQTT协议数据的封装

MQTT消息客户端整个生命周期的行为可以概括为建立连接、订阅主题、接收消息并处理、向指定主题发布消息、取消订阅和断开连接。连接(Connect)报文由固定报头字段、剩余长度字段、可变报头字段和消息体构成,客户端与服务端建立TCP协议连接之后就要建立MQTT协议连接,此时客户端需要发送给服务端一个连接

（Connect）报文，其封装方法及报文内容如下。

1. 固定报头

固定报头格式见表7-2，由于连接（Connect）报文消息类型为1，故高4位为0b0001，低4位为0b0000，固定报头第一节字为0x10；第二个字节为剩余长度字段，在封装到这一步时暂时不知道长度值，因此这里先用"0x??"代替，最终固定报头数据封装结果见表7-6。

表7-6　　　　　　　　　MQTT协议固定报头数据封装结果

位（bit）	7	6	5	4	3	2	1	0
第一字节（byte）		1				0		
第二字节（byte）	0x??							

2. 可变报头

（1）协议名称。协议名称为MQTT四个英文字母，长度为4字节，依据表7-5得到可变报头前6字节的数据为0x00 0x04 0x4D 0x51 0x54 0x54。

（2）协议版本。指定3.1.1版协议，协议版本字段的值是0x04。

（3）连接标志。依据表7-6，要求为每次与服务端建立连接都是一个新会话，因此bit1置1；未使用遗嘱，因此bit2/3/4/5均置0；使用了用户名密码，故bit6/7置1；组合后可变报头第8字节的值为0xC2（0b1100 0010）。

（4）心跳间隔时间。此处设定值为60 s，则第9和10字节值为0x00 0x3C。

最终可变报头数据封装结果见表7-7。

表7-7　　　　　　　　　　可变报头数据封装结果

字节	描述
字节1	0x00
字节2	0x04
字节3	0x4D
字节4	0x51

续表

字节	描述
字节 5	0x54
字节 6	0x54
字节 7	0x04
字节 8	0xC2
字节 9	0x00
字节 10	0x3C

3. 消息体

由于没有设置遗嘱，消息体只有客户端标识、用户名和密码。

（1）客户端标识。假设客户端标识为 test|securemode=3，将其转换为 16 进制且长度为 17 字节（0x11），则客户端标识数据为 0x00 0x11 0x74 0x65 0x73 0x74 0x7C 0x73 0x65 0x63 0x75 0x72 0x65 0x6D 0x6F 0x64 0x65 0x3D 0x33。

（2）用户名。假设用户名为 MQTT_Newland，将其转换为 16 进制且长度为 12 字节（0x0C），则用户名数据为 0x00 0x0C 0x4D 0x51 0x54 0x54 0x5F 0x4E 0x65 0x77 0x6C 0x61 0x6E 0x64。

（3）密码。假设密码为 dDab802dF9c89cKi40tm，将其转换为 16 进制且长度为 20 字节（0x14），则密码数据为 0x00 0x14 0x64 0x44 0x61 0x62 0x38 0x30 0x32 0x64 0x46 0x39 0x63 0x38 0x39 0x63 0x4B 0x69 0x34 0x30 0x74 0x6D。

可变报头＋客户端标识＋用户名＋密码的字节数为 10+19+14+22=65，固定报头的剩余长度字段值为 0x41，代替前面的 0x??，得到固定报头数据为 0x10 0x41，最终封装后的协议数据流如下：

```
10 41                              // 固定报头
00 04 4D 51 54 54 04 C2 00 3C      // 可变报头
00 11                              // 客户端标识长度
74 65 73 74 7C                     // 客户端标识
```

```
73 65 63 75 72
65 6D 6F 64 65
3D 33
00 0C                    // 用户名长度
4D 51 54 54 5F            // 用户名
4E 65 77 6C 61
6E 64
00 14                    // 密码长度
64 44 61 62 38            // 密码
30 32 64 46 39
63 38 39 63 4B
69 34 30 74 6D
```

（三）MQTT 协议数据的解析

当服务端收到客户端的连接（Connect）报文，需要给客户端返回一个连接请求确认（ConnectAck）报文时，假设返回报文的数据流为 0x20 0x02 0x00 0x00，对数据流解析如下。

1. 固定报头

返回的第一字节为固定报头，固定报头封装结果见表 7-8。

表 7-8　　　　　　　　　MQTT 协议固定报头封装结果

位（bit）	7	6	5	4	3	2	1	0
第一字节（byte）	\multicolumn{4}{c}{2}	\multicolumn{4}{c}{0}
第二字节（byte）	\multicolumn{8}{c}{0x02}

消息类型值为 2，说明是连接请求确认类型报文，消息类型的标志位为 0；第 2 节字剩余长度字段为 0x02，即可变报头长度加上消息体长度为 2 个字节。

2. 可变报头

第三字节为可变报头，连接请求确认报文可变报头字段定义见表 7-9。

表 7-9　ConnectAck 可变报头字段定义

位（bit）	7	6	5	4	3	2	1	0
定义	预留，固定为 0							Session Present
值	0							0

Session Present 指当前会话，其在客户端连接服务端时由清理会话设置决定。当清理会话设置为 1，连接请求确认报文必须将当前会话设置为 0；当清理会话设置为 0，连接请求确认报文当前会话标志的值取决于服务端是否已经保存了对应客户端的会话状态。如果服务端已经保存会话状态，它必须将当前会话标志的值设置为 1；如果服务端没有保存会话状态，它必须将当前会话标志的值设置为 0。

在本例中，发送给服务端的清理会话的值设置为 1，因此连接请求确认报文的当前会话值只能设置为 0。

3. 连接返回码

连接返回码值用一个字节的无符号值来表示，定义见表 7-10。

表 7-10　连接返回码值定义

值	返回码响应	描述
0	0x00 连接已接受	连接已被服务端接受
1	0x01 连接已拒绝，不支持的协议版本	服务端不支持客户端请求的 MQTT 协议级别
2	0x02 连接已拒绝，不合格的客户端标识符	客户端标识符是正确的 UTF-8 编码，但服务端不允许使用
3	0x03 连接已拒绝，服务端不可用	网络连接已建立，但 MQTT 消息服务端不可用
4	0x04 连接已拒绝，无效的用户名或密码	用户名或密码的数据格式无效
5	0x05 连接已拒绝，未授权	客户端未被授权连接到此服务端
6～255		保留

如果服务端收到一个合法的连接报文，但出于某些原因无法处理它，服务端会发送一个包含非零连接返回码的连接请求确认报文，客户端在接收到一个包含非零连接返回码的连接请求确认报文后，必须关闭网络连接。本例中第四字节的值为 0x00，说明连接已经被服务端接受。

4. 消息体

连接请求确认报文没有消息体。

二、CoAP 协议的概述

CoAP 协议基于表述性状态传递（representational state transfer，REST）架构，构建于 UDP 协议上，是一种在物联网世界的类 Web 协议。CoAP 协议专门为 M2M 通信设计，在 M2M 通信过程中很少会有人为干预。为了实现在没有人为干预的情况下正常工作，CoAP 协议提供了资源发现机制，让客户端能够理解哪些统一资源标识符（uniform resource identifier，URI）是被支持的，并且获知该 URI 的具体含义。CoAP 协议建议服务端支持一个 /.well-known/core，该 URI 可以被任何客户端访问，且一个专门用于资源发现的服务端必须侦听默认的 5683 端口。当客户端请求该预先协商好的 URI 时，服务端返回一系列的 URI。需要注意的是，CoAP 协议并不是为了取代 HTTP 协议，而是希望在小设备（如 CPU 为 8 位的单片机，内存 4 kB 和 Flash 32 kB）中使用。

CoAP 协议特点如下：

➢ 很紧凑，最小的数据包仅为 4 字节。

➢ 异步消息交换。

➢ 轻量级的头部，且解析复杂度低。

➢ 支持可靠传输、数据重传和块传输，确保数据可靠到达。

➢ 能实现简单的缓存和数据代理。

➢ 支持 IP 协议多播，即可以同时向多个设备发送请求。

➢ 满足受限环境下 M2M 的需求，非长连接通信，适用于低速率、低功耗物联网场景。

（一）CoAP 协议的定义

CoAP 协议报文以固定 4 个字节的头部开始，此后是一个长度在 0 ~ 8 字节之间的 Token，之后是 0 个或多个字节 Type-Length-Value（TLV）格式的 Options，单字节 0xFF 标志后面是 0 个或多个字节的 Payload，如图 7-3 所示。

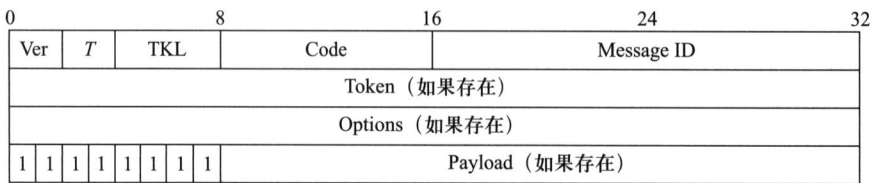

图 7-3　CoAP 协议报文格式

CoAP 协议报文格式说明如下。

1. Ver

版本号，2bit，代表 CoAP 协议版本号。这个字段为必须为 0b01，其他的值为今后其他版本保留。

2. T

报文类型，2bit，有 4 种报文类型，见表 7-11。

表 7-11　4 种报文类型

类型	描述	T
CON 报文	Confirmable，需要被确认的报文	00
NON 报文	Non-Confirmable，不需要被确认的报文	01
ACK 报文	Acknowledgement，应答报文	10
Reset 报文	复位报文	11

3. TKL

Token 字段长度，4bit，值为 0～8 时表示 Token 字段长度为 0～8 个字节；值 9～15 是保留的，不允许使用。

4. Code

功能码/响应码，8 bit，被拆分为 3bit 的分类信息 c 和 5bit 的详细信息 dd。为了便于阅读，可描述为 c.dd 形式。c.dd 代码为 0.00 是一个特殊的情况，表示一个空的消息。下面对除了 0.00 之外的值加以说明。

（1）请求。c 值为 0 时定义为请求，与 HTTP 协议类似，具体含义如下：

➢ 0.01：GET 方法，用于获得某资源。

➢ 0.02：POST 方法，用于创建某资源。

➢ 0.03：PUT 方法，用于更新某资源。

➢ 0.04：DELETE 方法，用于删除某资源。

（2）成功响应。c 值为 2 时定义为成功响应，具体含义如下：

➢ 2.01：Created，创建。

➢ 2.02：Deleted，删除。

➢ 2.03：Valid，有效。

➢ 2.04：Changed，已更新。

➢ 2.05：Content，内容，类似 HTTP 200 OK。

（3）客户端错误响应。c 值为 4 时定义为客户端错误响应，具体含义如下：

➢ 4.00：Bad Request，请求错误，服务端无法处理，类似 HTTP 400。

➢ 4.01：Unauthorized，没有范围权限，类似 HTTP 401。

➢ 4.02：Bad Option，请求中包含错误选项。

➢ 4.03：Forbidden，服务端拒绝请求，类似 HTTP 403。

➢ 4.04：Not Found，服务端找不到资源，类似 HTTP 404。

➢ 4.05：Method Not Allowed，非法请求方法，类似 HTTP 405。

➢ 4.06：Not Acceptable，请求选项和服务端生成内容选项不一致，类似 HTTP 406。

➢ 4.12：Precondition Failed，请求参数不足，类似 HTTP 412。

➢ 4.15：Unsuppor Conten-Type，请求中的媒体类型不被支持，类似 HTTP 415。

（4）服务端错误响应。c 值为 5 时定义为服务端错误响应，具体含义如下：

➢ 5.00：Internal Server Error，服务端内部错误，类似 HTTP 500。

➢ 5.01：Not Implemented，服务端无法支持请求内容，类似 HTTP 501。

➢ 5.02：Bad Gateway，服务端作为网关时，收到了一个错误的响应，类似 HTTP 502。

➢ 5.03：Service Unavailable，服务端过载或者维护停机，类似 HTTP 503。

➢ 5.04：Gateway Timeout，服务端作为网关时，执行请求时发生超时错误，类似

HTTP 504。

➢ 5.05：Proxying Not Supported，服务端不支持代理功能。

5. Message ID（报文序号）

报文序号，16bit，用于重复消息检测，匹配 ACK/RST 类型的消息和 CON/NON 类型的消息，即一组对应的 CoAP 协议请求和响应使用相同的 Message ID。每个 CoAP 协议报文都有一个 Message ID，在一次会话中 Message ID 总是保持不变，在这个会话结束之后该 Message ID 会被回收利用。

6. Token（标识符具体内容）

标识符具体内容，通过 TKL 指定 Token 长度，有 0 ~ 8 个字节，用于将某个请求和对应的响应关联。CoAP 协议有 3 种不同的请求 / 响应模式：携带模式、分离模式和非确认模式。Token 的分离模式有重要作用，携带模式可以忽略。

7. Options（报文选项）

报文选项，由选项偏移量、选项偏移长度和选项值组成，如图 7-4 所示。

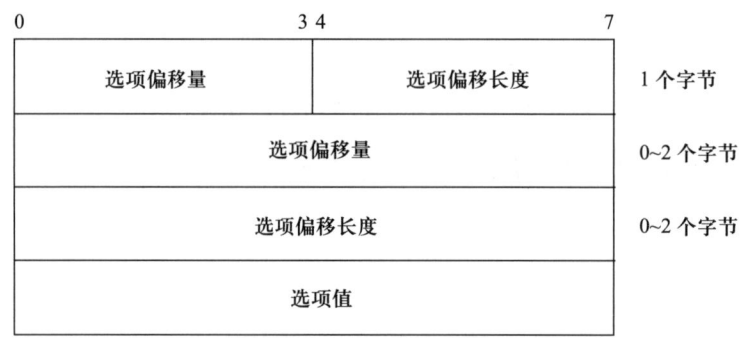

图 7-4　报文选项

具体含义如下：

➢ 选项偏移量：表示 Option 的偏移量，或称为增量，当前的 Option 的具体编号等于之前所有偏移量的总和。

➢ 选项偏移长度：表示选项值的具体长度。

➢ 选项值：表示 Option 具体内容。

选项偏移量中编号定义见表 7-12。

表 7-12 选项偏移量中编号定义

选项值	选项名称	数据类型	长度/字节
1	If-Match	opaque	0 ~ 8
3	Uri-Host	string	1 ~ 255
4	ETag	opaque	1 ~ 8
5	If-None-Match	empty	0
7	Uri-Port	uint	0 ~ 2
8	Location-Path	string	0 ~ 255
11	Uri-Path	string	0 ~ 255
12	Content-Format	uint	0 ~ 2
14	Max-Age	uint	0 ~ 4
15	Uri-Query	string	0 ~ 255
17	Accept	uint	0 ~ 2
20	Location-Query	string	0 ~ 255
35	Proxy-Uri	string	1 ~ 1 034
39	Proxy-Scheme	string	1 ~ 255
60	Size1	uint	0 ~ 4

Option 不是直接确定选项值，而是用选项偏移量的方式确定。第一个选项偏移量 = 11，Option 表示 Uri-Path；第二个选项偏移量 =1，Option 为 11+1=12，表示 Content-Format；第三个选项偏移量 =3，Option 为 11+1+3=15，表示 Uri-Query。

表 7-12 中的选项名称中 Uri-Host、Uri-Port、Uri-Path 和 Uri-Query 等和资源位置有关，Content-Format 和 Accept 用于表示 CoAP 协议消息体的媒体类型。具体内涵如下：

➢ 3：Uri-Host，CoAP 协议主机名称。

➢ 7：Uri-Port，CoAP 协议端口号，默认为 5683。

➢ 11：Uri-Path，资源路由或路径，采用 UTF-8 字符串形式，不包括分隔符"/"。

➢ 12：Content-Format，指定 CoAP 协议复杂媒体类型，媒体类型采用整数描述，见表 7-13。

表 7-13　　　　　　CoAP 协议响应复杂媒体类型的定义

名称	编号	说明
Text/plain	0	表示消息体为字符串形式，默认为 UTF-8 编码
application/link-format	40	CoAP 协议资源发现协议中追加定义，该媒体类型为 CoAP 协议特有
application/xml	41	表示消息体类型为 XML 格式
application/octet-stream	42	表示消息体类型为二进制格式
application/exi	47	表示消息体类型为"精简 XML"格式
application/JSON	50	表示二进制 JSON 格式
applicaiton/cbor	60	表示简明二进制对象描述

注：CoAP 协议中关于媒体类型的定义比较简单，未来会根据实际情况扩展。

➢ 15：Uri-Query，访问资源参数，参数与参数之间使用"&"分隔，Uri-Query 和 Uri-Path 之间采用"?"分隔。

以 coap：//coap.me：5683/device/1234CDEF?limit=10&offset=20 为例说明：Uri-Host 示例为 coap.me；Uri-Port 示例为 5683；Uri-Path 示例有 2 个 Uri-Path，分别为 device 和 1234CDEF；Uri-Query 示例有 2 个 Uri-Query，分别为 limit=10 和 offset=20。

➢ 17：Accept，指定 CoAP 协议响应复杂的媒体类型，媒体类型的定义和 Content-Format 相同，见表 7-13。

8. 分隔符

0xFF 为报文选项部分和消息体之间的分隔符。如果消息体长度不为 0，那么用分隔符（0xFF）标志着选项部分的结束和消息体部分的开始；如果没有消息体，则不需要分隔符。

9. 消息体

消息体的长度可以根据 UDP 协议数据包的长度计算出来。

（二）CoAP 协议数据的封装

客户端通过 GET 方法从服务端获得温度传感器数据，CoAP 协议的 URI 如下：

```
coap://www.server.com/temperautre
```

CoAP 协议请求使用 CON 报文服务端接收到 CON 报文必须返回一个 ACK 报文。其中 Message ID 为 0x7D34，Token 为空，Option 的值为字符串形式的 temperature。依据图 7-4，封装好的 CoAP 协议数据如图 7-5 所示。

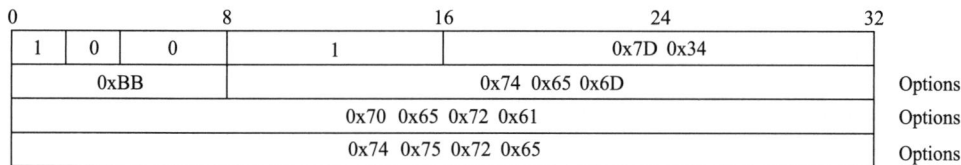

图 7-5 封装好的 CoAP 协议数据

对数据封装后的内容说明如下：

- Ver：值只能为 1。
- T：由于指定为 CON 报文，值为 0。
- TKL：由于无 Token 字段，值为 0。
- Code：由于指定 GET 方法，c.dd 代码为 0.01，值为 1。
- Message ID：指定为 0x7D34。
- Token：无 Token 字段。
- Options：Option 的类型为 Uri-Path，那么选项偏移量的 bit0 ~ bit3 值为 11（0xB），字符串形式的 temperature 转为 HEX 为 0x74 0x65 0x6d 0x70 0x65 0x72 0x61 0x74 0x75 0x72 0x65 后共 11 个字节，因此 bit4 ~ bit7 值为 11（0xB），最终 Options 的 bit0 ~ bit7 值为 0xBB，后面跟着 0x74 0x65 0x6D 0x70 0x65 0x72 0x61 0x74 0x75 0x72 0x65。
- Payload：无 Payload，也不需要 0xFF 分隔符。

封装后的数据流：40 01 7D 34 BB 74 65 6D 70 65 72 61 74 75 72 65。

（三）CoAP 协议数据的解析

服务端接收到 CON 报文必须返回一个 ACK 报文，响应的 Message ID 必须与请求相同。假设返回报文的数据流为 60 45 7D 34 FF 32 32 2E 33 20 43，依据如图 7-3 所示接收到的数据流可以生成如图 7-6 所示的协议数据格式。

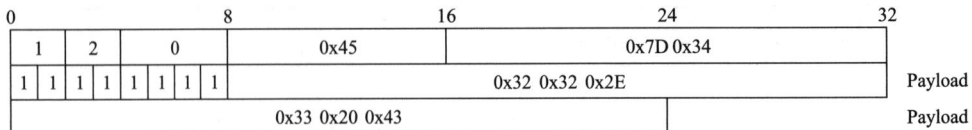

图 7-6 接收到数据流的协议数据格式

对以上数据解析如下：

➢ Ver：值为 1，代表 CoAP 协议版本号。

➢ T：值为 2，依据表 7-11 得知为 ACK 报文。

➢ TKL：值为 0，说明无 Token 字段。

➢ Code：值为 0x45，转为 c.dd 形式为 2.05，接收 OK，回应内容。

➢ Message ID：与请求相同，为 0x7D34。

➢ Token：TKL 值为 0，因此无 Token 字段。

➢ Options：无 Options 字段。

➢ 0xFF：分隔符。

➢ Payload：值为 0x32 0x32 0x2e 0x33 0x20 0x43，将之转换为字符串为 22.3 C，即返回的温度数值为 22.3 ℃。

客户端与服务端之间的通信过程如图 7-7 所示。

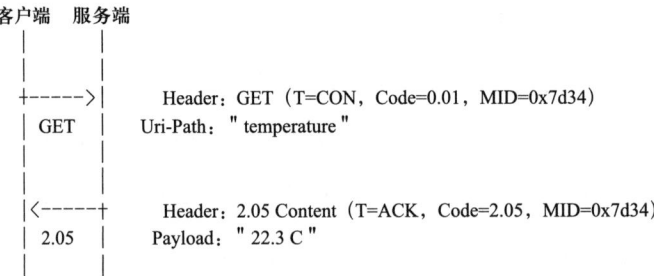

图 7-7 客户端与服务端之间的通信过程

第二节　数据的通信

本节阐述如何通过 Wi-Fi 通信模块与 emqttd（MQTT 消息服务端）为例，实现 MQTT 协议数据通信应用开发，以及如何通过网络调试助手等工具实现 CoAP 协议数据收发应用。

考核知识点及能力要求：

- 理解 MQTT 协议中订阅/发布等相关函数的功能。
- 了解 CoAP 协议数据流相关知识。
- 能搭建开发环境、创建工程、编写代码并使用相关软件进行下载。
- 掌握运用轻量级协议（如 MQTT、CoAP 等），实现数据通信的能力。

一、MQTT 协议数据通信

（一）环境搭建

1. 硬件环境搭建

如图 7-8 所示，PC 通过无线上网卡开放一个热点，Wi-Fi 通信模块连上热点。PC 再开启一个 emqttd 软件，Wi-Fi 通信模块进行连接请求。MQTT 消息服务端连接成功，Wi-Fi 通信模块开始向 emqttd 软件进行订阅主题和发布消息等操作，最后通过 Wireshark 软件进行数据分析。（注：如果 Wi-Fi 通信模块连接 MQTT 消息服务端失败，可以查看是否关闭 PC 的 Windows 防火墙以及防病毒软件。）

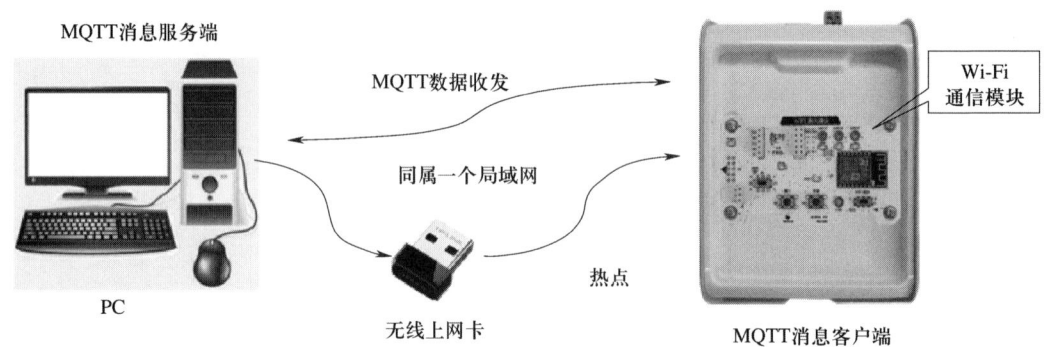

图 7-8　MQTT 协议数据通信硬件环境搭建图

2. 软件环境搭建

（1）Wireshark。Wireshark 是非常流行的网络数据包分析软件，可以截取各种网络数据包并显示数据包详细信息。双击"Wireshark-win64-3.6.2.exe"文件，按照软件提示连续单击"Next"键，直到安装完成。打开"Wireshark"，捕获界面中选择 IP 地址为 192.168.137.1 的无线上网卡，如图 7-9 所示。

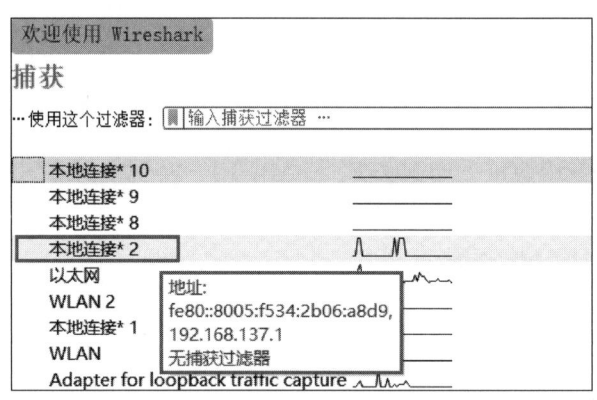

图 7-9　捕获界面中选择需要抓包的设备

这里的名称为"本地连接 *2"，每台 PC 的名称都不相同，但 IP 地址就是前面查到的无线上网卡生成移动热点的 IP 地址。操作完成后就可以抓取相关数据包，为避免其他无用的数据包影响分析，可以在过滤栏设置过滤条件"ip.addr == 192.168.137.1 and tcp"，输入完成按回车键或鼠标单击右面的右箭头，如图 7-10 所示。

（2）ESP_IDE 开发软件、emqttd 软件等。详细步骤可参考后续章节，这里不赘述。

图 7-10　过滤栏设置的过滤条件

（二）代码完善

1. 服务端 IP 地址等参数配置

在"..\app\include\mqtt_config.h"文件中，将 IP 地址修改为无线上网卡生成的移动热点 IP 地址；热点名称跟热点密码修改为 PC 开放的移动热点；服务端用户名跟密码为 emqttd 软件默认数据。代码如下：

```
#define   MQTT_HOST          "192.168.137.1"        // IP 地址
#define   MQTT_PORT          1883                   // 端口号
#define   MQTT_CLIENT_ID     "mqttjs_ffc4c09d0f"    // 客户端 ID
#define   MQTT_USER          "admin"                // 服务端用户名
#define   MQTT_PASS          "public"               // 服务端密码
#define   STA_SSID           "newland"              // Wi-Fi 热点名称
#define   STA_PASS           "12345678"             // Wi-Fi 热点密码
```

2. 订阅主题函数

在"..\app\mqtt\mqtt.c"文件中，调用 MQTT_Subscribe ( ) 函数进行主题的订阅，参数 1 是 MQTT 消息客户端对象，参数 2 是主题过滤器，参数 3 是订阅质量。通过 QUEUE_Puts ( ) 函数将订阅主题主题报文写入队列当中，之后安排系统任务。代码如下：

```
BOOL ICACHE_FLASH_ATTR MQTT_Subscribe (MQTT_Client *client, char* topic, uint8_t qos)
{
    uint8_t   dataBuffer[MQTT_BUF_SIZE];    // 解析后报文缓存（1204 字节）
    uint16_t  dataLen;                      // 解析后报文长度
    // 配置【SUBSCRIBE】报文，并获取【SUBSCRIBE】报文 [ 指针 ]、[ 长度 ]
    client->mqtt_state.outbound_message=mqtt_msg_subscribe (&client->mqtt_state.
mqtt_connection,topic,  qos,&client->mqtt_state.pending_msg_id);
    INFO ("MQTT:  queue  subscribe,  topic\"%s\",  id: %d\r\n", topic, client->mqtt_state.pending_msg_id);
```

```
    // 将报文写入队列，并返回写入字节数（包括特殊码）
    while (QUEUE_Puts (&client->msgQueue, client->mqtt_state.outbound_
message->data, client->mqtt_state.outbound_message->length) == -1)
    {
        INFO ("MQTT: Queue full\r\n");
        // 解析队列中的报文
        if (QUEUE_Gets (&client->msgQueue, dataBuffer, &dataLen, MQTT_
BUF_SIZE) == -1)   // 解析失败 = -1
        {
            INFO ("MQTT: Serious buffer error\r\n»);
            return    FALSE;
        }
    }
    system_os_post (MQTT_TASK_PRIO, 0, (os_param_t) client);  // 安排任务

    return    TRUE;
}
```

3. 发布消息函数

在"..\app\mqtt\mqtt.c"文件中，调用 MQTT_Publish ( ) 函数进行消息的发布，参数 1 是 MQTT 消息客户端对象，参数 2 是主题名指针，参数 3 是发布消息的有效载荷指针，参数 4 是有效载荷的长度，参数 5 是发布消息的质量，参数 6 是是否保留消息。先配置发送消息报文，之后将报文写入队列并向系统安排任务，这样就向队列当中成功写入了订阅主题报文和发布消息报文。代码如下：

```
BOOL ICACHE_FLASH_ATTR MQTT_Publish (MQTT_Client *client, const
char* topic, const char* data, int data_length, int qos, int retain)
{
    uint8_t    dataBuffer[MQTT_BUF_SIZE];  // 解析后报文缓存（1204 字节）
    uint16_t   dataLen;                    // 解析后报文长度

    // 配置【PUBLISH】报文，并获取【PUBLISH】报文 [ 指针 ][ 长度 ]
```

```c
    client->mqtt_state.outbound_message = mqtt_msg_publish (&client->mqtt_
state.mqtt_connection,
      topic,   data,   data_length,
      qos,   retain,
      &client->mqtt_state.pending_msg_id);

    if (client->mqtt_state.outbound_message->length == 0) // 判断报文是否正确
    {
        INFO ("MQTT: Queuing publish failed\r\n");
        return   FALSE;
    }
    // 串口打印:【PUBLISH】报文长度(队列装填数量/队列大小)
    INFO ("MQTT: queuing publish, length: %d, queue size (%d/%d) \r\n",
client->mqtt_state.outbound_message->length, client->msgQueue.rb.fill_cnt,
client->msgQueue.rb.size);
    // 将报文写入队列,并返回写入字节数(包括特殊码)

    while (QUEUE_Puts (&client->msgQueue, client->mqtt_state.outbound_
message->data, client->mqtt_state.outbound_message->length) == -1)
    {
        INFO ("MQTT: Queue full\r\n");   // 队列已满
        // 解析队列中的数据包

        if (QUEUE_Gets (&client->msgQueue, dataBuffer, &dataLen, MQTT_
BUF_SIZE) == -1) // 解析失败 = -1
        {
            INFO ("MQTT: Serious buffer error\r\n");
            return   FALSE;
        }
    }
    system_os_post (MQTT_TASK_PRIO, 0, (os_param_t) client);   // 安排任务

    return   TRUE;
}
```

4. 调用订阅/发布消息函数

在"..\app\user\user_main.c"文件中，通过调用订阅主题 MQTT_Subscribe ( ) 函数传入 MQTT 协议主题，通过 MQTT_Publish ( ) 函数向主题发送数据。代码如下：

```
MQTT_Subscribe (client,    "/mqtt/topic/0",    0);
MQTT_Subscribe (client,    "/mqtt/topic/1",    1);
MQTT_Subscribe (client,    "/mqtt/topic/2",    2);

MQTT_Publish (client,    "/mqtt/topic/0",    "hello0",   6,   0,   0);
MQTT_Publish (client,    "/mqtt/topic/1",    "hello1",   6,   1,   0);
MQTT_Publish (client,    "/mqtt/topic/2",    "hello2",   6,   2,   0);
```

（三）效果演示

程序编译下载完成，将 Wi-Fi 通信模块启动。使用串口调试助手工具进行数据显示。可以看到 Wi-Fi 通信模块分配的 IP 地址和网关地址，这里的网关地址也就是无线上网卡生成移动热点的 IP 地址，串口调试助手工具接收到的 MQTT 消息客户端发来的信息，如图 7-11 所示。

串口调试助手工具接收到 MQTT 消息服务端发来的消息，如图 7-12 所示。

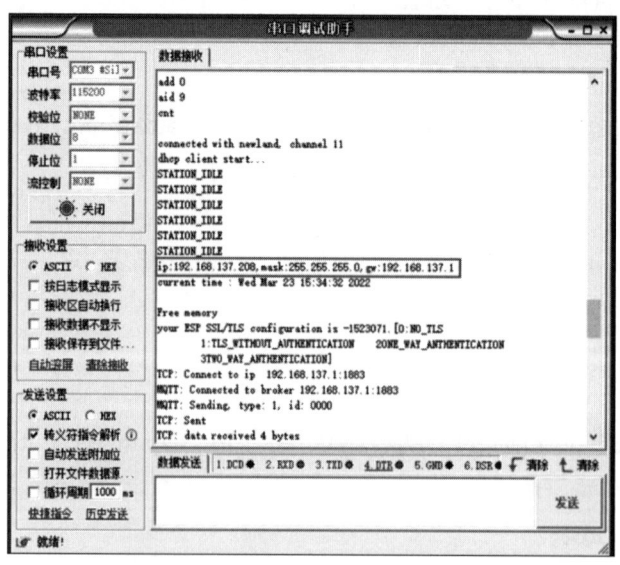

图 7-11　串口调试助手工具接收到的 MQTT 消息客户端发来的信息

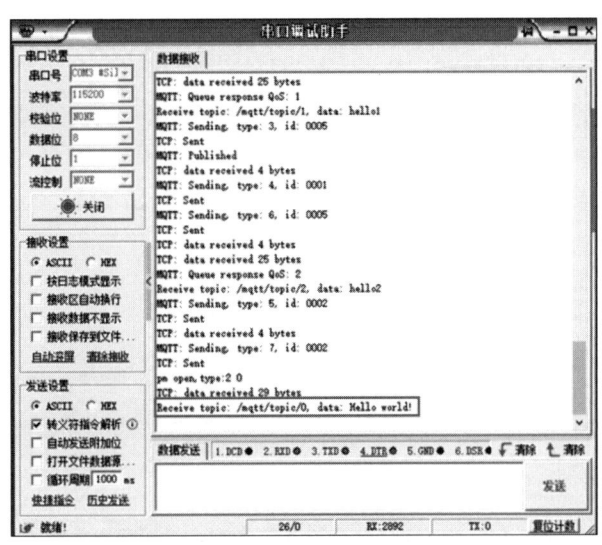

图 7-12　串口调试助手工具接收到的 MQTT 消息服务端发来的信息

使用 Wireshark 抓取过程中的全部数据包，如图 7-13 所示。

其中，第一条数据为 Wi-Fi 通信模块向 emqttd 软件发送 SYN 包，申请建立 TCP 协议连接；第二条数据为 emqttd 软件发送对 SYN 包的确认包（SYN/ACK）；第三条数据为 Wi-Fi 通信模块收到 SYN/ACK 后申请建立 MQTT 协议服务端连接的 Connect 报文；第四条数据为 emqttd 软件收到 Connect 报文之后回复的 ConnectAck 报文。

MQTT 协议建立连接，后面为 Wi-Fi 通信模块的 Subscribe 订阅消息请求报文和 emqttd 软件回复的 SubAck 订阅消息确认报文。

Wireshark 可以对抓到的数据协议进行分析，对第三条 Connect 报文内容的分析如图 7-14 所示。

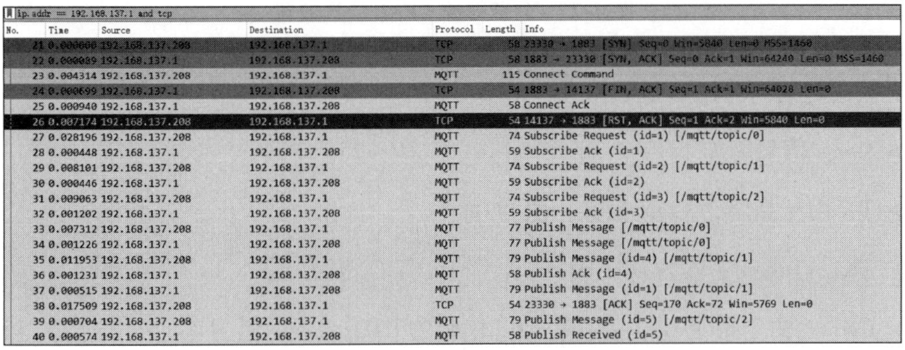

图 7-13　Wireshark 抓取到的数据包

图 7-14 Wireshark 分析第三条 Connect 报文内容

二、CoAP 协议数据通信

（一）生成数据流

利用 ETSI 提供的 CoAP 协议服务端来说明如何进行 CoAP 协议数据通信。通信参数如下：CON 报文、Code=0.01（GET 方法）、Token 值为 0x0501、Option 的值为字符串 test。

依据图 7-3，封装好的 CoAP 协议数据如图 7-15 所示。

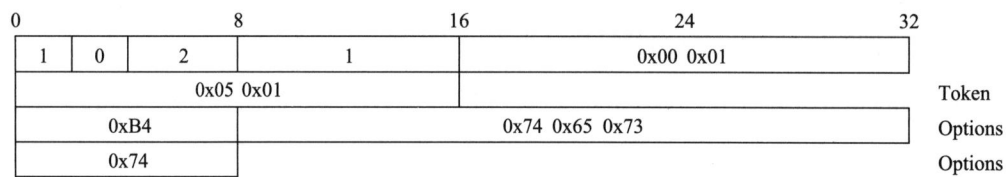

图 7-15 封装好的 CoAP 协议数据

对数据封装内容说明如下：

➢ Ver：值只能为 1。

➢ T：由于指定为 CON 报文，值为 0。

➢ TKL：Token 字段为 0x0501，2 个字节，TKL 值为 2。

➢ Code：由于指定 GET 方法，c.dd 代码为 0.01，Code 值为 1。

➢ Message ID：指定为 0x00 0x01。

➢ Token：0x0501。

➢ Options：Option 的类型为 Uri-Path，那么选项偏移量的 bit0～bit3 值为 11（0xB），字符串形式的 test 转为 HEX 为 0x74 0x65 0x73 0x74，共 4 个字节，因此 bit4～bit7 值为 4，最终 Options 的 bit0～bit7 值为 0xB4，后面跟着 0x74 0x65 0x73 0x74。

➢ 0xFF 分隔符和 Payload：无 Payload，也不需要 0xFF 分隔符。

封装后的数据流：42 01 00 01 05 01 B4 74 65 73 74。

（二）发送 CoAP 协议数据

使用热键 Win+R 打开运行，输入"cmd"，ping 一下 coap.me，得到远程主机的 IP 地址，如图 7-16 所示。

图 7-16　通过 ping 得到远程主机的 IP 地址

打开网络调试助手工具，输入远程主机 IP 地址和端口"134.102.218.18：5683"，发送和接收均选中"HEX"，在发送窗口填入上面得到的 CoAP 协议数据流，单击"发送"，就可以接收到服务端的回复数据，如图 7-17 所示。

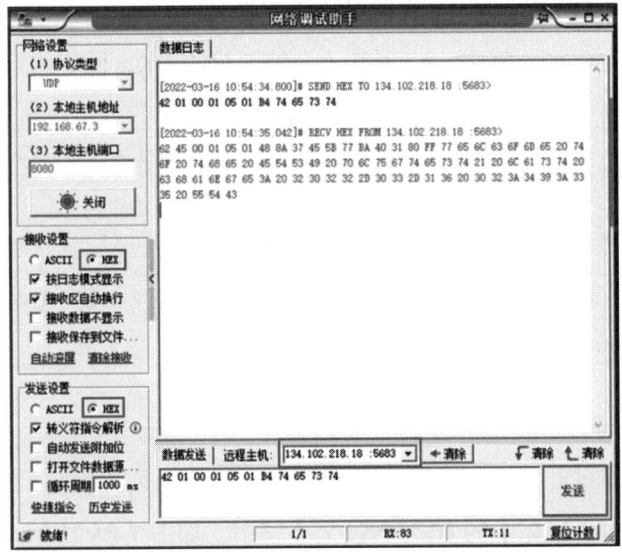

图 7-17　网络调试助手工具发送和接收到的数据

(三)接收 CoAP 协议数据

接收到一个 ACK 报文的数据流(62 45 00 01 05 01 48 8A 37 45 5B 77 BA 40 31 80 FF 77 65 6C 63 6F 6D 65 20 74 6F 20 74 68 65 20 45 54 53 49 20 70 6C 75 67 74 65 73 74 21 20 6C 61 73 74 20 63 68 61 6E 67 65 3A 20 32 30 32 32 2D 30 33 2D 31 36 20 30 32 3A 34 39 3A 33 35 20 55 54 43),将接收到的数据流生成如图 7-18 所示的协议格式。

0	8	16	24	32	
1 2 2	0x45	0x00 0x01			
	0x05 0x01			Token	
0x48		0x8A 0x37 0x45		Options1	
	0x5B 0x77 0xBA 0x40			Options1	
0x31				Options1	
0x80				Options2	
0xFF		0x77 0x65 0x6C		Payload	
	...			Payload	

图 7-18 接收到数据流的协议格式

对以上数据格式解析如下:

➢ Ver:值为 1,代表 CoAP 协议版本号。

➢ T:值为 2,依据表 7-11 得知为 ACK 报文。

➢ TKL:值为 2,说明 Token 字段有 2 个字节。

➢ Code:值为 0x45,转为 c.dd 形式为 2.05,接收 OK,回应内容。

➢ Message ID:与请求相同,同样是 0x0001。

➢ Token:值为 0x0501。

➢ Options:第一字节为 0x48,则 OptionNO=4(ETag),OptionLen=8,紧跟着 0x48 后面为 8 个字节和数据值:0x8A 0x37 0x45 0x5B 0x77 0xBA 0x40 0x31。其后为第二个 Options 段,第一字节为 0x80,则 OptionNO=4+8(content-format),OptionLen=0,后面无数据值。

➢ 0xFF:分隔符。

➢ Payload:将消息体中的 HEX 转换为字符串,如图 7-19 所示。

转换结果为 welcome to the ETSI plugtest! last change: 2022-03-16 02:49:35 UTC。

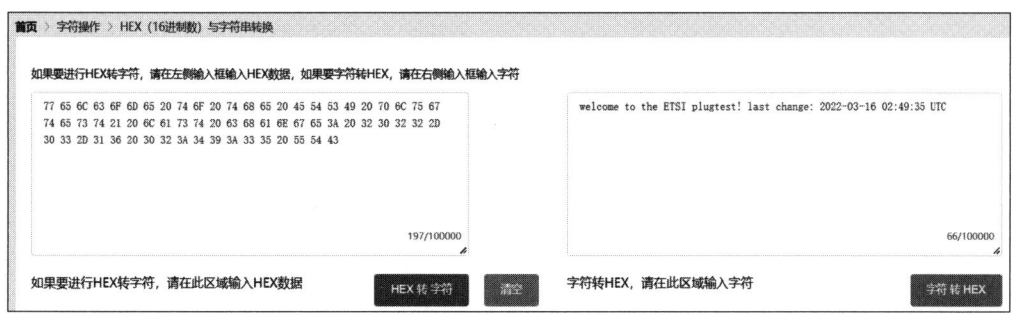

图 7-19　HEX 转换为字符串

思考题

1. 数据封装和解析包括哪些层面？

2. MQTT 和 CoAP 协议分别构建于什么协议之上？

3. MQTT 协议中从消息传递的角度来看包括哪几个角色？

4. 在 MQTT 协议中，数据包由什么构成？

5. 在 MQTT 协议中使用到的 QoS 有什么等级，含义是什么？

6. 在 MQTT 协议中心跳间隔时间最大值可以设置为多长时间？当设置为 0 时功能是什么？

7. 什么叫 M2M 通信？

8. CoAP 协议报文头部以固定的多少字节开始？

9. CoAP 协议的 Code 值为 2.05 的功能是什么？

10. CoAP 协议中服务端接收到 CON 报文必须返回什么报文？

11. emqttd 软件中使用守护进程模式启动的命令是什么？

12. Wireshark 软件只显示源主机 IP 地址或者目的主机 IP 地址为 192.168.137.1 的数据包时，过滤条件应该如何编写？

第八章
智能家居项目

"我回来了!"走进某互联网企业的智能家居样板间,只需轻唤一声,房间内的灯光、窗帘、空调等家居设施便应声启动。在客厅,人们只需动动嘴就能调节灯光的强弱;在厨房,智能报警系统随时监控燃气、水、电的安全;在卧室,清晨不用起身就能拉开窗帘享受阳光……

智能家居是物联网影响下的物联化范例。与传统的家居相比,智能家居不仅具有传统的居家功能,还有网络通信、信息加点、设备自动化等功能,是集系统、结构、服务、管理于一体的高效、舒适、安全、环保的居住环境,如图 8-1 所示,展示了智能家居的应用场景。

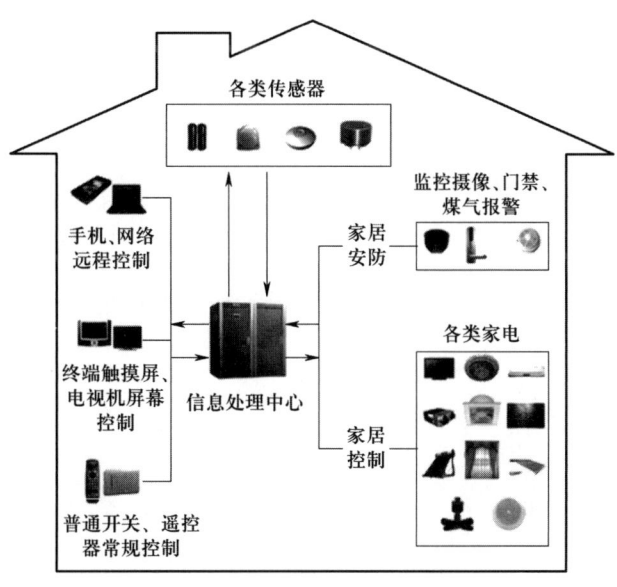

图 8-1 智能家居的应用场景

第一节　智能家居项目概述

本节阐述以某 32 位单片机、Wi-Fi 通信模块为例，对传感器数据采集、单片机开发、自定义通信协议开发、物联网轻量级协议开发进行综合运用。

考核知识点及能力要求：
- 能够依据不同工作任务的特点选取相关传感器。
- 能够根据物联网应用场景需求，比较、选择单片机型号。
- 能够识读相关模块电路图和数据手册。

一、建设背景

我们的生活随着科技的日新月异而不断变化，特别是在网络与智能技术高速发展的驱动下，物联网与智能设备无疑成为热点，带动了多个相关行业的快速增长。智能家居是在物联网影响之下物联化的体现。智能家居以住宅为平台，利用综合布线、网络通信、自动控制等技术，将家居生活有关的设施集成，旨在构建高效的住宅设施与家庭日常事务的管理系统，提升家居的安全性、便利性、舒适性。

本单元介绍如何通过物联网技术将家中常用的设备（照明系统、窗帘控制等）连接在一起，提供照明控制、家电控制、环境监测等多种功能和手段。阐述如何通过 32 位单片机实现光敏传感器数据的采集，并通过 Wi-Fi 通信模块实现 MQTT 协议远程控制灯、窗帘等功能。

二、功能概述

随着物联网技术的高速发展，人们的生活也在不知不觉中发生变化。智能家居由于其安全、方便、高效、快捷、智能等特点，已经逐渐成为社会和家庭青睐的对象。智能家居项目主要功能如图8-2所示。

如图8-3所示，PC通过无线上网卡开放一个热点，Wi-Fi通信模块连接热点、MQTT协议成功。32位单片机将采集到的光敏传感器数据，通过自定义通信协议透传到Wi-Fi通信模块上，并通过Wi-Fi通信模块发布到MQTT消息服务端上；同时订阅相关主题，等待MQTT消息服务端下发数据，实现控制窗帘模块、灯光模块的功能。

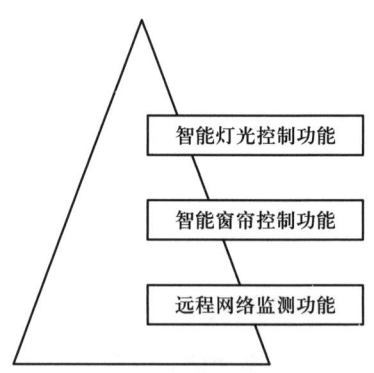

图8-2 智能家居项目的主要功能

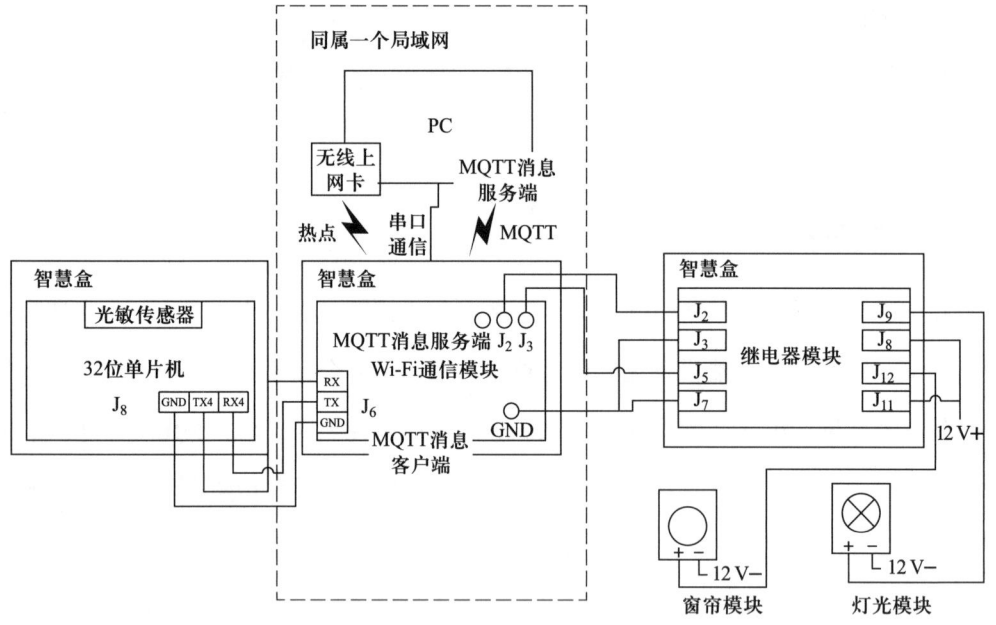

图8-3 智能家居项目拓扑图

（一）智能灯光控制功能

智能灯光控制功能是指利用某32位单片机、光敏传感器，实现对灯光的智能管理。通过住宅环境的自然光来控制灯光的开关，通过控制灯光的开关来调节室内灯光亮度，从而达到智能照明方便、节能的目的。当然除此之外，读者还可以通过智能手机控制、定时控制等多种控制方式去实现相关功能。

（二）智能窗帘控制功能

智能窗帘控制功能是指利用 Wi-Fi 通信模块、emqttd 软件，通过 MQTT 协议订阅/发布消息，实现对窗帘的智能管理。

（三）远程网络监控功能

远程网络监控分为两部分，即通过网络进行远程监测和通过网络监控进行远程控制。此处的远程监控是指对室内光照数据进行监测；远程控制是指通过网络对室内设备进行控制，如窗帘控制等。

第二节　智能家居项目应用开发

本节介绍智能家居项目开发案例，先阐述如何进行软硬件环境的搭建，再阐述如何进行功能开发，包含智能灯光控制功能、智能窗帘控制功能、远程网络监测功能，最后对开发过程中产生的问题的解决方法进行总结。

考核知识点及能力要求：

- 掌握相关传感器（模拟量、开关量、数字量）数据采集的能力。
- 掌握自定义通信协议应用开发的能力。
- 能搭建开发环境、创建工程、编写代码，并使用仿真器进行代码调试下载。
- 掌握运用轻量级协议（MQTT 协议），实现数据通信的能力。
- 能细心地排查在开发过程中出现的问题。

一、环境搭建

根据智能家居项目方案进行功能的开发。先对硬件环境进行搭建，然后对使用到的设备进行相关开发软件的安装。软硬件环境搭建完成之后，进行功能开发。

（一）硬件环境搭建

智能家居项目需要使用 32 位单片机与 Wi-Fi 通信模块，如图 8-4 所示。某硬件环境搭建需要进行如下操作：①取 1 块 32 位单片机与 1 个光敏传感器组成采集端；②取 1 块 Wi-Fi 通信模块作为汇聚端；③取 1 块继电器模块与 1 块指示灯模块、1 块报警灯模块（模拟窗帘模块）作为控制端；④PC 通过无线上网卡开启一个热点，开启 MQTT 消息服务端，等待 Wi-Fi 通信模块连接；⑤Wi-Fi 通信模块连接成功后，接收采集端发送过来的光照数据，通过 MQTT 协议发布到 EMQ 管理控制台显示，通过 EMQ 管理控制台发消息，实现控制灯光、窗帘的功能。

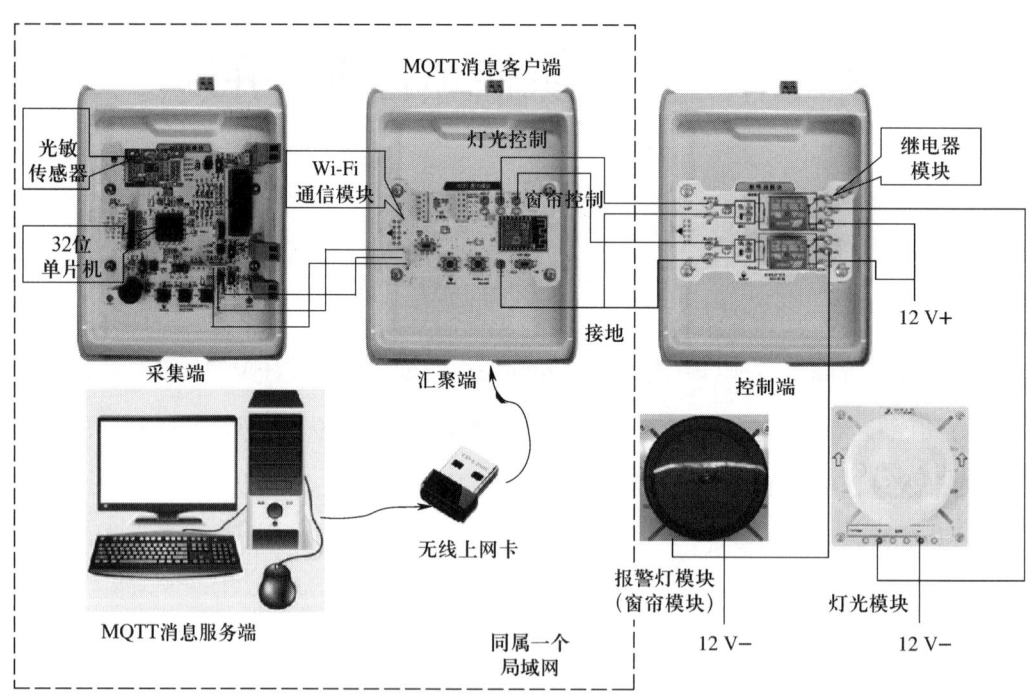

图 8-4　智能家居项目硬件环境搭建图

（二）软件环境搭建

1. 安装无线上网卡

将无线上网卡插到 PC 的 USB 接口中，PC 会自动弹出驱动安装对话框，如图 8-5 所示。

图 8-5　弹出的驱动安装对话框

在弹出的对话框中单击"运行 SetupInstall.exe"，网卡会自动安装驱动程序，安装完成后即可正常使用。若 PC 未弹出驱动安装的对话框，在设备和驱动器中找到带有无线上网卡（比如：TP-Link）标识的 CD 驱动器，如图 8-6 所示。

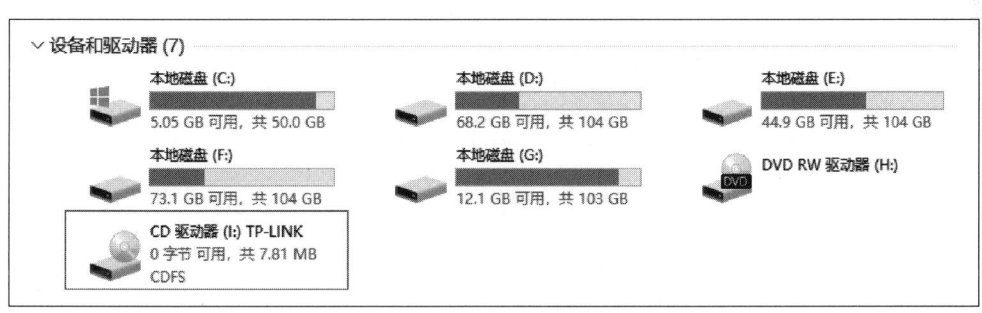

图 8-6　带 TP-Link 标识的 CD 驱动器

打开 CD 驱动器，运行里面的"SetupInstall.exe"文件。驱动安装完成后，PC 中的 CD 驱动器会自动消失。

打开"设置 –> 网络和 Internet–> 移动热点"，单击"编辑"，如设置网络名称为 newland，网络密码为 12345678，网络频带为 2.4 GHz，如图 8-7 所示。

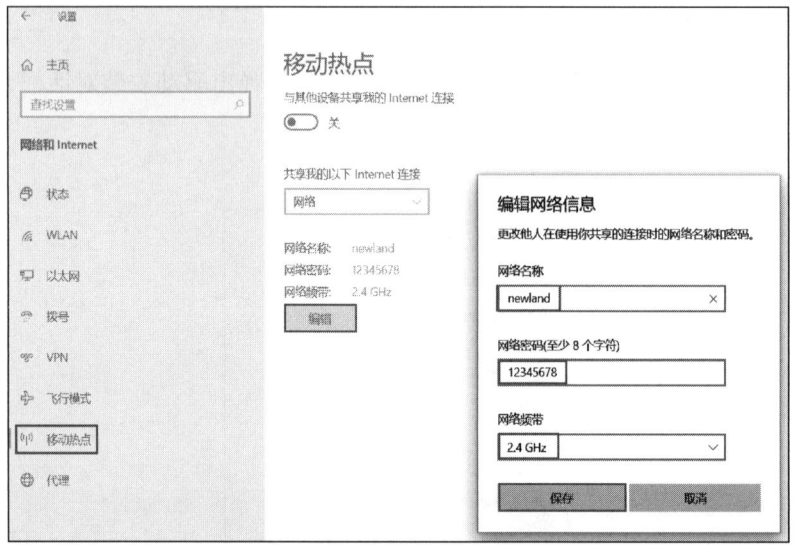

图 8-7 编辑网络信息

打开移动热点，如图 8-8 所示。

图 8-8 打开移动热点

查看无线上网卡生成移动热点的 IP 地址，使用热键 Win+R 打开运行窗口，输入"cmd"，如图 8-9 所示。

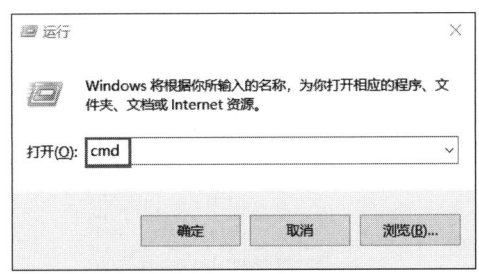

图 8-9　运行中输入 cmd 命令

单击"确定",在命令提示符窗口的命令行中输入"ipconfig /all",找到无线上网卡生成移动热点的 IP 地址,如图 8-10 所示。

图 8-10　无线上网卡生成移动热点的 IP 地址

2. 安装和管理 emqttd 软件

emqttd(erlang mqtt broker)软件是采用 Erlang 语言开发的开源 MQTT 消息服务端,可以承载移动终端或物联网终端大量的 MQTT 协议连接,并实现大量终端间快速低延时消息路由。将本书配套资源中的"emqttd-windows10-v2.3.11.zip"文件解压到非中文的目录中。如在 D 盘根目录下,打开命令提示符,输入"cd /d d:\emqttd\bin",如图 8-11 所示。

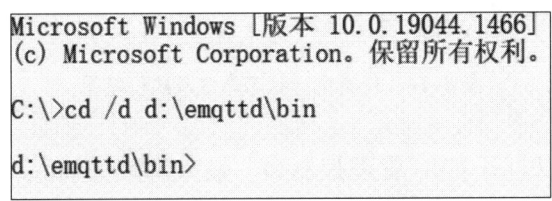

图 8-11　cd 命令及执行结果

启动控制台调试模式,输入"emqttd console",控制台启动后会打印一些信息,如图 8-12 所示。

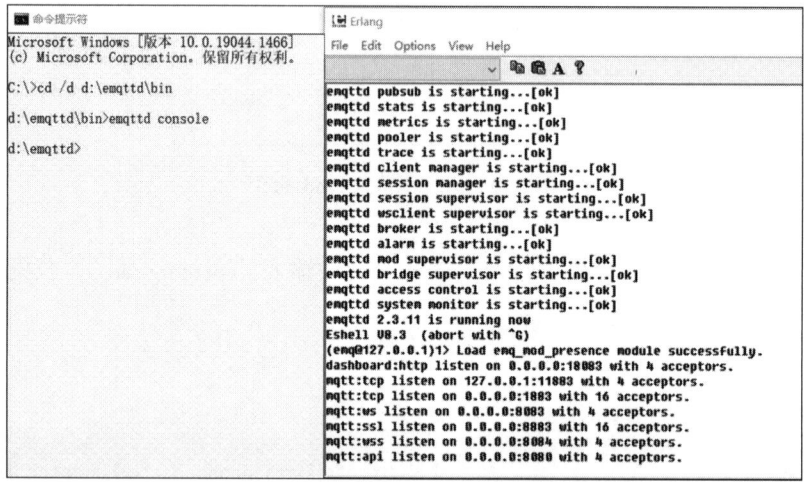

图 8-12　控制台启动命令及显示的信息

用热键 CTRL+C 关闭控制台,使用守护进程模式启动,输入"cd bin"和"emqttd start",如图 8-13 所示。

```
d:\emqttd>cd bin
d:\emqttd\bin>emqttd start
```

图 8-13　守护进程模式命令

查看运行状态,输入"cd bin"和"emqttd_ctl status",如图 8-14 所示。

```
d:\emqttd>cd bin

d:\emqttd\bin>emqttd_ctl status
Node 'emq@127.0.0.1' is started
emqttd 2.3.11 is running

d:\emqttd\bin>
```

图 8-14　查看运行状态命令及执行结果

在浏览器中可以打开 EMQ 管理控制台,输入网址为 http：//localhost：18083/ 或 http：//127.0.0.1：18083,用户名为 admin,密码为 public,如图 8-15 所示。

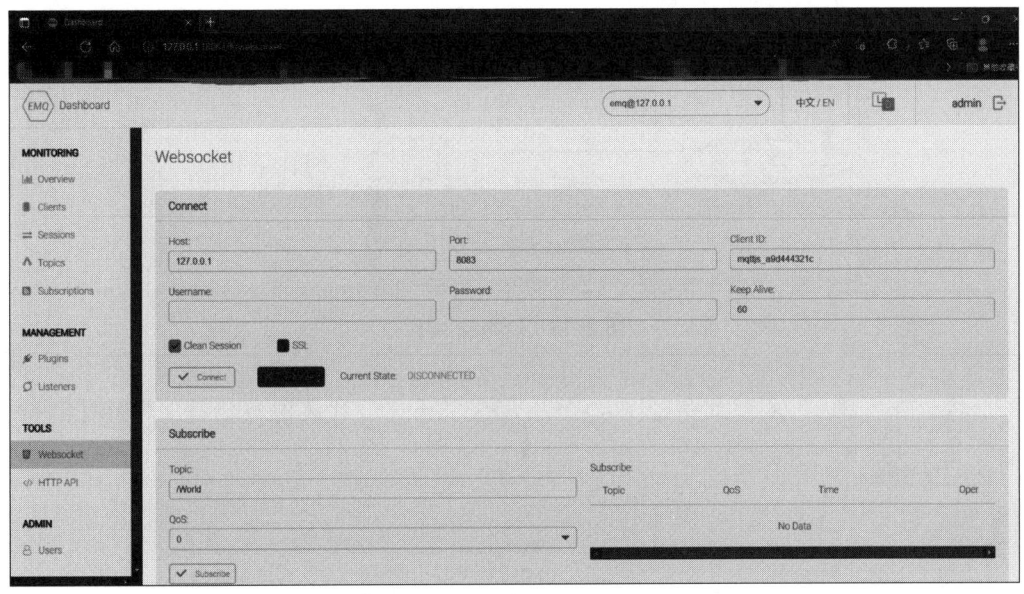

图 8-15　EMQ 管理控制台

3. 安装 ESP_IDE 开发软件

Wi-Fi 通信模块基于 ESP_IDE 开发软件进行工程代码开发，ESP_IDE 资源包如图 8-16 所示。

双击"cygwin"解压到路径"~ : \ESP8266"下（~代表磁盘盘符），如图 8-17 所示。

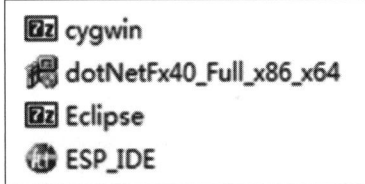

图 8-16　ESP_IDE 资源包

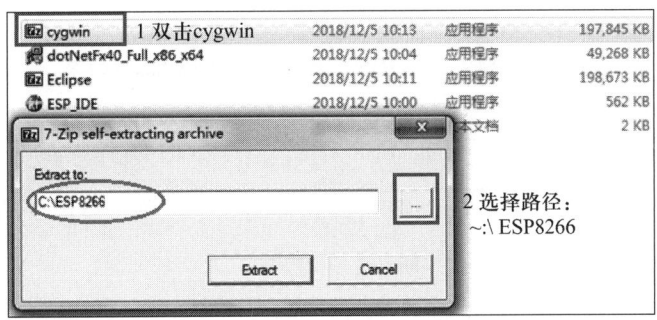

图 8-17　cygwin 解压

双击"Eclipse"解压到路径"~ : \ESP8266"下（~代表磁盘盘符），如图 8-18 所示。

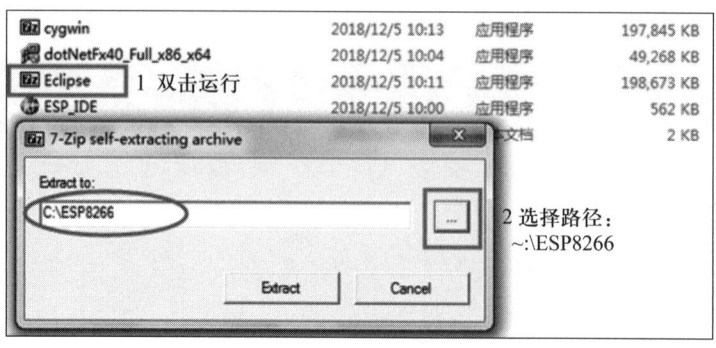

图 8–18　Eclipse 解压

将"ESP_IDE"复制到路径"~:\ESP8266"下（~代表磁盘盘符），如图 8–19、图 8–20 所示。

图 8–19　ESP_IDE 复制

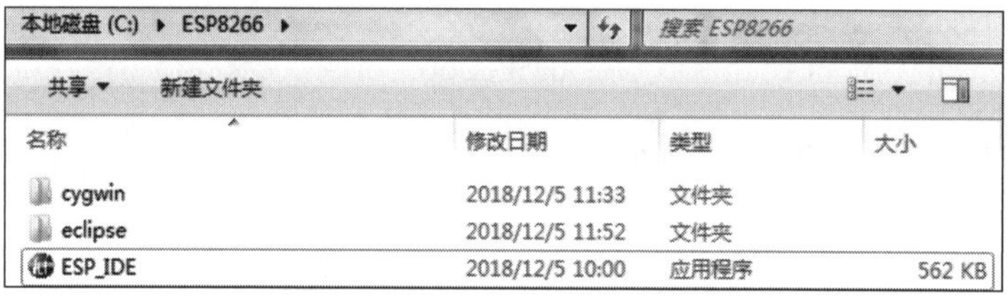

图 8–20　将"ESP_IDE"复制到 ~:\ESP8266 目录

双击文件夹"ESP8266"下的"ESP_IDE"，这个时候弹出的窗口会自动匹配 Eclipse 和 cygwin 的路径。如果 Eclipse 和 cygwin 路径不正确，可以手动配置 Eclipse 和 cygwin 的路径，配置路径如图 8–21 所示。

可勾选"Not Ask"，下次启动时将直接按照给定的路径启动 Eclipse。

最后用户单击"OK"按钮即可，然后配置自己的 workspace 路径，配置完单击"OK"，软件就启动了。这个 workspace 路径可以自由定义，但是最好不要放在中文目录下，否则容易出错，如图 8–22 所示。

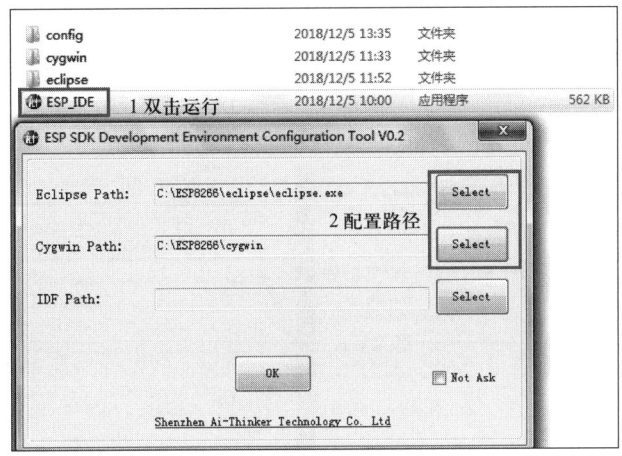

图 8–21　配置路径

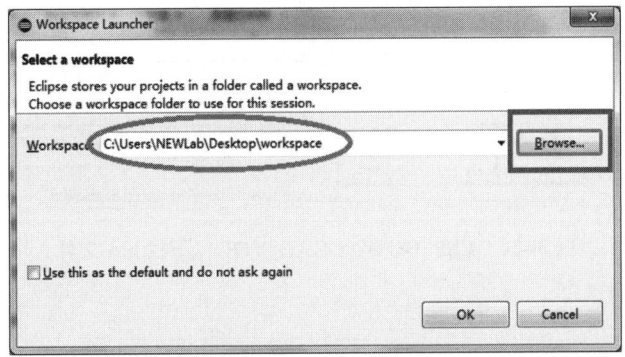

图 8–22　Workspace 路径

4. ESP_DOWNLOAD_TOOL 下载软件

双击下载软件，选择对应的 bin 文件进行配置下载，如图 8-23、图 8-24 所示。

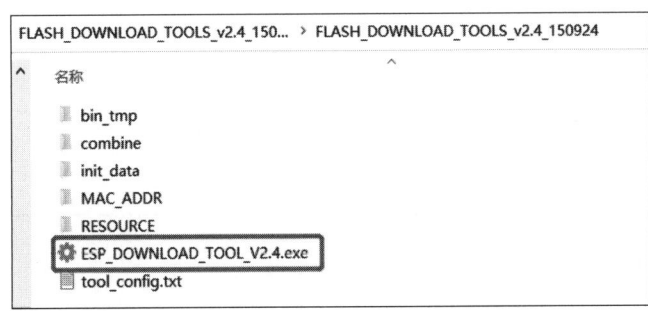

图 8–23　ESP_DOWNLOAD_TOOL 下载软件

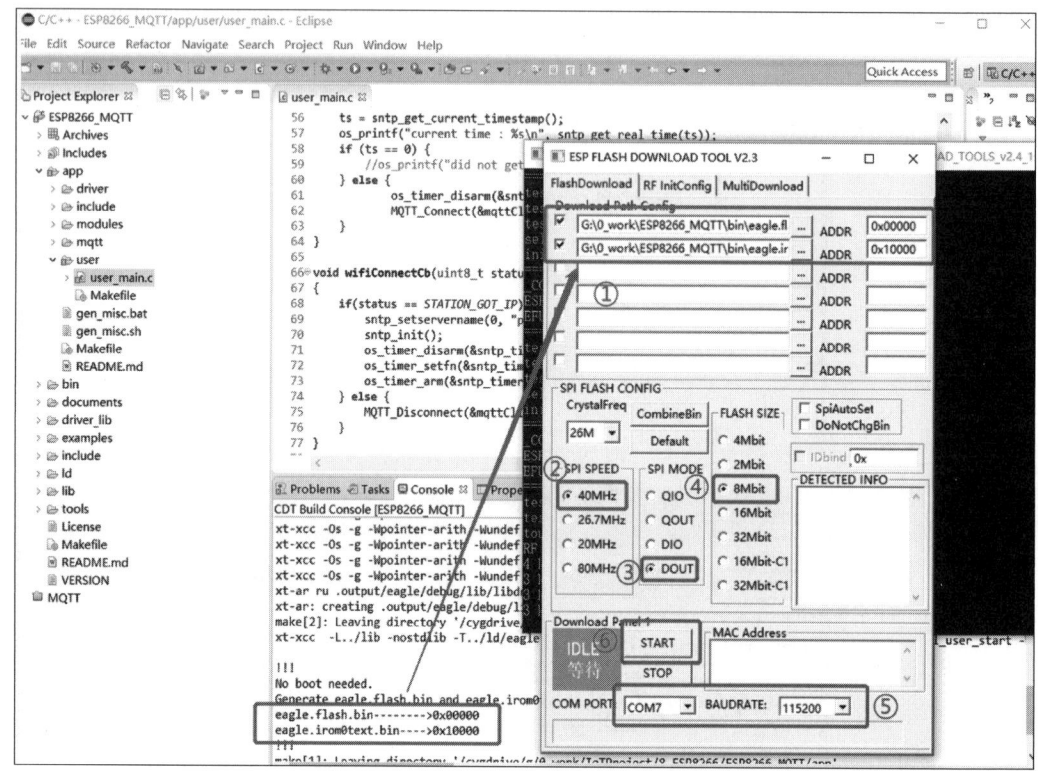

图 8-24　ESP_DOWNLOAD_TOOL 下载 bin 文件

二、功能开发

软硬件环境搭建完成之后，针对项目需求，基于某 32 位单片机、Wi-Fi 通信模块实现灯光控制功能、窗帘控制功能以及远程网络监测功能。

（一）实现智能灯光控制功能

1. 某 32 位单片机

某 32 位单片机采集光敏传感器数据，在"..\M3_UART\Src\main.c"文件中 main( ) 函数中通过自定义串口通信协议，将光照数据透传出去。代码如下：

```
int main(void)
{
```

```c
uint16_t   vol   =   0;
uint8_t SendBuf[128] = {0};

vol   =   Get_Voltage( );
……//   省略其他代码
SendBuf[0] = 0xAA;                           // 帧头
SendBuf[1] = 0x00;                           // 设备地址（高字节）
SendBuf[2] = 0x01;                           // 设备地址（低字节）
SendBuf[3] = 0x06;                           // 光敏传感器（类型）
SendBuf[4] = 0x00;                           // 数据长度（高字节）
SendBuf[5] = 0x02;                           // 数据长度（低字节）
SendBuf[6] = (uint8_t)vol>>8;                // 传感器数据（高字节）
SendBuf[7] = (uint8_t)vol&0xFF;              // 传感器数据（低字节）
SendBuf[8] = 0xFF;                           // 帧尾
SendBuf[9] = CheckSum((uint8_t *)SendBuf,10);           // 校验码

HAL_UART_Transmit(&huart4,(uint8_t  *)SendBuf,10,10);    // 串口透传
HAL_Delay(2000);
}
```

2. Wi-Fi 通信模块

Wi-Fi 通信模块首先对服务端 IP 地址等参数进行配置，待 MQTT 协议连接成功后，通过串口接收到采集端发送过来的光照数据，最后通过 MQTT 协议将光照数据上报到 EMQ 控制台中显示。

（1）服务端 IP 地址等参数配置。在 "..\ ESP8266_MQTT\app\include\mqtt_config.h" 文件中，将 IP 地址修改为无线上网卡生成的移动热点 IP 地址；热点名称与热点密码修改为 PC 端开放的移动热点；服务端用户名与密码为 emqttd 软件默认数据。代码如下：

```c
#define   MQTT_HOST          "192.168.137.1"       // IP 地址
#define   MQTT_PORT          1883                  // 端口号
```

```
#define   MQTT_CLIENT_ID    "mqttjs_ffc4c09d0f"    // 客户端 ID
#define   MQTT_USER         "admin"                // 服务端用户名
#define   MQTT_PASS         "public"               // 服务端密码
#define   STA_SSID          "newland"              // Wi-Fi 热点名称
#define   STA_PASS          "12345678"             // Wi-Fi 热点密码
```

（2）串口接收。在"..\ESP8266_MQTT\app\user\user_main.c"文件中的 user_init( )函数中，对串口进行初始化。代码如下：

```
uart_init(BIT_RATE_115200,  BIT_RATE_115200);
```

在"..\ESP8266_MQTT\app\driver\uart.c"文件中的 uart_recvTask( ) 函数中，对串口接收的数据进行处理。代码如下：

```
LOCA   void   ICACHE_FLASH_ATTR
uart_recvTask(os_event_t  *events)
{
    if(events->sig  ==  0){
#if   UART_BUFF_EN
        Uart_rx_buff_enq( );
#else
        uint8  fifo_len  =  (READ_PERI_REG(UART_STATUS(UART0))>>UART_RXFIFO_CNT_S)&UART_RXFIFO_CNT;
        uint8  d_tmp  =  0;
        uint8  idx  =  0;
        uint8   uartRxBuffer[256]  =  {0};   // 临时接收数据区

        for(idx=0;idx<fifo_len;idx++){
            d_tmp  =  READ_PERI_REG(UART_FIFO(UART0))  &  0xFF;
            uartRxBuffer[idx]  =  d_tmp;
        }
```

```
            // 将串口接收到数据进行封装
            getSensor(uartRxBuffer);

            WRITE_PERI_REG(UART_INT_CLR(UART0),   UART_RXFIFO_FULL_INT_
CLR|UART_RXFIFO_TOUT_INT_CLR);
            uart_rx_intr_enable(UART0);
#endif
        }else    if(events->sig   ==   1){
    }
}
```

当光照数据低于阈值，则控制灯光模块打开，否则关闭。在"..\ESP8266_MQTT\app\user\user_main.c"文件中的 user_init( ) 函数中，对 I/O 端口进行初始化。代码如下：

```
// 状态灯
PIN_FUNC_SELECT(PERIPHS_IO_MUX_MTDO_U,   FUNC_GPIO4);   // 选择 GPIO4
GPIO_OUTPUT_SET(GPIO_ID_PIN(4),   0);   // 灯光控制
```

在 sensorPublish( ) 函数中，灯光控制功能实现，并将光照数据上传至 EMQ 控制台。代码如下：

```
void   sensorPublish(MQTT_Client   *client)
{
    char   mqtt_message[20];
    memset(mqtt_message,   0,   20);
    if(vol   <   200)
    {
        GPIO_OUTPUT_SET(GPIO_ID_PIN(4),   1);   // 开灯
    }
    else
```

```
    {
        GPIO_OUTPUT_SET(GPIO_ID_PIN(4), 0);    // 关灯
    }
    os_sprintf(mqtt_message, "{\"Light\":%d}", vol);
    MQTT_Publish(client, TOPIC, mqtt_message, sizeof(mqtt_message), 2, 0);
// 发布消息
}
```

(二)实现智能窗帘控制功能

Wi-Fi 通信模块实现窗帘控制功能,在"..\ESP8266_MQTT\app\user\user_main.c"文件中的 user_init( ) 函数中,对窗帘控制 I/O 端口进行初始化。代码如下:

```
// 状态灯
PIN_FUNC_SELECT(PERIPHS_IO_MUX_MTDO_U, FUNC_GPIO5);    // 选择 GPIO5
GPIO_OUTPUT_SET(GPIO_ID_PIN(5), 0);    // 窗帘控制
```

在 mqttDataCb( ) 函数中,实现窗帘控制功能,通过 EMQ 控制台下发"Turn on""Turn off"命令,控制窗帘开关功能。代码如下:

```
void mqttDataCb(uint32_t *args, const char* topic, uint32_t topic_len, const char *data, uint32_t data_len)
{
        char *topicBuf = (char*)os_zalloc(topic_len+1),*dataBuf = (char*)os_zalloc(data_len+1);
        MQTT_Client* client = (MQTT_Client*)args;
        os_memcpy(topicBuf, topic, topic_len);

        topicBuf[topic_len] = 0;
        os_memcpy(dataBuf, data, data_len);
        dataBuf[data_len] = 0;
```

```
                INFO("Receive  topic:  %s,  data:  %s  \r\n», topicBuf, dataBuf);
                if(strcmp(dataBuf,"Turn    on")    ==    0)
                {
                    GPIO_OUTPUT_SET(GPIO_ID_PIN(5),  1);   // 窗帘开
                }
                else  if(strcmp(dataBuf,"Turn    off")   ==   0)
                {
                    GPIO_OUTPUT_SET(GPIO_ID_PIN(5),  0);   // 窗帘关
                }
                else  if(strcmp(dataBuf,"getsensor")   ==   0)
                {
                    sensorPublish(client);
                }
                os_free(topicBuf);
                os_free(dataBuf);
            }
```

（三）实现远程网络监测功能

1. 订阅消息

Wi-Fi 通信模块 MQTT 协议连接成功，EMQ 管理控制台按照默认账号和密码登录成功，选择"Websocket"；按照默认主机参数配置，单击"Connect"；最后在 Subscribe 的 Topic 中输入主题"/mqtt/topic/0"，单击"Subscribe"。如图 8-25 所示。

2. 发布消息

在 Topic 输入主题"/mqtt/topic/0"，输入 Message 为"getsensor"，单击"Send"，在 Message received 列表中可以看到光照数据的上报。如图 8-26 所示。

三、小结

如果 32 位单片机无法采集光敏传感器的光照数据，请查看硬件是否损坏或安装是否错误；若确保硬件无误，查看代码中是否完成 ADC 初始化、ADC 采集等功能函数的编写。

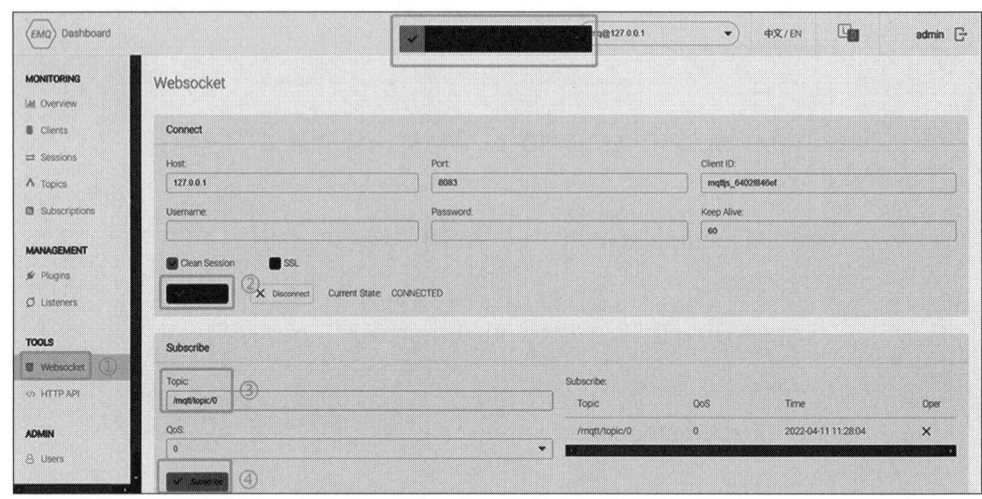

图 8-25 EMQ 管理控制台（订阅消息）

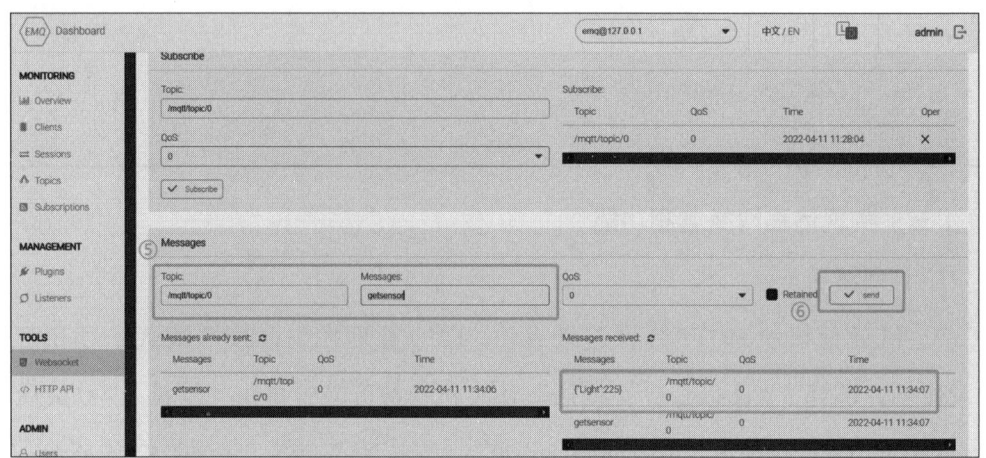

图 8-26 EMQ 管理控制台（发布消息）

如果 Wi-Fi 通信模块未接收到 32 位单片机发送过来的光照数据，请查看硬件是否损坏或接线是否接反接错；若确保硬件连接无误，查看代码中是否完成串口初始化、数据收发等功能函数的编写。

如果 Wi-Fi 通信模块连接 MQTT 消息服务端失败，请关闭 PC 的 Windows 防火墙以及防病毒软件。

如果 Wi-Fi 通信模块无法控制灯光模块亮灭，请查看硬件是否损坏或接线是否接错；若确保硬件无误，查看代码中是否完成 GPIO 初始化、置高置低电平等功能函数的编写。

如果 Wi-Fi 通信模块无法控制窗帘模块开关，请查看硬件是否损坏或接线是否接反接错；若确保硬件无误，查看 MQTT 服务端是否完成连接、下发消息等操作。

思考题

1. Keil 软件开发工具如何进行源码编译、下载、调试等操作？

2. ESP_IDE 软件开发工具如何进行工程源码导入、工程编译等操作？

3. 如果 Wi-Fi 通信模块与 PC 开放的热点属于不同网段，Wi-Fi 通信模块是否能连接上热点？是否能连接上 MQTT 服务端？

4. 在虚拟机下如何搭建 MQTT 服务端？

5. 如果想把 32 位单片机采集光敏传感器功能去掉，通过 Wi-Fi 通信模块采集光敏传感器数据，如何实现？

6. 如果想在 Wi-Fi 通信模块上追加开关量传感器数据，实现传感器数据采集，并且上报到 EMQ 管理控制台，如何实现？

第三篇
物联网组网通信开发

通信技术是物联网的基础,要实现万物互联,离不开各种通信技术的支持。常见的物联网通信技术分为有线通信技术和无线通信技术。通常按照传输媒介(信道)来划分有线通信和无线通信。而根据传输距离的远近,又可将无线通信分为短距离无线通信和长距离无线通信。常见的有线通信技术有EtherNet总线、RS-232总线、RS-485总线、USB总线、CAN总线等;无线通信技术包含短距离的蓝牙、ZigBee、Wi-Fi等,以及长距离的LTE、LoRa、NB-IoT等。

本篇通过介绍RS-485总线、CAN总线的通信应用开发,使读者掌握有线通信协议相关知识;通过介绍ZigBee技术、Wi-Fi技术通信应用开发,使读者掌握无线通信协议相关知识;通过对5G、Wi-Fi6技术的阐述,使读者了解新一代通信技术的应用。

第九章
有线通信开发

有线通信是一种通信方式，它是指传输媒质为架空明线、电缆、光缆和波导等看得见、摸得着的形式的通信。一般来讲，有线通信可靠性强、稳定性强、缺点是连接受限于传播媒介。本单元介绍如何通过 RS-485 总线、CAN 总线进行有线组网的通信开发，使用相应的抓包软件进行数据抓包和分析。

- **职业功能：** 物联网组网通信开发。
- **工作内容：** 有线通信开发。
- **专业能力要求：** 能运用有线通信协议，进行数据封装与解析；能运用总线技术，完成主从通信开发；能完成数据抓包、分析与故障排除。
- **相关知识要求：** 有线通信协议知识；总线技术知识。

第一节 有线通信基础知识

前面章节已经介绍了什么是总线，本节主要对总线工作原理进行讲解，列举 EtherNet 总线、RS-485 总线、CAN 总线相关知识和主要特性，为 RS-485 总线、CAN 总线的通信应用开发奠定基础。

考核知识点及能力要求：

- 掌握总线技术知识。
- 掌握 RS-485 总线、CAN 总线的基本知识。
- 掌握有线通信协议知识。

一、总线工作原理

前面提到总线是计算机内部各模块间或计算机之间的一种通信系统。当总线空闲（其他器件都以高阻态形式连接在总线上）且一个器件要与目的器件通信时，发起通信的器件驱动总线发出地址和数据。其他以高阻态形式连接在总线上的器件如果收到（或能够收到）与自己相符的地址信息，就是接收总线上的数据。发送器件完成通信，将总线让出（输出变为高阻态）。

二、有线组网通信

总线上数据的流向除了芯片级、板级间的通信（如 SPI、I^2C 等），还有设备级、系统级的通信。常见的通信拓扑有一对一、一对多、多对多结构。而组网则是针对一对一和一对多的拓扑，它根据各自使用的协议，实现各个系统间的通信。

有线组网通信指的是设备间通过网线或光纤进行连接，实现数据的通信。常见的有线通信技术有 EtherNet 总线、RS-232 总线、RS-485 总线、CAN 总线等。

（一）EtherNet 总线

EtherNet 总线是目前应用最为普遍的局域网技术。它的所有节点在通信上都是平等的，没有主从站之分。EtherNet 总线使用载波监听多路访问及冲突检测技术，可以避免发送分组冲突，并可以运行在多种类型的电缆上。每个节点在发送数据之前，先监听信道上是否有其他节点发送的载波信号。如果有，说明信道在忙，则继续侦听；如果没有，说明信道是空闲的，随机退避后发送。

（二）RS-485 总线

RS-485 总线和 RS-232 总线一样，都是一种串行总线通信协议标准。RS-485 总线弥补了 RS-232 总线通信距离短、速率低的缺点。RS-485 总线采用差分传输、半双工工作方式，支持多点数据通信。RS-485 总线有两线制和四线制两种接线，四线制只能实现点对点通信，目前很少采用；两线制实现点对点单从机通信的同时，也支持点对多点多从机通信，如图 9-1 所示。

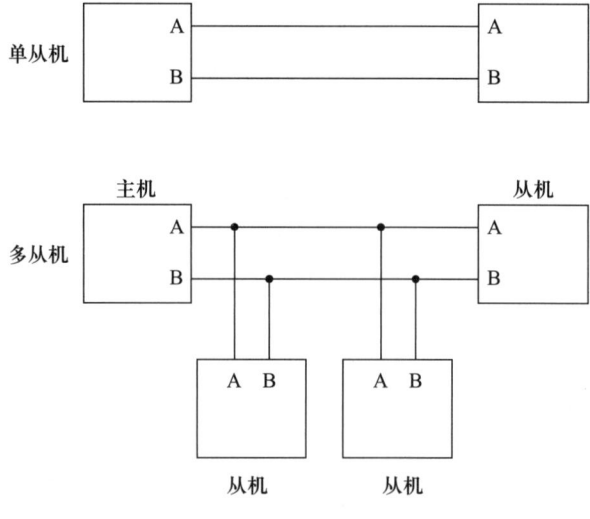

图 9-1 RS-485 总线拓扑图

RS-485 总线关键特性包括：

➢ 差分传输增加噪声抗扰度，减少噪声辐射。

➢ 长距离链路，最长可达 4 000 ft（约 1 219 m）。

➢ 数据速率高达 10 Mbit/s（40 ft 内，约 12.2 m）。

➢ 同一总线可以连接多个驱动器和接收器。

➢ 宽共模范围允许驱动器和接收器之间存在地电位差异，允许最大共模电压 –7 ~ 12 V。

（三）CAN 总线

CAN 总线是 ISO 国际标准化的串行通信协议。它由 BOSCH 公司于 1983 年开发，最早被应用于汽车内部控制系统的监测与执行机构间的数据通信，是国际上应用最广泛的现场总线之一。

CAN 总线通信使用串行数据传输方式，当 CAN 总线上某一个节点以报文形式广播发送数据时，其他节点无论数据是否发送给自己，都对其进行接收，如图 9-2 所示。

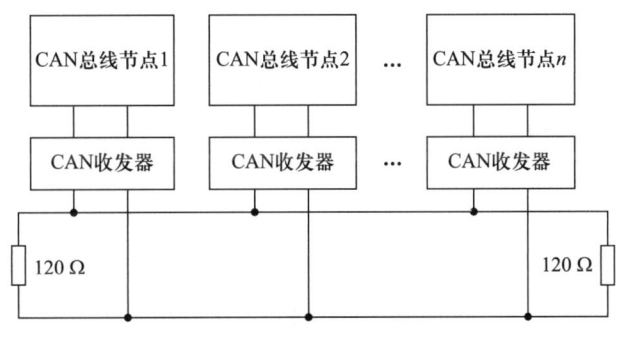

图 9-2　CAN 总线拓扑图

CAN 总线主要特性包括：

➢ 数据传输距离远（长达 10 km）。

➢ 高速的数据传输速率（高达 1 Mbit/s）。

➢ 优秀的仲裁机制。

➢ 使用筛选器实现多地址的数据帧传递。

➢ 借助遥控帧实现远程数据请求。

➢ 具备错误检测与处理功能。
➢ 具备数据自动重发功能。
➢ 某一节点发生故障可自动脱离总线且不影响其他节点的正常工作。

第二节　RS-485 总线通信应用开发

本节首先对 Modbus 通信协议相关知识进行讲解，重点阐述 Modbus 通信协议寄存器和相关功能码的请求/响应报文；其次分析 RS-485 收发器芯片的工作原理及其典型应用电路；最后通过搭建 RS-485 总线组网通信，编写 RS-485 总线收发函数，对收发数据进行抓包、分析，使读者可掌握基于 RS-485 总线通信系统的构建和调试方法，并对 Modbus 通信协议进行实践。

考核知识点及能力要求：
- 理解 Modbus 通信协议的基础知识。
- 了解 RS-485 收发器芯片的功能及其典型应用电路。
- 能搭建开发环境、编写代码并使用仿真器进行代码调试下载。
- 掌握运用 RS-485 总线技术，完成主从通信开发的能力。
- 掌握数据抓包、分析与故障排除的能力。

一、Modbus 通信协议

Modbus 通信协议是 RS-485 总线网络上的应用层通信协议，用于不同类型的总线设备之间通信。它由 Modicon 公司于 1979 年开发，是全球第一个真正用于工业现场的总线协议。它作为通用工业标准被广泛应用于电子控制器上。

（一）Modbus 通信协议模型

Modbus 通信协议是一种单主/多从的协议，即在同一时间里，总线上只能有 1 个主设备，但可以有 1 个或多个（最多 247 个）从设备。

如图 9-3 所示，主设备请求信息包括设备地址、功能码、数据段以及差错检测字段。这几个字段的内容与作用如下：

➢ 设备地址：被选中的从设备地址。
➢ 功能码：告知被选中的从设备要执行何种功能。
➢ 数据段：包含从设备要执行功能的附加信息。
➢ 差错检测：为从设备提供一种数据校验方法，以保证信息内容的完整性。

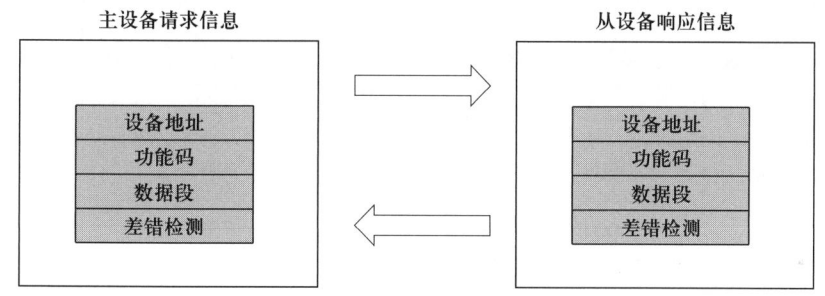

图 9-3　Modbus 通信协议模型

从设备响应信息包含字段与主设备一致，其中设备地址为本机地址，功能码与请求功能码相同，数据段则包含了从设备采集的数据，差错检测区允许主设备确认消息内容是否可用。

（二）Modbus 通信协议寄存器与功能码

1. Modbus 通信协议寄存器

寄存器是 Modbus 通信协议的一个重要组成部分，用于存放数据。根据存放的数据类型及其读写特性，Modbus 通信协议寄存器被分为 4 种类型，见表 9-1。

Modbus 通信协议寄存器的地址分配见表 9-2。

表 9-1　　Modbus 通信协议寄存器的分类与特性

寄存器种类	特性说明	实际应用
线圈状态（coil）	输出端口（可读可写），相当于 PLC 的 DO（数字量输出）	LED 显示、电磁阀输出等
离散输入状态（discrete input）	输入端口（只读），相当于 PLC 的 DI（数字量输入）	接近开关、拨码开关等
保持寄存器（holding register）	输出参数或保持参数（可读可写），相当于 PLC 的 AO（模拟量输出）	模拟量输出设定值、PID 运行参数、传感器报警阈值等
输入寄存器（input register）	输入参数（只读），相当于 PLC 的 AI（模拟量输入）	模拟量输入值

表 9-2　　Modbus 通信协议寄存器地址分配

寄存器种类	寄存器 PLC 地址	寄存器 Modbus 通信协议协议地址	位/字操作
线圈状态	00001～09999	0000H～FFFFH	位操作
离散输入状态	10001～19999	0000H～FFFFH	位操作
保持寄存器	40001～49999	0000H～FFFFH	字操作
输入寄存器	30001～39999	0000H～FFFFH	字操作

2. Modbus 通信协议功能码

Modbus 通信协议功能码在通信应用开发中发挥了重要的作用。而它的消息帧有 ASCII 和 RTU 两种模式。本单元主要讲解 Modbus 通信协议串行链路 RTU 模式的消息帧格式，见表 9-3。

表 9-3　　Modbus 通信协议 RTU 模式的消息帧格式

起始位	地址	功能代码	数据	CRC 校验	结束符
≥3.5 字符	8 位	8 位	n 个 8 位	16 位	≥3.5 字符

由 Modbus 通信协议模型以及消息帧格式可知 Modbus 通信协议功能码代表将要执行的动作。Modbus 通信协议标准规定了 3 类功能码：公共功能码、用户自定义功能码和保留功能码。

公共功能码是经过 Modbus 协会确认的、被明确定义的功能码，具有唯一性。部分常用的公共功能码见表 9-4。而用户自定义的功能码由用户自己定义，无法确保其唯一性，代码范围为 65 ~ 72 和 100 ~ 110。下面展开阐述常用的 Modbus 通信协议公共功能码。

表 9-4　　　　　　　　　部分常用的 Modbus 通信协议公共功能码

代码	功能码名称	位/字操作	操作数量
01	读线圈状态	位操作	单个或多个
02	读离散输入状态	位操作	单个或多个
03	读保持寄存器值	字操作	单个或多个
04	读输入寄存器值	字操作	单个或多个
05	写单个线圈	位操作	单个
06	写单个保持寄存器	字操作	单个
15	写多个线圈	位操作	多个
16	写多个保持寄存器	字操作	多个

（1）读线圈状态功能码（0x01）。该功能码用于读取从设备的线圈或离散量（DO，数字量输出）的输出状态（ON/OFF）。

该功能码的请求报文为 06 01 00 16 00 21 1C 61，见表 9-5。

表 9-5　　　　　　　　　　　功能码 01 的请求报文

从设备地址	功能码	起始地址	寄存器个数	CRC 校验
06	01	00 16	00 21	1C 61

从表 9-5 可以得知，从设备地址为 06，需要读取的 Modbus 通信协议起始地址为 22（0x16），结束地址为 54（0x36），共读取 33（0x21）个状态值。

假设地址 22 ~ 54 的线圈寄存器的值见表 9-6，则相应的响应报文见表 9-7。

表 9-6　　　　　　　　　　　　线圈寄存器的值

地址范围	取值	字节值
22 ~ 29	ON-ON-OFF-OFF-OFF-ON-OFF-OFF	0x23
30 ~ 37	ON-ON-OFF-ON-OFF-OFF-OFF-ON	0x8B
38 ~ 45	OFF-OFF-ON-OFF-OFF-ON-OFF-OFF	0x24
46 ~ 53	OFF-OFF-ON-OFF-OFF-OFF-ON-ON	0xC4
54	ON	0x01

在表 9-6 中，状态 "ON" 与 "OFF" 分别代表线圈的 "开" 与 "关"。

该功能码的响应报文为 06 01 05 23 8B 24 C4 01 ED 9C，见表 9-7。

表 9-7　　　　　　　　　　功能码 01 的响应报文

从设备地址	功能码	数据域字节数	5 个数据	CRC 校验
06	01	05	23 8B 24 C4 01	ED 9C

（2）读离散输入状态功能码（0x02）。该功能码用于读取从设备离散量（DI，数字量输入）的输入状态（ON/OFF）。

该功能码的请求报文为 04 02 00 77 00 1E 48 4D，见表 9-8。

表 9-8　　　　　　　　　　功能码 02 的请求报文

从设备地址	功能码	起始地址	寄存器个数	CRC 校验
04	02	00 77	00 1E	48 4D

从表 9-8 可以得知，从设备地址为 04，需要读取的 Modbus 通信协议起始地址为 119（0x77），结束地址为 148（0x94），共读取 30（0x1E）个状态值。

该功能码的响应报文为 04 02 04 AD B7 05 38 3C EA，见表 9-9。

表 9-9　　　　　　　　　　功能码 02 的响应报文

从设备地址	功能码	数据域字节数	4 个数据	CRC 校验
04	02	04	AD B7 05 38	3C EA

（3）读保持寄存器值功能码（0x03）。该功能码用于读取从设备保持寄存器的二进制数据，不支持广播。

该功能码的请求报文为 06 03 00 D2 00 04 E5 87，见表 9-10。

表 9-10　　　　　　　　　功能码 03 的请求报文

从设备地址	功能码	起始地址	寄存器个数	CRC 校验
06	03	00 D2	00 04	E5 87

从表 9-10 可以得知，从设备地址为 06，需要读取的 Modbus 通信协议起始地址为 210（0xD2），共 4 个保持寄存器。

该功能码的响应报文为 06 03 08 02 6E 01 F3 01 06 59 AB 1E 6A，见表 9–11。

表 9–11　　　　　　　　　　功能码 03 的响应报文

从设备地址	功能码	数据域字节数	4 个寄存器数据	CRC 校验
06	03	08	02 6E 01 F3 01 06 59 AB	1E 6A

注意：Modbus 通信协议的保持寄存器和输入寄存器以字为基本单位，即每个寄存器分别对应 2 个字节。请求报文连续读取 4 个寄存器的内容，将返回 8 个字节。

（4）读输入寄存器值功能码（0x04）。该功能码用于读取从设备输入寄存器的二进制数据，不支持广播。

该功能码的请求报文为 06 04 01 90 00 05 30 6F，见表 9–12。

表 9–12　　　　　　　　　　功能码 04 的请求报文

从设备地址	功能码	起始地址	寄存器个数	CRC 校验
06	04	01 90	00 05	30 6F

从表 9–12 可以得知，从设备地址为 06，需要读取的 Modbus 通信协议起始地址为 400（0x0190），共 5 个寄存器的内容。

该功能码的响应报文为 06 04 0A 1C E2 13 5A 35 DB 23 3F 56 E3 51 3A，见表 9–13。

表 9–13　　　　　　　　　　功能码 04 的响应报文

从设备地址	功能码	数据域字节数	5 个寄存器数据	CRC 校验
06	04	0A	1C E2 13 5A 35 DB 23 3F 56 E3	51 3A

（5）写单个线圈功能码（0x05）。该功能码用于将单个线圈或单个离散输出状态设置为"ON"或"OFF"。0xFF00 对应状态"ON"，0x0000 对应状态"OFF"，其他值对线圈无效。

该功能码的请求报文为 04 05 00 98 FF 00 0D 80，见表 9–14。

表 9–14　　　　　　　　　　功能码 05 的请求报文

从设备地址	功能码	起始地址	变更数据	CRC 校验
04	05	00 98	FF 00	0D 80

从表 9-14 可以得知，从设备地址为 04，设置 Modbus 通信协议起始地址 152（0x98）为 ON 状态。

该功能码的响应报文为 04 05 00 98 FF 00 0D 80，见表 9-15。

表 9-15　　　　　　　　　　功能码 05 的响应报文

从设备地址	功能码	起始地址	变更数据	CRC 校验
04	05	00 98	FF 00	0D 80

（6）写单个保持寄存器功能码（0x06）。该功能码用于更新从设备单个保持寄存器的值。

该功能码的请求报文为 03 06 00 82 02 AB 68 DF，见表 9-16。

表 9-16　　　　　　　　　　功能码 06 的请求报文

从设备地址	功能码	起始地址	变更数据	CRC 校验
03	06	00 82	02 AB	68 DF

从表 9-16 可以得知，从设备地址为 03，要求设置从设备 Modbus 通信协议起始地址 130（0x82）的内容为 683（0x02AB）。

该功能码的响应报文为 03 06 00 82 02 AB 68 DF，见表 9-17。

表 9-17　　　　　　　　　　功能码 06 的响应报文

从设备地址	功能码	起始地址	寄存器数	CRC 校验
03	06	00 82	02 AB	68 DF

（7）写多个线圈功能码（0x0F）。该功能码用于将连续的多个线圈或离散输出设置为"ON"或"OFF"，支持广播模式。

该功能码的请求报文为 03 0F 00 14 00 0F 02 C2 03 EE E1，见表 9-18。

表 9-18　　　　　　　　　　功能码 15 的请求报文

从设备地址	功能码	起始地址	寄存器数	字节数	变更数据	CRC 校验
03	0F	00 14	00 0F	02	C2 03	EE E1

从表 9-18 可以得知，从设备地址为 03，Modbus 通信协议起始地址为 20（0x14）。该功能码的响应报文为 03 0F 00 14 00 0F 54 29，见表 9-19。

表 9-19　　　　　　　　　　功能码 15 的响应报文

从设备地址	功能码	起始地址	寄存器数	CRC 校验
03	0F	00 14	00 0F	54 29

（8）写多个保持寄存器功能码（0x10）。该功能码用于设置或写入从设备保持寄存器的多个连续的地址块，支持广播模式。数据字段保存需写入的数据，每个寄存器可存放 2 个字节。

该功能码的请求报文为 05 10 00 15 00 03 06 53 6B 05 F3 2A 08 3E 72，见表 9-20。

表 9-20　　　　　　　　　　功能码 16 的请求报文

从设备地址	功能码	起始地址	寄存器数	字节数	变更数据	CRC 校验
05	10	00 15	00 03	06	53 6B 05 F3 2A 08	3E 72

从表 9-20 可以得知，从设备地址为 05，Modbus 通信协议起始地址为 21（0x15），需要改变地址 21 ~ 23 共 3 个寄存器（6 个字节数据）的内容。

该功能码的响应报文为 05 10 00 15 00 03 90 48，见表 9-21。

表 9-21　　　　　　　　　　功能码 16 的响应报文

从设备地址	功能码	起始地址	寄存器数	CRC 校验
05	10	00 15	00 03	90 48

二、RS-485 总线

（一）硬件资源

如图 9-4 所示，32 位单片机上使用 RS-485 收发器芯片（SP3485E）接出了两路 RS-485 总线接线端子，一路与 USART$_2$ 外部设备相连，另一路与 UART$_5$ 外部设备相连。

另外，JP$_2$ 开关用于微控制器的 USART1 连接切换。向左拨，USART$_1$ 与底板相连；向右拨，USART1 与 J$_9$ 接口相连。

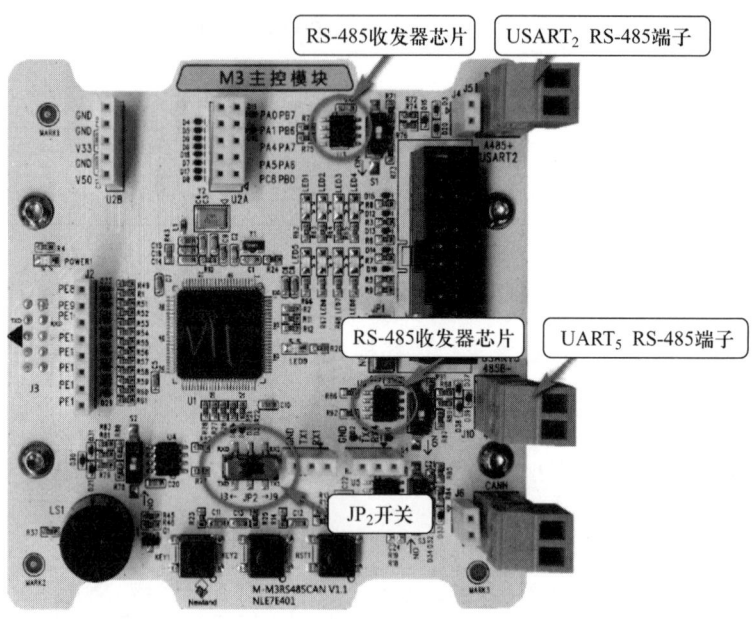

图 9-4 RS-485 总线硬件资源

（二）RS-485 收发器

RS-485 收发器芯片是一种常用的通信接口器件，世界上大多数半导体公司都有符合 RS-485 总线标准的收发器产品线。如 SP307x 系列芯片、MAX485 系列芯片、SN65HVD485 系列芯片、ISL83485 系列芯片等。

接下来以 MAX3485 芯片为例，讲解 RS-485 总线标准的收发器芯片的工作原理与典型应用电路。图 9-5 展示了 RS-485 收发器芯片的典型应用电路。

如图 9-5 所示，电阻 R_{73} 为终端匹配电阻，其阻值为 120 Ω。电阻 R_{72} 和 R_{74} 为偏置电阻，它们用于确保在静默状态时，RS-485 总线维持逻辑 1 高电平状态。MAX3485 芯片的封装是 SOP-8，RO 与 DI 分别为接收器输出与发送器输入，它们用于连接 MCU 的 USART 外部设备。RE 和 DE 分别为接收使能和发送使能引脚，它们与 MCU 的 GPIO 引脚相连。A485+、B485- 两端用于连接 RS-485 总线上的其他设备，所有设备以并联的形式接在总线上。

目前市面上各个半导体公司生产的 RS-485 收发器芯片的管脚分布情况几乎相同，具体的管脚功能描述见表 9-22。

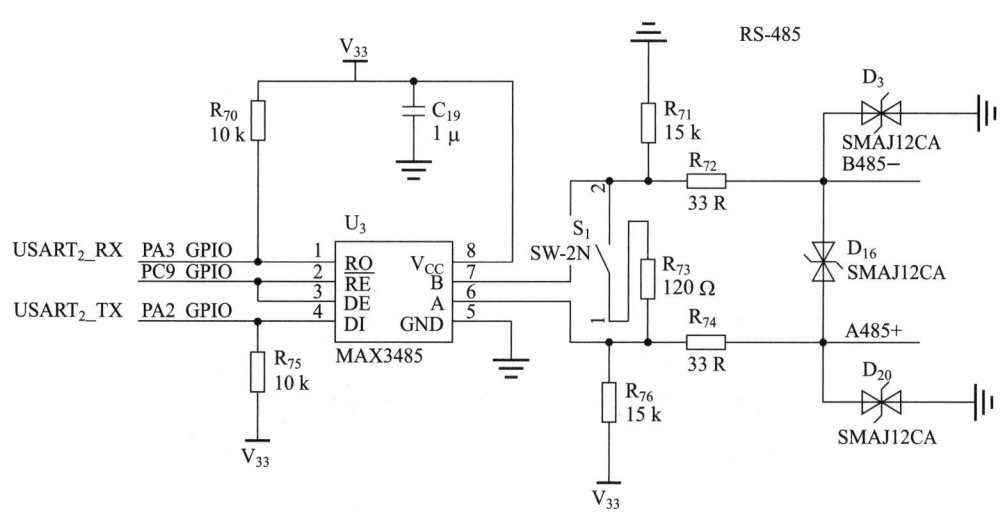

图 9–5　RS-485 收发器芯片的典型应用电路

表 9–22　　　　　　　　　RS-485 收发器芯片的管脚功能描述

管脚编号	名称	功能描述
1	RO	接收器输出（至 MCU）
2	$\overline{RE}$	接收使能（低电平有效）
3	DE	发送使能（高电平有效）
4	DI	发送器输入（来自 MCU）
5	GND	接地
6	A	发送器同相输出 / 接收器同相输入
7	B	发送器反相输出 / 接收器反相输入
8	V_{CC}	电源电压

三、RS-485 总线组网通信

（一）RS-485 总线主从通信

1. 硬件环境搭建

选取 2 块 32 位单片机进行 RS-485 总线组网通信，将其中 1 块 32 位单片机与 1 个温湿度传感器组成 RS-485 总线从机节点，将另 1 块 32 位单片机作为 RS-485 总线主机节点。RS-485 总线从机节点采集到温湿度数据，通过 RS-485 总线发送给 RS-485 主机节点，如图 9-6 所示。

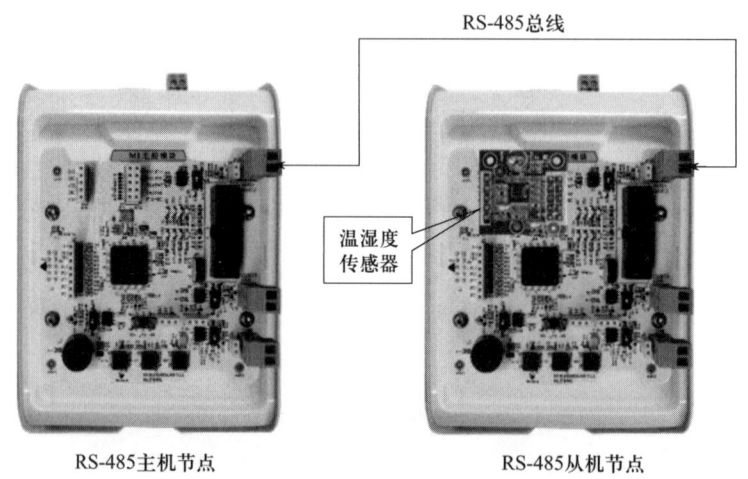

图 9-6　RS-485 总线主从通信硬件搭建图

2. 软件环境搭建

使用 Keil 软件开发工具进行 RS-485 总线主从通信开发。

3. RS-485 总线主从通信开发

从表 9-22 可以看到，RS-485 收发器的 2 脚与 3 脚分别控制 RS-485 收发器的"接收使能"和"发送使能"功能，即接收数据时 2 脚需接低电平，发送数据时 3 脚需接高电平。

另外，从图 9-5 中可以看到，在实际应用中，一般将 2 脚和 3 脚并联，与微控制器的一根 GPIO 引脚相连。

综上所述，默认情况下，32 位单片机相关引脚输出低电平，控制 RS-485 收发器处于接收状态；需要发送数据时，可通过以下步骤实现：①32 位单片机相关引脚输出高电平，控制 RS-485 收发器处于发送状态；②控制 USART 外部设备发送数据；③相关引脚输出低电平，控制 RS-485 收发器恢复接收状态。

RS-485 总线数据发送函数，设置 PC9 引脚为高电平，控制 RS-485 收发器为发送使能，将数据发送出去后，又设置 PC9 引脚为低电平，控制 RS-485 收发器为接收使能，等待接收数据。代码如下：

```c
void RS485_Send_Buffer(u8 *buf,u8 len)
{
    // 设置为发送模式
    HAL_GPIO_WritePin(GPIOC, GPIO_PIN_9, GPIO_PIN_SET);
    HAL_UART_Transmit(&huart2,buf,len,0xFFFF);
    HAL_Delay(10);
    // 设置为接收模式
    HAL_GPIO_WritePin(GPIOC, GPIO_PIN_9, GPIO_PIN_RESET);
}
```

RS-485 总线数据接收函数，开启中断接收，当总线上有数据时，则将接收到数据封装到相应的数组中，供其他函数使用。代码如下：

```c
void USART2_IRQHandler(void)
{
    u8  res;
    /* USER CODE BEGIN USART2_IRQn 0 */
    if((__HAL_UART_GET_FLAG(&huart2,UART_FLAG_RXNE) != RESET)) {   // 接收中断
        USART2_RX_STA = 1;
        UART2_RX_TIMEOUT_COUNT = 0;

        HAL_UART_Receive(&huart2,&res,1,1000);
        if(m_ctrl_dev.frameok == 0)  {  // 接收未完成
            m_ctrl_dev.rxbuf[m_ctrl_dev.rxlen] = res;
            m_ctrl_dev.rxlen++;
            if(m_ctrl_dev.rxlen > (M_MAX_FRAME_LENGTH-1))  {
                m_ctrl_dev.rxlen = 0;           // 接收数据错误，重新开始接收
            }
        }

        kfifo_push_in(&usart2_fifo,&res,1);
```

```
    }

    /* USER CODE END USART2_IRQn 0 */

    /* USER CODE BEGIN USART2_IRQn 1 */
    HAL_UART_IRQHandler(&huart2);
    /* USER CODE END USART2_IRQn 1 */
}
```

（二）RS-485 总线数据抓包和解析

1. 数据抓包

使用 RS-232 总线转 RS-485 总线无源转换器和 USB 转串口线，一端连接到 PC 的串口上，另一端使用杜邦线与任意 1 块 32 位单片机串口（USART2）互相连接，并使用串口调试助手工具进行检测，如图 9-7 所示。

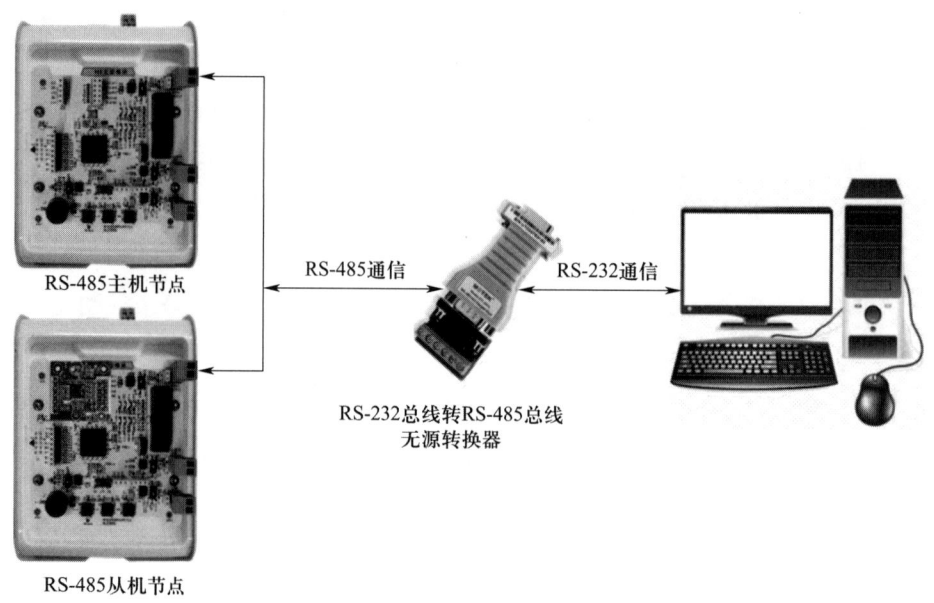

图 9-7 RS-485 总线数据抓包

打开串口调试助手工具，选择端口，波特率选择 115 200 bit/s，单击打开串口，在右边的串口助手显示窗口即可看到主从设备通信数据帧，如图 9-8 所示。

图 9–8 RS–485 总线主从通信数据帧

2. 数据解析

抓取图 9-8 中的数据，主机轮询设备地址为 01，采集从机温湿度传感器数据。

见表 9-23，从设备地址为 01，需要读取 Modbus 通信协议起始地址为 0x00，共 1 个保持寄存器。需要注意的是 Modbus 通信协议的保持寄存器和输入寄存器以字为基本单位，每个字包括 2 个字节，所以响应报文中有 2 个字节的数据 16 3E，响应报文为 01 03 02 16 3E 37 F4，响应报文解释见表 9-24。

表 9–23　　　　　　　　　　主机对从机的请求报文

从设备地址	功能码	起始地址	寄存器个数	CRC 校验
01	03	00 00	00 01	84 0A

表 9–24　　　　　　　　　　从机对主机的响应报文

从设备地址	功能码	数据域字节数	数据	CRC 校验
01	03	02	16 3E	37 F4

3. 故障排除

RS-485 总线是一种低成本、易操作的通信系统，但是对一些细节的处理不当常会导致通信失败甚至系统瘫痪等故障。常见故障检测方法如下。

（1）共地法。通过一条屏蔽线连接所有 RS-485 总线设备的 GND，使所有设备之间不存在影响通信的电位差。

（2）终端电阻法。在最后 RS-485 总线设备的 A485+ 和 B485- 上连接 120 Ω 的终端电阻来改善通信质量。

（3）中间阶段切断法。通过将 RS-485 总线中间断开来检查设备负荷是否过大、通信距离是否过长、某设备的损害对整个通信线路的影响等。

（4）单独引线法。暂时把一条线单独拉到设备上，可以排除布线通信故障。

（5）变换器法。可以随身携带一些变换器，检查变换器是否影响了通信质量。

（6）笔记本调试法。客户电脑的串行端口可能损坏，在确认随身携带的笔记本电脑串行端正常的前提下，用笔记本替代客户的电脑进行测试。

第三节　CAN 总线通信应用开发

本节首先对 CAN 总线通信相关知识进行讲解，重点阐述 CAN 总线通信帧，其次分析 CAN 控制器与 CAN 收发器的工作原理，给出 CAN 收发器典型应用电路，最后阐述如何通过搭建 CAN 总线组网通信、编写 CAN 总线收发函数对收发数据进行抓包、分析，使读者掌握基于 CAN 总线通信的构建和调试方法，并对 CAN 总线通信的实际应用进行实践。

考核知识点及能力要求：

- 理解 CAN 总线通信的基础知识。
- 了解 CAN 控制器与 CAN 收发器芯片的接口方式与典型应用电路。
- 能搭建开发环境、编写代码并使用仿真器进行代码调试下载。
- 掌握运用 CAN 总线的技能，完成主从通信开发的能力。
- 掌握数据抓包、分析与故障排除的能力。

一、CAN 总线通信概述

CAN 总线采用双绞线、同轴电缆或光纤作为传输介质，通信速率为 1 Mbit/s。当信号传输距离达到 10 km 时，CAN 总线仍可提供高达 50 kbit/s 的数据传输速率。CAN 总线协议最初版本为 1.0 版本，后续发展为 2.0 版本。而 CAN2.0 规范又分为 CAN2.0A 和 CAN2.0B。CAN2.0A 支持 11 位标识符，CAN2.0B 既支持 11 位标识符又支持扩展的 29 位标识符，如图 9-9 所示。

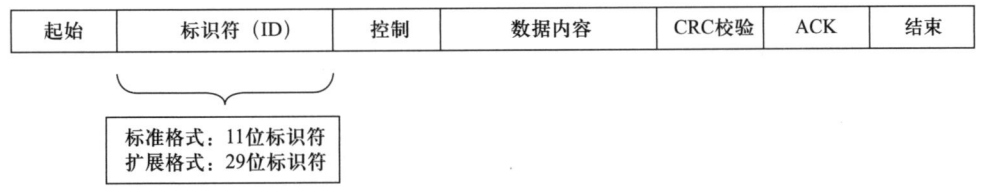

图 9-9　CAN 总线通信帧格式

（一）CAN 总线网络拓扑

如图 9-10 所示，CAN 总线网络拓扑包括两个网络：一个是遵循 ISO11898 标准的高速 CAN 总线网络（传输速率为 500 kbit/s），另一个是遵循 ISO11519 标准的低速 CAN 总线网络（传输速率 125 kbit/s）。高速 CAN 总线网络被应用在汽车动力与传动系统中，它是闭环网络，总线最大长度为 40 m，要求两端各有一个 120 Ω 的电阻。低速 CAN 总线网络被应用在汽车车身系统中，它的两根总线是独立的，不形成闭环，要求每根总线上各串联一个 2.2 kΩ 的电阻。

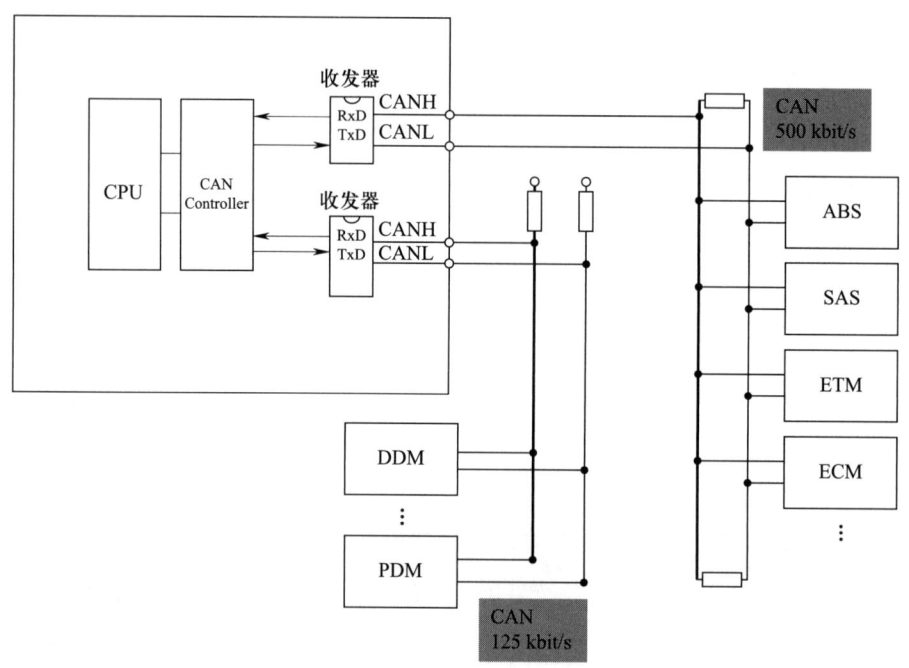

图 9-10　CAN 总线网络拓扑图

（二）CAN 总线通信帧

CAN 总线上的数据通信基于以下 5 种类型的通信帧，它们的名称与用途见表 9-25。

表 9-25　　　　　　　　　CAN 总线通信帧的类型及其功能

序号	帧类型	帧功能
1	数据帧	用于发送单元向接收单元传送数据
2	遥控（远程）帧	用于接收单元向具有相同 ID 的发送单元请求数据
3	错误帧	用于检测出错误时向其他单元通知错误
4	过载帧	用于接收单元通知发送单元其尚未做好接收准备
5	帧间隔	用于将数据帧及遥控帧与前面的帧分离开

现对 CAN 总线通信帧详解如下。

1. 数据帧

数据帧由 7 个段构成，如图 9-11 所示。

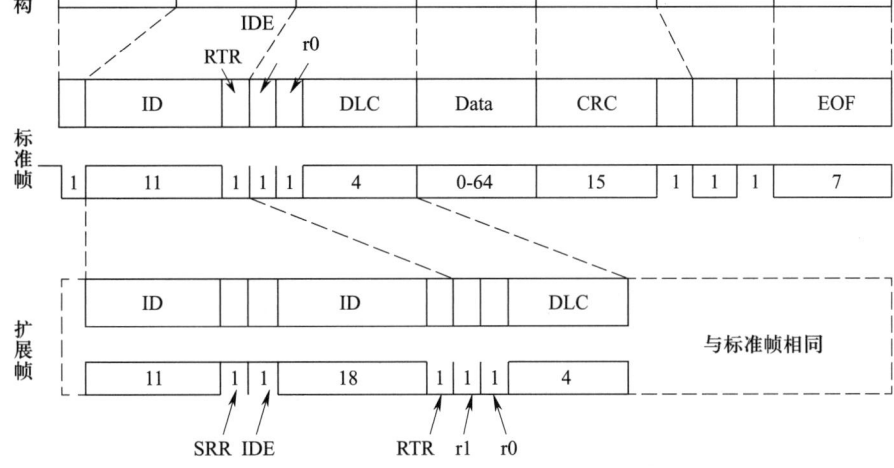

图 9-11 数据帧的构成

（1）帧起始（start of frame，SOF）。帧起始表示数据帧和遥控（远程）帧的起始，它仅由一个"显性电平"位组成。CAN 总线的同步规则规定，只有当总线处于空闲状态（总线电平呈现隐性状态）时，才允许站点开始发送信号。

（2）仲裁段（arbitration field）。仲裁段是表示帧优先级的段。标准帧与扩展帧的仲裁段格式有所不同：标准帧的仲裁段由 11 个位的标识符 ID 和远程发送请求（remote transmission request，RTR）位构成；扩展帧的仲裁段由 29 个位的标识符 ID 和替代远程请求（substitute remote request，SRR）位、IDE 位和 RTR 位构成。

RTR 位用于指示帧类型，数据帧的 RTR 位为"显性电平"，而遥控帧的 RTR 位为"隐性电平"。

SRR 位只存在于扩展帧中，与 RTR 位对齐，为"隐性电平"。因此当 CAN 总线对标准帧和扩展帧进行优先级仲裁时，在两者的标识符 ID 部分完全相同的情况下，扩展帧相对标准帧而言处于失利状态。

CAN 总线在解决多点竞争，即同一时间段有多个节点需要同时发送数据而谁将最终发送的问题时，需要由数据帧的仲裁段来进行仲裁。假设节点 A、B 和 C 都发送相同格式相同类型的帧，如标准格式数据帧，它们竞争总线的过程如图 9-12 所示。

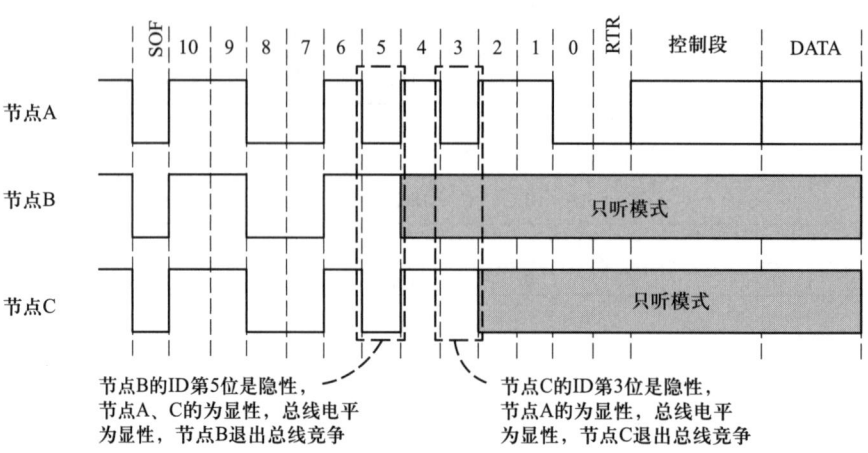

图 9-12　3 个节点竞争 CAN 总线全过程

（3）控制段（control field）。控制段是表示数据的字节数和保留位的段。标准帧与扩展帧的控制段格式不同：标准帧的控制段共 6 位，由扩展帧标志位 IDE、保留位 r0 和数据长度代码 DLC 组成；扩展帧控制段则由 r1、r0 和 DLC 组成，如图 9-13 所示。

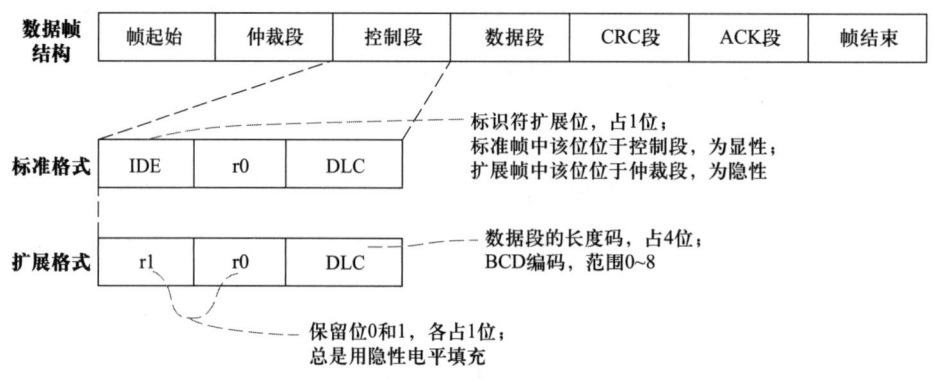

图 9-13　CAN 总线数据帧控制段

（4）数据段（data field）。数据段用于承载数据的内容，它可包含最多 8 个字节的数据，从 MSB（最高有效位）开始输出，如图 9-14 所示。

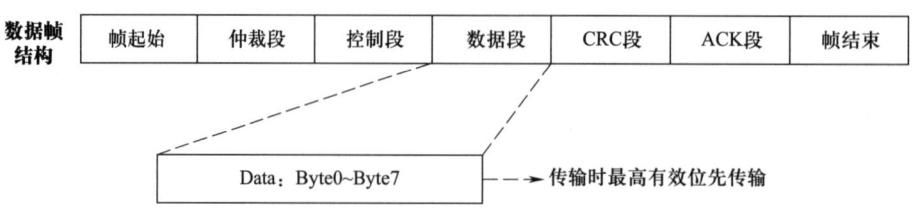

图 9-14　CAN 总线数据帧数据段

（5）CRC 段（CRC field）。CRC 段是用于检查帧传输是否错误的段，它由 15 个位的 CRC 序列和 1 个位的 CRC 界定符（用于分隔）构成。CRC 序列是根据多项式生成的 CRC 值，其计算范围包括帧起始、仲裁段、控制段和数据段，如图 9-15 所示。

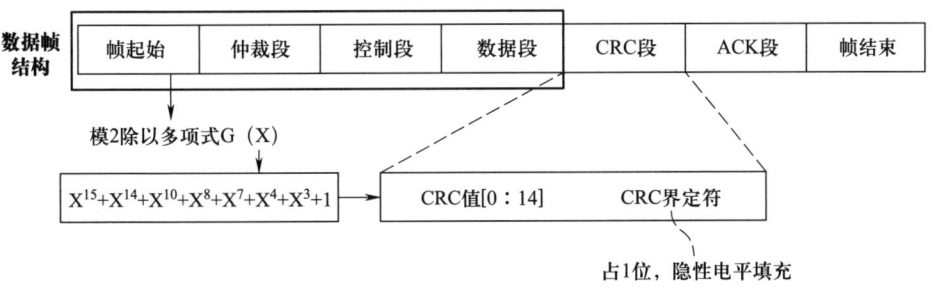

图 9-15　CAN 总线数据帧 CRC 段

（6）ACK 段（acknowledge field）。ACK 段是用于确认接收是否正常的段，它由 ACK 槽（ACK Slot）和 ACK 界定符（用于分隔）构成，长度为 2 个位。

（7）帧结束（end of frame，EOF）。帧结束用于表示数据帧的结束，它由 7 个位的隐性位构成。

2. 遥控（远程）帧

遥控（远程）帧的构成如图 9-16 所示。与数据帧相比，遥控（远程）帧结构上无数据段，它由 6 个段组成，同样分为标准格式和扩展格式，且 RTR 位为 1（隐性电平）。

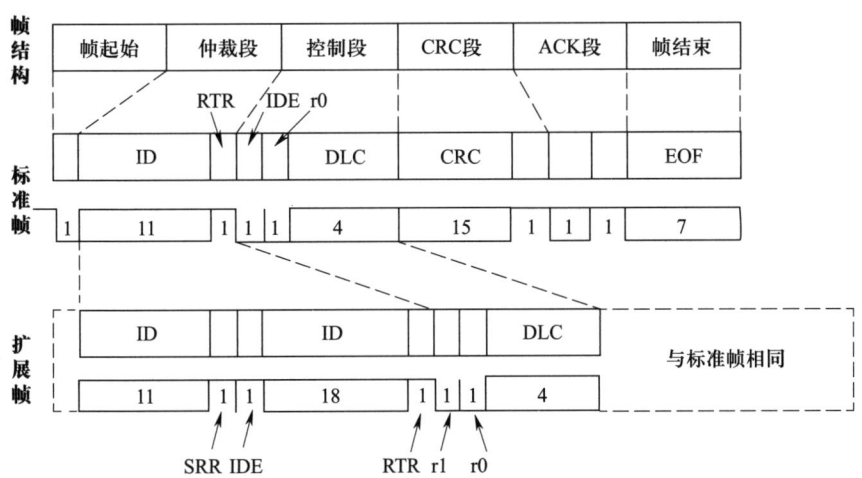

图 9-16　遥控（远程）帧的构成

3. 错误帧

错误帧用于在接收和发送消息时检测出错误并通知错误，它的构成如图 9-17 所示，错误帧由错误标志和错误界定符构成。错误标志包括主动错误标志和被动错误标志，前者由 6 个连续显性电平位构成，后者由 6 个连续隐性电平位构成。错误界定符由 8 个位的隐性位构成。

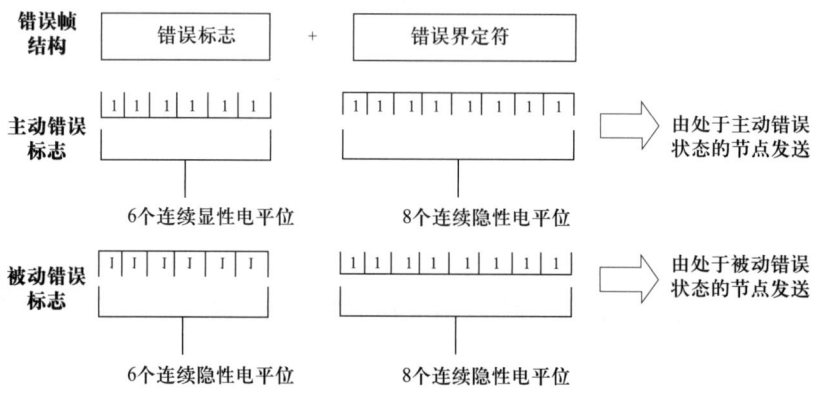

图 9-17 错误帧的构成

4. 过载帧

过载帧是接收单元用于通知发送单元其尚未完成接收准备的帧，它的构成如图 9-18 所示。过载帧由过载标志和过载界定符构成。过载标志与主动错误标志一样，都由 6 个连续显性电平位构成。过载界定符的构成与错误界定符相同，都由 8 个连续隐性电平位构成。

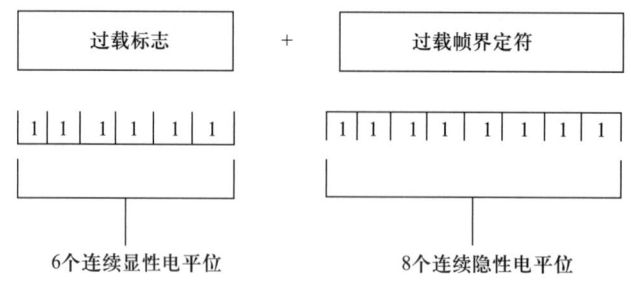

图 9-18 过载帧的构成

5. 帧间隔

帧间隔是用于分隔数据帧和遥控帧的帧，它的构成如图 9-19 所示。帧间隔的构成元素有 3 个：一是间隔，它由 3 个位的隐性位构成；二是总线空闲，它由隐性电平位构成，且无长度限制（注意：只有总线处于空闲状态时，要发送的单元才可以开始访问总线）；三是延迟传送，它由 8 个位的隐性位构成。

二、CAN 控制器与收发器

（一）硬件选型

如图 9-20 所示，CAN 总线硬件资源中标号①为 CAN 收发器，型号是 SN65HVD230；标号②为 CAN 总线接线端子 1，是杜邦线接口；标号③为 CAN 总线接线端子 2，是香蕉线接口。

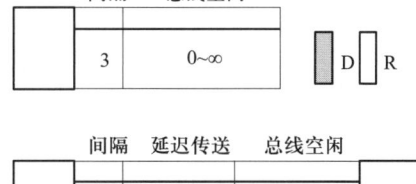

图 9-19　帧间隔的构成

图 9-20　CAN 总线硬件资源

（二）CAN 控制器与收发器

1. CAN 控制器

CAN 控制器是一种实现"报文"与"符合 CAN 总线的通信帧"之间相互转换的器件，它与 CAN 收发器相连，以便在 CAN 总线上与其他节点交换信息。

CAN 控制器主要分为两类：一类是独立的控制器芯片，如 MCP2515、SJA1000 微控制器等；另一类与微控制器集成在一起，如 P87C591，STM32F103 系列和 STM32F407

247

系列微控制器等。

CAN 控制器内部的结构如图 9-21 所示。

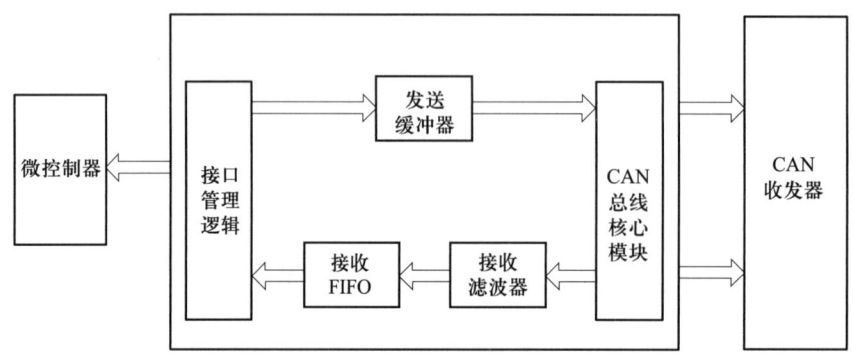

图 9-21 CAN 控制器内部的结构示意图

（1）接口管理逻辑。接口管理逻辑用于连接微控制器，解释微控制器发送的命令，控制 CAN 控制器寄存器的寻址，并向微控制器提供中断信息和状态信息。

（2）CAN 总线核心模块。接收数据时，CAN 总线核心模块用于将接收到的报文由串行流转换为并行数据。发送数据时则相反。

（3）发送缓冲器。发送缓冲器用于存储完整的报文。需要发送数据时，CAN 总线核心模块从发送缓冲器读取 CAN 总线报文。

（4）接收滤波器。接收滤波器可根据编程配置过滤掉无须接收的报文。

（5）接收 FIFO。接收 FIFO 是接收滤波器与微控制器之间的接口，用于存储从 CAN 总线上接收的所有报文。

2. CAN 收发器

CAN 收发器是 CAN 控制器与 CAN 总线之间的接口，它将 CAN 控制器的"逻辑电平"转换为"差分电平"，并通过 CAN 总线发送出去。

根据 CAN 收发器的特性，可将其分为以下 4 种类型。

一是通用 CAN 收发器，常见型号有 PCA82C250 芯片。

二是隔离 CAN 收发器。隔离 CAN 收发器的特性是具有隔离、ESD 保护及 TVS 管防总线过压的功能。常见型号有 CTM1050 系列、CTM8250 系列等。

三是高速 CAN 收发器。高速 CAN 收发器的特性是支持较高的 CAN 总线通信速率。常见型号有 SN65HVD230、TJA1050、TJA1040 等。

四是容错 CAN 收发器。容错 CAN 收发器可以在总线出现破损或短路的情况下保持正常运行，在易出故障领域的应用很多。常见型号有 TJA1054、TJA1055 等。

接下来以 SN65HVD230 为例，讲解 CAN 收发器芯片的工作原理与典型应用电路。CAN 收发器电路原理如图 9-22 所示。

如图 9-22 所示，SN65HVD230 芯片的封装是 SOP-8，RXD 与 TXD 分别为数据接收与发送引脚，它们用于连接 CAN 控制器的数据收发端。CANH、CANL 两端用于连接 CAN 总线上的其他设备，所有设备以并联的形式接在 CAN 总线上。CAN 收发器芯片的管脚功能描述见表 9-26。

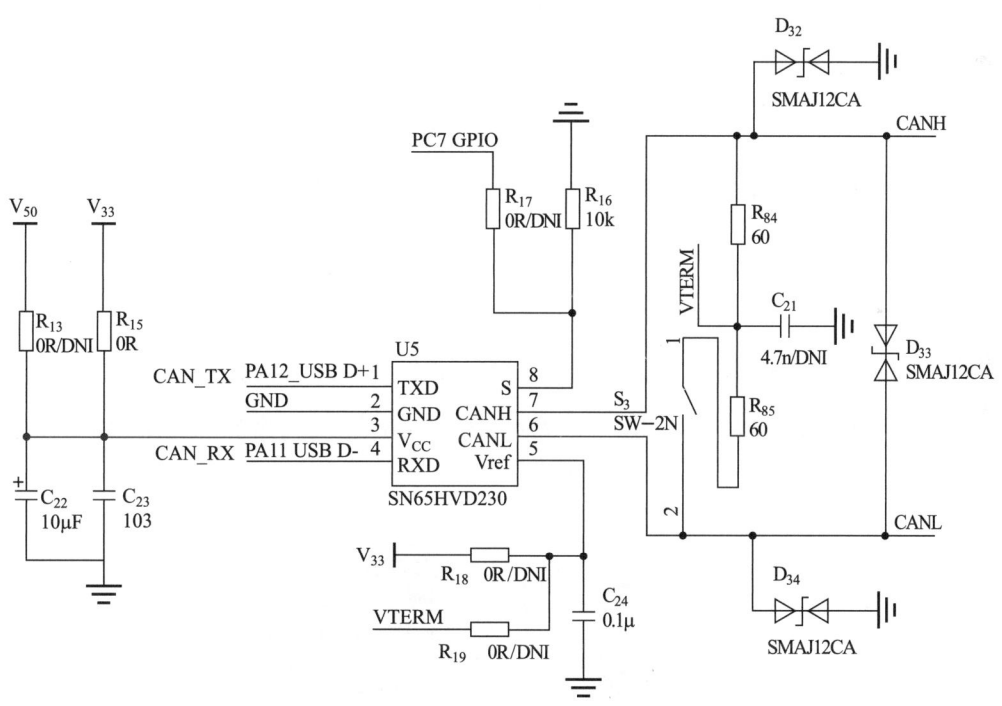

图 9-22　CAN 收发器电路原理图

表 9-26　　　　　　　　　　CAN 收发器芯片的管脚功能描述

管脚编号	名称	功能描述
1	TXD	CAN 发送数据输入端（来自 CAN 控制器）
2	GND	接地

续表

管脚编号	名称	功能描述
3	V_{CC}	接 3.3 V 供电
4	RXD	CAN 接收数据输出端（发往 CAN 控制器）
5	S	模式选择引脚 拉低接地：高速模式 拉高接 V_{cc}：低功耗模式 10 kΩ 至 101 kΩ 拉低接地：斜率控制模式
6	CANH	CAN 总线高电平线
7	CANL	CAN 总线低电平线
8	VREF	$V_{cc}/2$ 参考电压输出引脚，一般留空

三、CAN 总线组网通信

（一）CAN 总线通信

1. 硬件环境搭建

选取 2 块 32 位单片机进行 CAN 总线组网通信，将其中 1 块 32 位单片机与 1 个温湿度传感器组成 CAN 总线终端节点，1 块 32 位单片机作为 CAN 总线汇聚节点。CAN 总线终端节点采集到的温湿度数据，通过 CAN 总线发送给 CAN 总线汇聚节点，如图 9-23 所示。

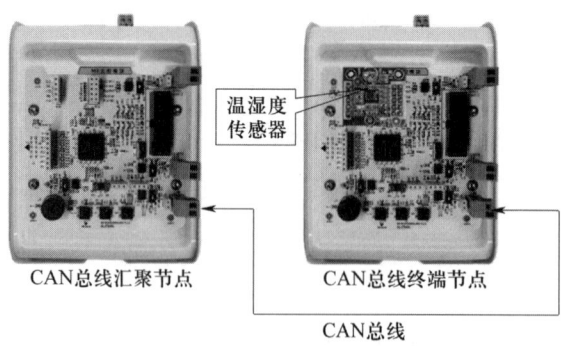

图 9-23 CAN 总线硬件搭建图

2. 软件环境搭建

使用 Keil 软件开发工具进行 CAN 总线软件环境的搭建。

3. CAN 总线通信开发

CAN 总线数据发送函数。将数据封装到相应的数组中，通过发送函数 HAL_CAN_AddTxMessage( ) 将数据发送到 CAN 总线上。代码如下：

```
uint8_t Can_Send_Msg_StdId(uint16_t My_StdId,uint8_t len,uint8_t Type_Sensor)
{
    CAN_TxHeaderTypeDef    TxMeg;           // 定义 CAN 总线发送数据报文头结构体
    ValueType   ValueType_t;
    uint8_t    vol_H,vol_L;
    uint16_t   i = 0;
    uint8_t    data[8];

    TxMeg.StdId   =   StdId;                // 标准标识符
    TxMeg.ExtId   =   0x00;                 // 设置扩展标识符
    TxMeg.IDE     =   CAN_ID_STD;           // 标准帧
    TxMeg.RTR     =   CAN_RTR_DATA;         // 数据帧
    TxMeg.DLC     =   len;                  // 要发送的数据长度
    for (i = 0; i < len; i++)
    {
        data[i] = 0;
    }
    data[0]  = Sensor_Type_t;
    data[3]  = (uint8_t)My_StdId&0x00ff;    // 取低两位作 ID
    data[4]  = My_StdId>>8;                 // 高位在后
    ValueType_t = ValueTypes(Type_Sensor);

    switch(ValueType_t)                     // 数据封装
    {
        case   Value_ADC:
            vol_H  =  (vol&0xff00)>>8;      // 模拟量数据（高位）
```

```
                vol_L = vol&0x00ff;              // 模拟量数据（低位）
                data[1] = vol_H;
                data[2] = vol_L;
                break;
            case Value_Switch:
                data[1] = 0;
                data[2] = switching;             // 开关量数据（低位）
                break;
            case Value_I2C:
                data[1] = sensor_tem;            // 温度数据
                data[2] = sensor_hum;            // 湿度数据
                break;
            default:
                break;
        }

        // CAN 总线发送一组数据
        if (HAL_CAN_AddTxMessage(&hcan, &TxMeg, data, &TxMailbox) != HAL_OK)
        {
            printf("Can send data error\r\n");
        }
        else
        {
            printf("Can send data success\r\n");
        }
        return 0;
}
```

CAN 总线数据接收函数。当总线上有数据时，调用 HAL_CAN_GetRxMessage( ) 函数获取到数据，封装到相对应的数组中，供其他函数使用。代码如下：

```
void  HAL_CAN_RxFifo0MsgPendingCallback(CAN_HandleTypeDef  *hcan)
{
    CAN_RxHeaderTypeDef   RxMeg;           // 接收报文结构体变量
    uint8_t     Data[8] = {0};             // 接收数据存放的数组
    HAL_StatusTypeDef     HAL_RetVal;
    int   i;

    RxMeg.StdId = 0x00;                    // 标准帧 ID
    RxMeg.ExtId = 0x00;                    // 拓展帧 ID
    RxMeg.IDE = 0;
    RxMeg.DLC = 0;

    // CAN 总线接收数据
    HAL_RetVal = HAL_CAN_GetRxMessage(hcan,  CAN_RX_FIFO0,  &RxMeg, Data);
    if  (HAL_OK == HAL_RetVal)
    {
        for(i=0; i< RxMeg.DLC; i++)
        {
            Can_data[i] =  Data[i];// 将接收到数据赋值给 Can_data[] 数组
        }
        flag_send_data = 1;
    }
}
```

（二）CAN 总线数据抓包和解析

1. 数据抓包

使用 USB 转 CAN 总线调试器，一端连接到 PC 的 USB 口上，另一端使用杜邦线连接到任意 1 块 32 位单片机的 CAN 总线端口，使用 CAN 调试助手软件进行检测，如图 9-24 所示。

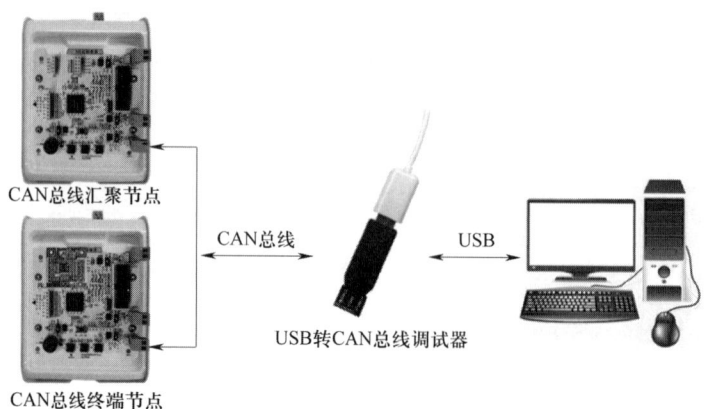

图 9-24 CAN 总线数据抓包

选择端口，模式选择为正常模式，波特率为 100k。打开串口，单击"设置"，其中"CAN 调试助手"工具的下半部展示了抓取的通信数据帧的解析情况，每一行为一条数据，如图 9-25 所示。

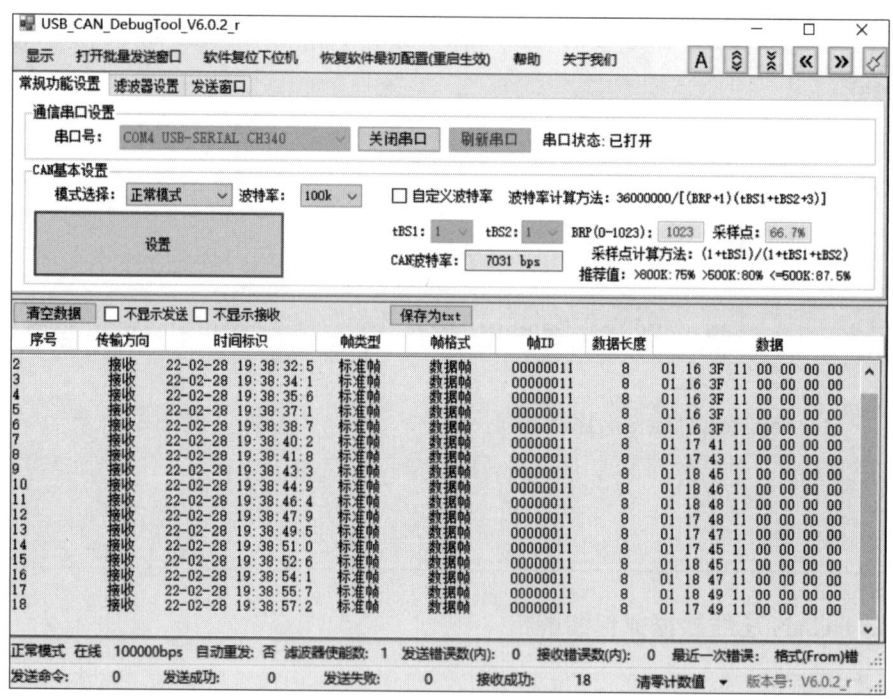

图 9-25 CAN 总线通信数据帧

2. 数据解析

从图 9-25 可以看到通信数据帧的帧类型、帧格式、帧 ID、数据长度和数据，这为分析 CAN 总线的数据收发情况提供了便利。

选取图中的一条数据（01 16 3F 11 00 00 00 00）进行如下解析：01 代表温湿度传感器，16 代表温度值为 22 ℃，3F 代表湿度值为 63%。

3. 故障排除

CAN 总线应用环境复杂多样，可能会出现各种异常情况。CAN 总线故障原因有 CAN 总线两根线短路、CANH 对电源短路、CANH 对地短路、相互接反。

（1）CAN 总线两根线短路。当 CANH 和 CANL 短路时，CAN 总线网络会自动关闭，无法再进行通信。

当两者互相短路之后，CAN 总线电压始终在 2.5 V 左右，基本保持不变。通过拔插 CAN 总线上的节点，可以判断短路是由节点引起的还是导线连接引起的。逐个断开节点，若在断开某个节点时电压恢复正常，则说明该节点故障；若所有节点断开后电压还没有变化，则说明线路有问题。CANH 和 CANL 短路总线波形如图 9-26 所示。

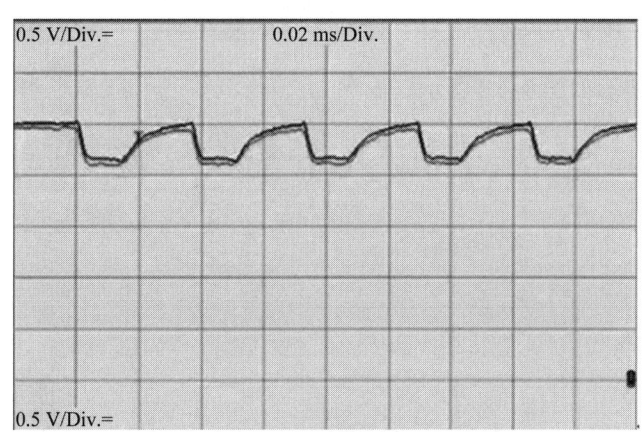

图 9-26　CANH 和 CANL 短路的总线波形

（2）CANH 对电源（正极）短路。当出现这种故障时，由于 CAN 总线的容错特性，可能会出现整个 CAN 总线网络无法通信的情况或产生相关故障码。

以对 12 V 电源短路为例，此时 CANH 电压电位被置于 12 V，CANL 线的隐性电压被置于大约 12 V。实际测量电压，若 CANH 电压为 12 V，CANL 电压被置于约 11 V，则说明出现的故障，此时可能是 CANH 导线对外部电源短路引起的，也可能是控制模块内部的 CAN 收发器损坏造成的。图 9-27 为 CANH 对电源短路的总线波形。

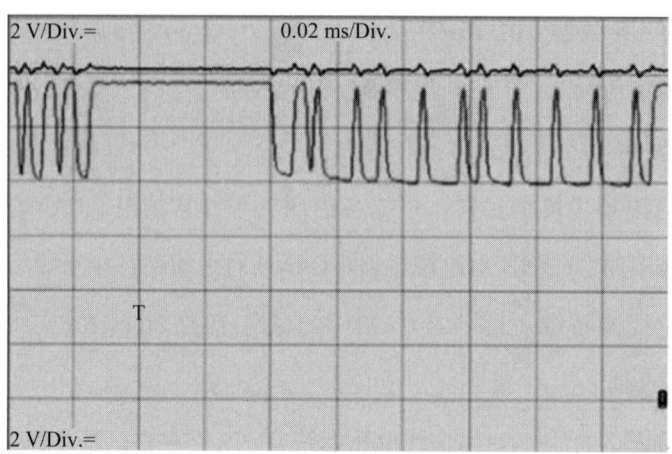

图 9-27　CANH 对电源短路的总线波形

（3）CANH 对地短路。当出现这种故障时，由于 CAN 总线的容错特性，可能会出现整个 CAN 总线网络无法通信的情况或产生相关故障码。CANH 的电压位于 0 V，CANL 电压也位于 0 V，可是在 CANL 导线上还能够看到一小部分的电压变化。CANH 对地短路的总线波形如图 9-28 所示。

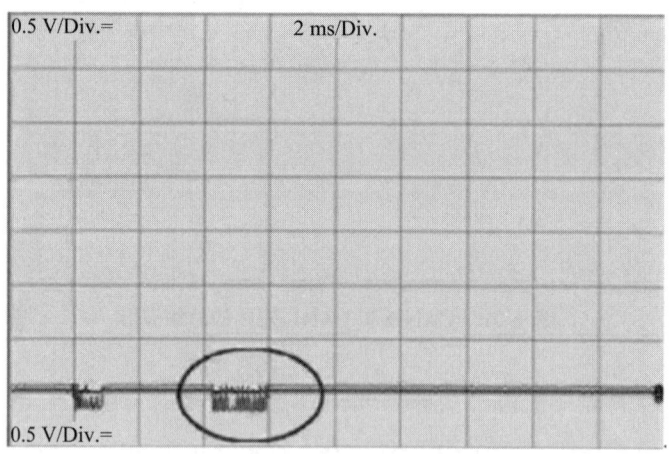

图 9-28　CANH 对地短路的总线波形

如图 9-28 所示，实际测量电压，若 CANH 与 CANL 电压均约为 0 V，且无断路问题，则说明出现故障。如果不是 CANH 导线对外部地线短路引起的，那么这种故障就可能是控制模块内部的 CAN 收发器损坏造成的。

当然还有 CANL 对地短路、CANL 对电源（正极）短路、CANH 断路、CANL 断路、CANH 和 CANL 导线互相接反等故障。

思考题

1. 除了本单元列举的有线通信协议，还有哪些有线通信协议？

2. Modbus 通信协议消息帧有哪几种？本单元使用的是哪种？

3. 利用调试工具观察到 RS-485 总线上数据为"01 04 00 02 00 01 90 0A"，那么它对应的功能码是多少？

4. 利用调试工具观察到 RS-485 总线上每次只重复出现以下数据而没有其他数据"01 04 00 02 00 01 90 0A"，则说明存在什么问题？可能是什么原因导致的？

5. 本单元节中 CAN 总线通信的数据帧采用的结构是什么？

6. CAN 总线中调用系统函数控制 CAN 控制器启动和停止的函数分别是什么？

7. 利用调试工具观察到 CAN 总线上的数据为"01 19 2B 01 00 00 00 00"，它对应的帧 ID 是多少？

8. 已知 CAN 总线上的节点有两个，利用调试工具观察到 CAN 总线上每次只重复出现以下数据而没有其他数据"01 19 2B 01 00 00 00 00"，说明存在什么问题？可能是什么原因导致的？

第十章
无线通信开发

　　无线通信本质上是利用无线传输介质实现终端之间的互联互通,这种无线传输介质可以是电磁波,也可以是光波。无线通信具有灵活性强、不受地域限制、通信范围广等优势,但是其信号易受到干扰,可靠性较低。无线通信分为短距离无线通信和长距离无线通信。

　　ZigBee 技术、Wi-Fi 技术、蓝牙技术等是短距离无线通信技术的典型代表,NB-IoT 技术、LoRa 技术等则是长距离无线通信技术的典型代表。本单元介绍如何通过 ZigBee 技术、Wi-Fi 技术进行无线组网的通信开发。

- **职业功能:** 物联网组网通信开发。
- **工作内容:** 无线通信开发。
- **专业能力要求:** 能运用无线通信协议,进行数据封装与解析;能运用无线通信协议,完成点对点等通信开发;能通过空间接口抓包、嗅探,完成数据分析与故障排除。
- **相关知识要求:** 无线通信协议知识;抓包、嗅探技术知识。

第一节　无线通信基础知识

本节对无线通信工作原理进行讲解，列举蓝牙技术、ZigBee 技术、Wi-Fi 技术、NB-IoT 技术、LoRa 技术等相关知识和主要特性，为介绍 ZigBee 技术、Wi-Fi 技术的通信应用开发奠定基础。

考核知识点及能力要求：

- 掌握无线通信协议知识。
- 掌握短距离无线通信技术（蓝牙、ZigBee、Wi-Fi）的基本知识。
- 掌握长距离无线通信技术（NB-IoT、LoRa）的基本知识。

一、无线通信工作原理

无线通信是将需要传送的声音、文字、数据和图像等电信号通过在无线电磁波调制的方式上传至对方。各种不同类型的无线通信系统的组成都很不同，但是其基本电路和基本原理都是相同的，遵循着同样的规律。无线通信系统组成如图 10-1 所示。

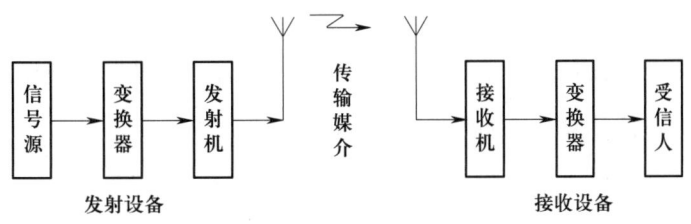

图 10-1　无线通信系统组成框图

各部分作用如下：

> 信号源：提供需要传送的信息。

> 变换器：把待传送的信息转换成高频信号或载波信号。

> 发射机：把高频信号或载波信号由天线发射出去。

> 传输媒介：信息的传送通道（自由空间）。

> 接收机：接收并放大高频信号或载波信号。

> 变换器：把高频信号或载波信号转换成电信号。

> 受信人：将电信号传送给信息的最终接收者。

无线通信有以下几种分类方式：

> 按工作频段分类：分为甚低频（VLF）、低频（LF）、中频（MF）、高频（HF）、甚高频（VHF）、特高频（UHF）、超高频（SHF）、极高频（EHF）和至高频（ZHF）。

> 按通信方式分类：分为（全）双工、半双工和单工方式。

> 按调制方式分类：分为调幅、调频、调相以及混合调制等。

> 按消息类型分类：分为模拟通信和数字通信。

> 按无线应用分类：分为移动、无线传输、无线接入、微波和卫星。

> 按工作状态分类：分为固定和移动。

> 按覆盖范围分类：分为短距离和长距离（广域网）。

物联网通信技术有很多种，包括短距离无线通信、长距离无线通信、短距离有线通信、长距离有线通信四大通信网络群。短距离无线通信技术的代表技术有蓝牙、ZigBee、Wi-Fi、IrDA、RFID（包括 NFC）、UWB 和 Z-Wave 等；长距离无线通信技术包括宽带广域网和低功耗广域网两大类，常见的宽带广域网为三大运营商的 2G、3G、4G、5G 移动通信网络，低功耗广域网（low power wide area network，LPWAN）技术可分为工作在授权频段的 NB-IoT 技术、eMTC 技术及工作在非授权频段的 LoRa 技术。几种常用的无线通信技术对比如图 10-2 所示。

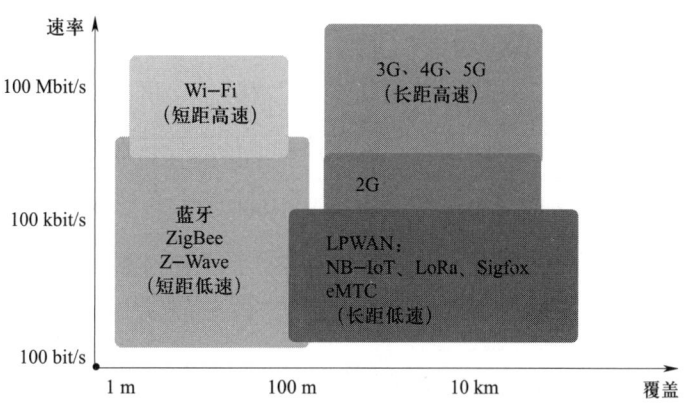

图 10-2　几种常用的无线通信技术对比

二、短距离无线通信

在物联网领域,蓝牙、ZigBee 和 Wi-Fi 是当前主要的三种短距离无线通信技术。当这三种类型的设备在同一空间中利用 2.4 GHz 频段进行通信时,会有同频干扰问题,为了减少 Wi-Fi 设备和 ZigBee 设备之间的同频干扰问题,建议 ZigBee 设备使用 11、14、15、19、20、24 和 25 信道;由于蓝牙技术使用了跳频技术,蓝牙设备和 ZigBee 设备基本不会冲突,蓝牙设备和 Wi-Fi 设备之间的相互影响也很小。

(一)蓝牙技术

蓝牙技术是全球使用范围最广的短距离无线通信技术之一,在手机和移动产品中一直扮演着重要的作用。蓝牙技术在 1998 年推出,其特点是成本低、效益高,可以在短距离范围内随意使用。从音频传输、图文传输、视频传输到数据传输,蓝牙技术已经进行了多次更新,这么多次的更新一方面维持着蓝牙设备向下兼容性,另一方面也允许蓝牙技术应用于越来越多的物联网设备。

蓝牙经典(classic)版本自 3.0 后就更新不多,随着蓝牙低功耗(bluetooth low energy,BLE)在功耗上的不断降低和在传输效率上的不断提升,未来蓝牙技术的主要发力点将集中在物联网。Mesh 网状网络的加入使得蓝牙技术自成 IoT 体系成为可能。蓝牙技术目前最新的版本为 2021 年发布的 5.3 版,该版本针对物联网进行底层优化,实现最高数据传输速率 2 Mbit/s、最大传输距离为 300 m,支持测向功能和厘米级的定位服务。

蓝牙技术特点如下。

1. 跳频技术

为减少同频设备的干扰，使用跳频技术把 2.402～2.48 GHz 频段分成 79 个频点，相邻频点间隔 1 MHz。在一次连接中，蓝牙技术通信设备按照一定的伪随机序列快速从一个信道跳到下一个信道，每秒钟频率改变 1 600 次，每个频率持续 625 μs。跳频的瞬时带宽很窄，通过扩展频谱技术可使窄频带扩展成宽频带。

2. 流加密技术

蓝牙技术的认证和加密技术由物理层提供，通过硬件实现；密钥由高层软件管理，以确保链路级安全。

3. Mesh 网状网络

蓝牙技术采用分散式网络结构，支持点对点及点对多点通信。早期版本的蓝牙技术连接是通过一台设备到另一台设备的配对实现的，可以建立一对一或一对多的微型网络关系。Mesh 网状网络能够将蓝牙设备作为信号中继站，将数据覆盖到非常大的物理区域，兼容蓝牙 4 系列和 5 系列的协议。Mesh 网状网络中每个设备节点都能发送和接收信息，只要有一个设备连上网关，信息就能够在节点之间中继，从而让消息传输至距离更远的位置。这样 Mesh 网状网络就可以应用在制造工厂、办公楼、购物中心、商业园区以及更广的场景中，为照明设备、工业自动化设备、安防摄像机、烟雾探测器和环境传感器提供更稳定的传输方案。办公楼里的 Mesh 蓝牙技术网络如图 10-3 所示。

图 10-3 办公楼里的 Mesh 蓝牙技术网络

（二）ZigBee 技术

蓝牙技术对工业和家庭自动化控制以及工业遥测遥控领域而言显得距离近、组网规模太小。针对蓝牙技术在这些领域的不足，2003 年提出了 ZigBee 技术，该技术能够适应工业现场无线数据传输的高可靠性要求，并能抵抗工业现场的各种电磁干扰。ZigBee 技术是一种具有统一技术标准的短距离无线通信技术，其物理层和数据链路层协议为 IEEE 802.15.4 标准，其网络层和应用层协议由 ZigBee 联盟制定，该技术可根据用户的需要对应用层进行开发利用，因此能够为用户提供机动、灵活的组网方式。

ZigBee 技术主要用于距离短、功耗低且传输速率不高的各种电子设备之间的数据传输，适用于周期性数据、间歇性数据和低反应时间数据的传输。该技术可工作于 2.4 GHz（全球）、915 MHz（美国）和 868 MHz（欧洲）三个频段，分别具有最高 250 kbit/s、40 kbit/s 和 20 kbit/s 的传输速率，传输距离为 200～250 m（外接 5 dB 鞭状天线）或 300～400 m（外接 9 dB 鞭状天线）。该技术最大特点是可自组网。

而随着 ZigBee 技术在自动化控制、移动互联网络、智能可穿戴设备领域越来越频繁的应用，业内对低耗能传感器及芯片的连通性和兼容性产生了迫切的需求。对此，ZigBee 联盟推出 920IP 协议，该协议是全球首个基于 IPv6 的无线网状网络解决方案，应用于低耗电量和低成本的家庭能源管理的网格网络及其相关设备，可提升物联网设备的能效和互通性。随着此协议的推出，ZigBee 技术在物联网中的功能逐步完善，物联网设备效能得到极大提高。

ZigBee 技术特点如下。

1. 低功耗

ZigBee 技术的传输速率低，发射功率仅为 1 mW，而且具备休眠模式，因此 ZigBee 设备非常省电。

2. 低成本

ZigBee 技术通过大幅简化协议，降低了对通信控制器的要求，以芯片内置的增强型 8051 内核测算，ZigBee 主节点代码需占用 32 kB 字节空间，子功能节点的代码仅需占用 4 kB 字节空间。同时 ZigBee 技术的应用是免协议专利费的。

3. 低时延

ZigBee 技术的通信时延和休眠激活时延都非常短，典型的设备搜索时延为 30 ms，休眠激活时延为 15 ms，远小于其他短距离无线通信技术的组网时延。因此，ZigBee 技术适用于对时延要求苛刻的无线控制（如工业控制场合等）领域。

4. 网络容量大

ZigBee 技术可采用星形、簇树形和网状网络结构，一个区域内可以同时存在最多 100 个 ZigBee 网络，网络组成十分灵活。网络中由一个主节点管理若干个（最多 254 个）子节点，通过节点级联最多可组成 65 536 个节点的大网。

5. 可靠性高

ZigBee 技术的物理层采用了扩频技术，能够在一定程度上抵抗干扰，媒体介入控制层（media acess control，MAC）具备应答重传功能，确保了数据收发的可靠性。借助 MAC 层的 CSMA 机制，节点在发送数据前可先监听信道，以便避开干扰。同时，当网络受到外界干扰无法正常工作时，整个网络可以动态切换到另一个工作信道上。

6. 安全性好

ZigBee 技术使用了数据完整性检查与鉴权功能，采用了高级加密标准（advanced encryption standard，AES）的加密算法，各个应用可以灵活地确定安全属性，从而使网络安全性能够得到有效的保障。

（三）Wi-Fi 技术

ZigBee 技术用于低速率、低功耗场合，不适合于传输大量的数据，如传输视频和声音等；蓝牙技术适合于省电和短距离传输。与 ZigBee 技术和蓝牙技术相对应，Wi-Fi 技术适用于要求数据量大、带宽大和对功耗不敏感的场合。

目前有线网络中最著名的是以太网。无线局域网（wireless local area network，WLAN）是一个很有前景的发展领域，虽然它不会完全取代以太网，但会拥有越来越多的应用场景。无线局域网中最有前景的就是 Wi-Fi 技术，几乎所有的智能手机、平板电脑和笔记本电脑都支持 Wi-Fi 技术。以太网和 Wi-Fi 标准都属于 IEEE 802 标准集,以太网网络层以下标准为 IEEE 802.3 标准,Wi-Fi 标准网络层以下为 IEEE 802.11 标准。IEEE 802.11 标准包括 IEEE 802.11 a/b/g/n/ac/ax 标准,不同的后缀代表着不同的物理层工作频段和不同传输速率。IEEE 802.11ac 标准理论上的最大速率为 6.9 Gbit/s,被命名为 Wi-Fi5;IEEE 802.11ax 标准理论上的最大速率为 9.6 gbps,被命名为 Wi-Fi6。

Wi-Fi 技术特点如下。

1. 设备类型和拓扑结构

在 Wi-Fi 设备主要由接入点和站点(station,STA)组成,一个接入点可以同时与多台站点并发通信。Wi-Fi 技术的拓扑结构主要采用星状,组网相对简单;Mesh 为网状网络,如图 10-4 所示。

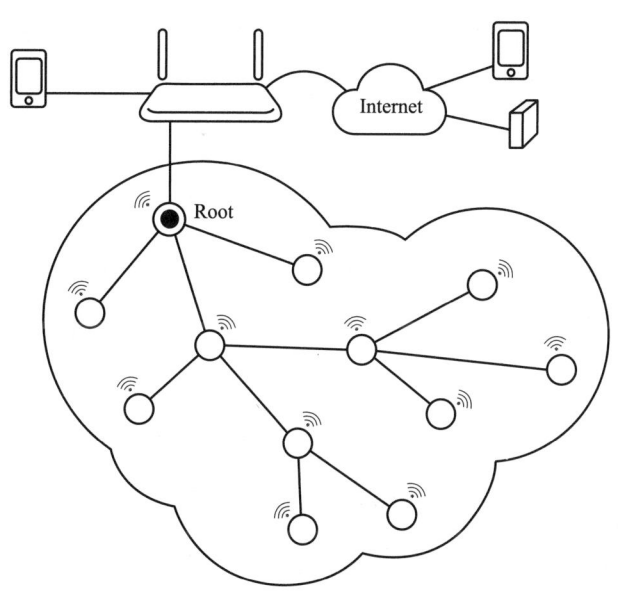

图 10-4　Mesh 的网状网络

2. 信道

Wi-Fi 技术使用 2.4G 频段、5G 频段和 6G 频段,说明如下。

(1)2.4G 频段。频率范围为 2.4 ~ 2.4835 GHz,带宽为 83.5 MHz,划分为 14 个信道,在国内只能使用 1~13 信道,不允许使用第 14 信道。相邻的多个信道存在频率重叠（如1信道与2、3、4、5信道有频率重叠），整个频段内只有3个（1、6、11）互不干扰信道，如图10-5所示。

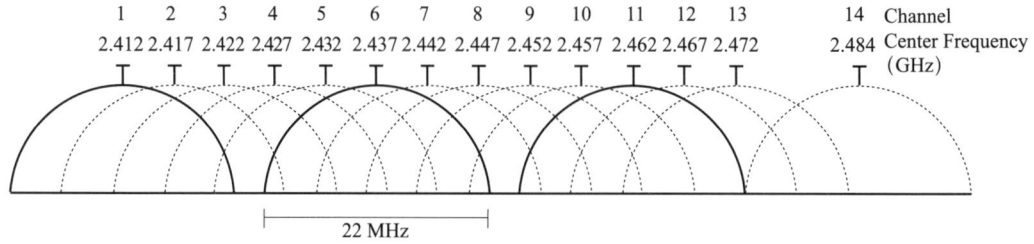

图10-5　Wi-Fi技术所使用的信道

因此在使用2.4 GHz频段的Wi-Fi设备时，距离较近的多个设备应该错开信道以防互相干扰。

（2）5G频段。频率范围为4.915 ~ 5.825 GHz，共0.9 GHz带宽，信道带宽以20 MHz的倍数增加，信道的标号以4的倍数增加，5 GHz频段中各个信道都不会相互覆盖。在国内只允许使用5.2 GHz和5.8 GHz频段共13个信道，其中5.2 GHz频段可用信道为36、40、44、48、52、56、60和64。由于军用雷达会与52、56、60和64信道冲突，虽然Wi-Fi技术都带有DFS（dynamic frequency selection，动态频率选择）和TPC（transmit power control，传输功率控制），检测到了雷达波后会自动退出与雷达波冲突的信道，但还是建议只使用36、40、44和48这4个信道；5.8 GHz频段国内只有149、153、157、161和165这5个信道可以使用。

（3）6G频段。频率范围为5.925 ~ 7.125 GHz，带宽共1.2 GHz，可容纳7个160 MHz的频带或14个80 MHz的频带。国内目前倾向于将6G段频给5G移动通信网络的空口使用，因为频段许可问题，在国内销售和使用的Wi-Fi6设备不允许使用6G频段。

3. 帧的来源和目的地址

仅从标识帧来源和去向，无线网络中的帧就需要有以下四个地址。

（1）SRC。源地址（SA），和以太网中的一样，就是发帧的最初地址。

（2）DST。目的地址（DA），和以太网中的一样，就是最终接受数据帧的地址。

（3）TX。也称为 Transmiter（TA），表示无线网络中目前实际发送帧者的地址（可能是最初发帧的人，也可能是转发时候的路由）。

（4）RX。也称为 Receiver（RA），表示无线网络中目前实际接收帧者的地址（可能是最终的接收者，也可能是需要转发给最终接收者的 AP）。

三、长距离无线通信

LPWAN 技术适用于物联网低速率远距离通信，具有覆盖范围广、终端节点功耗低、网络结构简单和运营维护成本低等特点。工作在授权频段的 NB-IoT 技术是在现有蜂窝通信基础上为接入低功耗物联网所做的改进，工作在非授权频段的 LoRa 技术则可以被看作是 ZigBee 技术对通信覆盖距离进行的扩展。

（一）NB-IoT 技术

NB-IoT 技术是一种全新的蜂窝物联网技术，是专门提供物物连接（物联网）的专用网络。它是 2015 年 9 月在 3GPP 标准组织中立项提出的一种工作在授权频段的 LPWAN 技术，可以支持大量的低吞吐率、超低成本设备连接，并且具有低功耗、优化的网络架构等独特优势。到 2019 年年底，我国已建成的 NB-IoT 技术基站超过 70 万个，已实现县级以上城市主城区普遍覆盖、重点区域深度覆盖。2020 年 7 月 ITU（国际电信联盟）将中国代表团推荐的 NB-IoT 技术正式纳入 5G 标准。

基于蜂窝通信技术的 NB-IoT 技术特点如下。

1. 海量连接

NB-IoT 技术与 2G、3G、4G 移动通信网络相比，有 50～100 倍的上行容量提升，这也就意味着在同一基站，NB-IoT 技术可以比现有 2G、3G、4G 移动通信网络提供 50～100 倍的接入数。

2. 超低功耗

通信设备消耗的能量往往与数据量或速率相关，即单位时间内发出数据包的大小决定了功耗的大小。NB-IoT 技术聚焦小数据量、小速率应用，因此其设备功耗非常小，可以保障电池 5 年以上的使用寿命。

3. 深度覆盖

NB-IoT 技术比 GSM 和 LTE 提升了 20 dB 的增益，相当于发射功率提升了 100 倍，或者说覆盖能力提升了 100 倍，就算在地下车库、地下室、地下管道等地方也能稳定覆盖。

4. 稳定可靠

NB-IoT 技术能提供电信级的可靠性接入，有效支撑 IoT 的应用。

5. 低成本

NB-IoT 技术构建于蜂窝网络，只消耗大约 180 kHz 的带宽，可直接部署于 GSM 网络、UMTS 网络或 LTE 网络，与现有基站复用以降低网络部署成本。NB-IoT 技术的低速率、低功耗带来芯片和整机的低成本。

6. 安全性

NB-IoT 技术部署于 LTE 网络时，继承了 4G 移动通信网络安全能力，支持双向鉴权以及空口严格加密，以确保用户数据的安全。

（二）LoRa 技术

LoRa 技术是一种线性调频扩频调制技术，全称为远距离无线电（long range radio），因其传输距离远、低功耗和组网灵活等诸多优势特性都与物联网碎片化、低成本、大连接的需求契合，故而被广泛应用于物联网各个垂直行业中。

LoRa 芯片最早由 Semtech 推出，相比 NB-IoT 芯片的开放状态，LoRa 芯片的半导体知识产权（IP）由 Semtech 垄断，因此国内业界普遍担心在贸易战的大背景之下这种垄断模式存在很大的交货风险。2018 年 9 月阿里云 IoT 与 Semtech 公司正式签署了 LoRa 芯片 IP 授权协议，并联合 ASR 共同发布了基于该 IP 授权协议的 LoRa 芯片。这是国内企业首次获得 LoRa IP 的授权，也是 Semtech 第二次对外进行 LoRa IP 的正式授权，在国内开启 LoRa 芯片更多供应商的局面。

LoRa 技术特点如下。

1. 频段有限

LoRa 技术主要在 ISM 频段运行（即非授权频段），在国内只能使用 CN779-787

和 CN470-510 频段。其中，CN779-787 限制最大发射功率仅 10 dBm（10 mW），没多大实用价值；CN470-510 限制最大发射功率可达 17 dBm（50 mW），因此 CN470-510 为最佳频段。然而中国无线电委员会已经分配 CN470-510 用于居民抄表，上行通信 96 个通道中的 6～38 和 45～77 通道由国家电网使用，LoRa 技术在国内能够使用 CN470-510 频段中的上行通道只有 80～87 和 88～95，因为剩下的空闲频段中只有这 2 个是连续的，还能对齐 8。

2. 远距离

LoRa 技术灵敏度更接近香农极限定理，降低了信噪比要求，传播距离更长，最远可达 50 km。LoRa 技术通过扩频获取增益，不依赖于窄带和重传，不依赖于编码冗余。另外，LoRa 技术下行不依靠基站的大功率，网关和节点灵敏度均可达到 -140 dBm（300 bit/s）。

3. 抗干扰能力

在所有的物联网通信技术中，只有 LoRa 技术可在噪声下 20 dB 解调，而其他的物联网通信技术必须在高于噪声一定强度的前提下才能实现解调。

4. 低功耗

LoRa 技术在睡眠状态电流甚至低于 1 μA，发射 17 dBm 信号时电流仅为 45 mA，接收信号时电流仅为 5 mA。

5. 易于部署

LoRa 技术不仅能够根据应用需要规划和部署网络，还能根据现场环境，针对终端位置合理部署基站。LoRa 网络的扩展十分简单，也可根据节点规模的变化随时对覆盖进行增强或扩展。

6. 安全性

LoRa 技术拥有从物理层、网络层到应用层的三重安全性，因此满足各种数据私密性要求。

7. 组网方式

可以根据不同的应用和需求而选择不同的组网方式，实际应用中常见点对点、星状、树状和 Mesh 网状网络等。

第二节　ZigBee 组网开发

本节首先对 ZigBee 技术基础知识进行讲解，重点阐述 Z-Stack 协议栈；其次分析 CC253x 系列单片机及其典型应用电路；最后阐述如何通过搭建基于 Z-Stack 协议栈的点对点通信网络，编写无线总线收发函数，对收发数据进行抓包、分析，使读者可掌握基于 ZigBee 无线通信系统的构建和调试方法，并对 Z-Stack 协议栈的实际应用进行实践。

考核知识点及能力要求：

- 了解 ZigBee 技术基础知识。
- 能搭建开发环境、编写代码并使用仿真器进行代码调试下载。
- 掌握运用无线通信协议进行数据封装与解析的能力。
- 掌握运用无线通信协议完成点对点等通信开发的能力。
- 掌握通过空间接口抓包、嗅探，完成数据分析与故障排除的能力。

一、ZigBee 技术基础知识

（一）基本概念

1. 设备类型

ZigBee 网络是一种主从式结构网络（或者说 Mesh 网状网络结构），每个 ZigBee 网络由 1 个协调器（coordinator）、若干个路由器（router）和若干个终端设备（end device）构成，如图 10-6 所示。

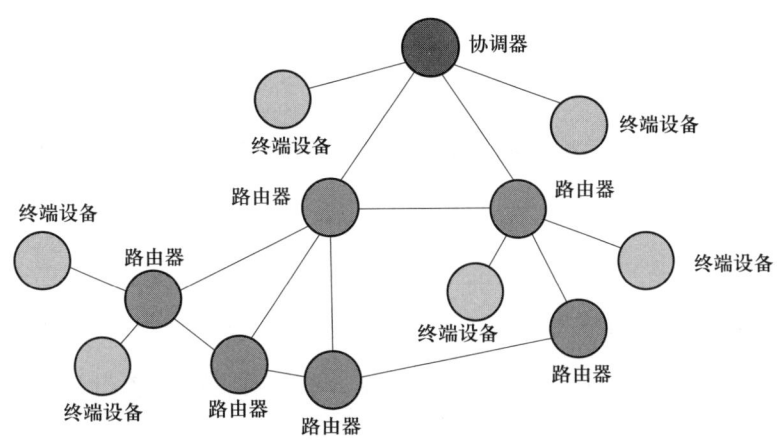

图 10-6 ZigBee 网络示意图

（1）协调器。协调器是每个独立的 ZigBee 网络中的核心设备，负责建立和配置网络参数。

（2）路由器。路由器允许其他设备加入网络，协助终端设备通信。

（3）终端设备。终端设备是 ZigBee 技术实现低功耗的核心。

2. 网络容量

ZigBee 设备有两种不同的地址：16 位短地址和 64 位长地址。其中 64 位长地址（IEEE 地址）是全球唯一的地址，在设备的整个生命周期内都将保持不变，它由国际 IEEE 组织分配，在芯片出厂时已经写入芯片中，不能修改；短地址是在设备加入一个 ZigBee 网络时分配的，它只在这个网络中唯一，用于网络内数据收发时的地址识别。因此在每一个 ZigBee 设备组成的无线网络中，可容纳最多 65 536 个节点。

3. 拓扑结构

ZigBee 网络支持星状、树（簇）状和网状三种网络拓扑结构。

星状网络由一个协调器和多个终端设备组成，只存在协调器与终端设备的通信，终端设备间的通信都需通过协调器的转发。

树状网络由 1 个协调器和 1 个或多个星状结构连接而成，设备除了能与自己的父节点或子节点进行点对点直接通信，还能通过树状路由完成消息传输。

网状网络是树状网络基础上实现的。与树状网络不同的是，它允许网络中所有具有路由功能的节点直接互联，由路由器中的路由表实现消息的网状路由。

4. PAN ID

个人区域网络 ID（personal area network ID，PAN ID）用于区分不同的网络，同一 ZigBee 网络的 PAN ID 必须相同，同一地区可以同时存在多个不同 PAN ID 的 ZigBee 网络。

（二）Z-Stack 协议栈

TI 公司提供了 ZigBee 技术的 Z-Stack 协议栈，它是被全球很多企业广泛应用的一种商业级协议栈。它包含了 1 个小型操作系统，负责系统的调度。用户通过使用 IAR 软件开发工具并调用 API 相关库函数来实现相关功能。

1. Z-Stack 协议栈结构

Z-Stack 协议栈在 OSI 七层模型的基础上，结合无线网络的特点，采用分层的思想实现。协议栈由物理层（PHY）、介质访问控制层（MAC）、网络层（NWK）和应用层（APL）组成，如图 10-7 所示。

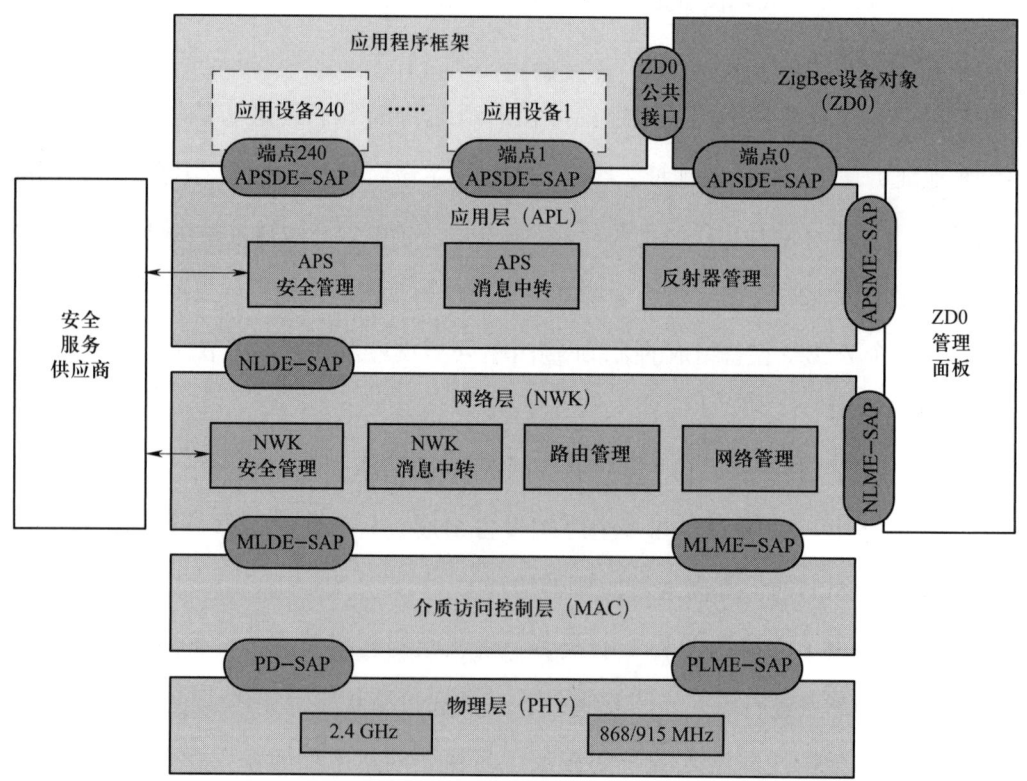

图 10-7 Z-Stack 协议栈的结构

IEEE 802.15.4 标准定义了底层的物理层和介质访问控制层，ZigBee 技术定义了网络层和应用层。在 Z-Stack 协议栈中，上层实现的功能对下层来说是独立的，上层通过调用下层提供的函数来实现某些功能。

（1）物理层。物理层定义了物理无线信道和 MAC 子层之间的接口，提供物理层数据服务和物理层管理服务。

（2）介质访问控制层。介质访问控制层负责处理所有的物理无线信道访问，并产生网络信号、同步信号；它支持个人区域网络连接和分离，提供两个对等介质访问控制实体之间可靠的链路。

（3）网络层。Z-Stack 协议栈的核心部分在网络层，网络层主要实现节点加入或退出网络、接收或抛弃其他节点、路由查找及数据传送、信息库维护等功能。

（4）应用层。应用层包括应用支持子层（APS）、ZigBee 设备对象（ZDO）和应用程序。

2. OSAL

操作系统抽象层（operating sysm abstraction layer，OSAL）负责调度各个任务的运行，如果有事件发生时，则会调用相应的事件处理函数进行处理。OSAL 运行机制如图 10-8 所示。

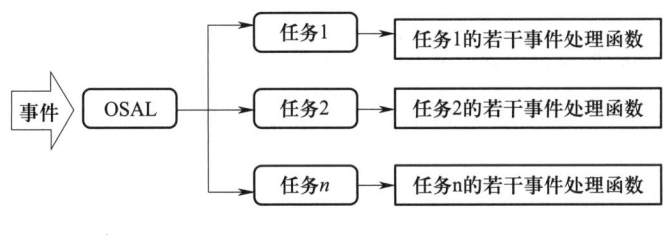

图 10-8　OSAL 运行机制

在 OSAL 相关源代码中，tasksCnt、tasksEvents 和 tasksArr 这三个变量非常重要：tasksCnt 保存了系统中任务的总数量；tasksEvents 是一个指针，指向了事件表的首地址；taskArr 数组里存放了所有任务的事件处理函数的地址，在这里事件处理函数就代表了任务本身，也就是说事件处理函数标识了与其对应的任务。

二、CC253x 系列单片机

以白板、黑板为例，这两块板的核心为 CC253x 系列单片机，如图 10-9 所示。该芯片是真正的系统级 SoC 芯片，适用于 2.4 GHz IEEE 802.15.4 标准、ZigBee 标准和 RF4CE 标准。CC253x 系列单片机包括了性能一流的 RF 收发器、工业标准增强型 8051 MCU、256 kB 闪存和 8 kB RAM，具有不同的运行模式，尤其适合超低功耗要求，并结合 Z-Stack 的协议栈，提供了一个强大和完整的 ZigBee 设备解决方案。

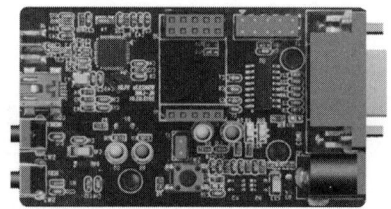

图 10-9　以 CC253x 系列单片机为核心的电路板（白板、黑板）

三、Z-Stack 组网通信

（一）基于 Z-Stack 的点对点通信

1. 硬件环境搭建

使用 2 块 CC253x 系统单片机，其中 1 块作为协调器（节点 1），1 块作为终端节点（节点 2）。按下节点 2 的 SW1 键，节点 1 收到数据后，对接收到的数据进行判断，如果收到的数据正确，则节点 1 的 LED 灯切换亮 / 灭状态，如图 10-10 所示。

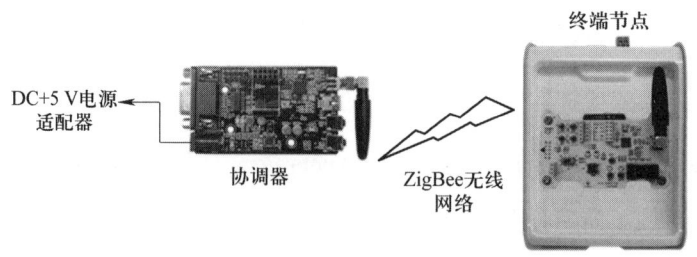

图 10-10　基于 Z-Stack 点对点通信

2. 软件环境搭建

使用 IAR 软件开发工具进行基于 Z-Stack 协议栈点对点的通信开发。

3. 基于 Z-Stack 协议栈的点对点通信开发

（1）参数配置。文件"f8wConfig.cfg"对信道选择、网络号 ID（PAN ID）等有关的链接命令进行配置，定义了建立网络的信道默认值为 11，即从 11 信道上建立 ZigBee 网络。接下来还定义了 ZigBee 网络的 PAN ID 号。因此，如果要建立其他信道或 PAN ID 号，在此修改即可。代码如下：

```
/* Default channel is Channel 11 - 0x0B */
// Channels are defined in the following:
//   0        : 868 MHz         0x00000001
//   1 - 10   : 915 MHz         0x000007FE
//   11 - 26  : 2.4 GHz         0x07FFF800
//-DMAX_CHANNELS_868MHZ         0x00000001
//-DMAX_CHANNELS_915MHZ         0x000007FE
//-DMAX_CHANNELS_24GHZ          0x07FFF800
-DDEFAULT_CHANLIST=0x00000800  // 11 - 0x0B
/* Define the default PAN ID.*/
-DZDAPP_CONFIG_PAN_ID=0xFFFF
```

（2）终端节点代码完善。IAR 空间选择"EndDeviceEB"，在 EndDevice.c 中输入 SampleApp_SendLightSwitchMessage () 函数，该函数主要构造灯光控制消息，并通过 AF_DataRequest () 函数向协调器发送消息。代码如下：

```
void SampleApp_SendLightSwitchMessage (void)
{
    #define STR_LEN_TX 32
    uint8 buffer[STR_LEN_TX] = {0};     // 存放要发送的数据
    memset (buffer, '\0', STR_LEN_TX);
    sprintf ( (char *) buffer, CMD_LGT_SW);

    afAddrType_t SampleApp_Switch_DstAddr;
```

```
            SampleApp_Switch_DstAddr.addrMode = (afAddrMode_t) Addr16Bit; // 通信模
式 – 单播
            SampleApp_Switch_DstAddr.endPoint = SAMPLEAPP_ENDPOINT;          // 端点
号
            SampleApp_Switch_DstAddr.addr.shortAddr = 0x0000;                // 协调器
地址为 0x0000
            // ZigBee 发送数据
            if (AF_DataRequest (&SampleApp_Switch_DstAddr,
                          &SampleApp_epDesc,
                          SAMPLEAPP_LIGHT_SWITCH_CLUSTERID,
                          STR_LEN_TX,
                          buffer,
                          &SampleApp_TransID,
                          AF_DISCV_ROUTE,
                          AF_DEFAULT_RADIUS) == afStatus_SUCCESS)
    {
    }
     else
    {
        // Error occurred in request to send.
    }
}
```

修改 SampleApp_HandleKeys () 函数。该函数主要功能是判断按键是不是 SW1，如果是 SW1，则调用 SampleApp_SendLightSwitchMessage () 函数向协调器发送消息。代码如下：

```
void SampleApp_HandleKeys (uint8 shift,  uint8 keys)
{
    (void) shift;

    if (keys & HAL_KEY_SW_6)
```

```
    {
        SampleApp_SendLightSwitchMessage ( ) ; // 发送灯切换命令
    }
}
```

（3）协调器代码完善。在 IAR 空间选择"CoordinatorEB"，在 Coordinator.c 文件中，修改 SampleApp_ProcessEvent( )事件处理函数。该函数主要从消息队列上接收消息，对接收到的消息进行判断，如果接收到网络状态变化事件（ZDO_STATE_CHANGE）则进行入网状态指示灯处理。根据任务需求，当协调器形成网络或者终端节点入网成功后，通过指示灯 LED_2 提示用户。若协调器形成网络后，指示灯 LED_2 处于常亮状态；若终端节点入网成功，指示灯 LED_2 处于闪烁状态。代码如下：

```
uint16  SampleApp_ProcessEvent (uint8  task_id, uint16  events)
{
    afIncomingMSGPacket_t *MSGpkt;
    (void）task_id;

    if ( events & SYS_EVENT_MSG)
    {
        MSGpkt = (afIncomingMSGPacket_t *) osal_msg_receive ( SampleApp_TaskID) ;
        while (MSGpkt)
        {
            switch (MSGpkt->hdr.event)
            {
                // 当按键被按下时接收
                case    KEY_CHANGE：
SampleApp_HandleKeys ( ((keyChange_t *)MSGpkt)->state, ((keyChange_t *)MSGpkt)->keys);
                    break;
                case    AF_INCOMING_MSG_CMD：
```

```
                    SampleApp_MessageMSGCB (MSGpkt);
                    break;
                case   ZDO_STATE_CHANGE:
                    SampleApp_NwkState = (devStates_t) (MSGpkt->hdr.status);
                    if (SampleApp_NwkState == DEV_ZB_COORD)
                    {
                        //设备组网成功
                        HalLedSet (HAL_LED_COMM, HAL_LED_MODE_ON);
                    }
                        else if ((SampleApp_NwkState == DEV_ROUTER) || (SampleApp_NwkState == DEV_END_DEVICE) )
                    {
                        //设备入网成功
                        HalLedBlink (HAL_LED_COMM, HAL_LED_BLINKS, LED_BLINK_PERCENT, LED_BLINK_PERIOD);
                    }
                    else
                    {
                        //设备不在网络中
                        HalLedSet (HAL_LED_COMM, HAL_LED_MODE_OFF);
                    }
                    break;
                default:
                    break;
            }

            //释放内存
            osal_msg_deallocate ( (uint8 *) MSGpkt);

            MSGpkt = (afIncomingMSGPacket_t *) osal_msg_receive (SampleApp_TaskID);
        }
```

```
    // 返回未处理事件
    return (events ^ SYS_EVENT_MSG);
  }
  return 0;
}
```

在 SampleApp_HandleKeys ( ) 函数中,如果按键是 SW1,则点亮指示灯 LED_1。代码如下:

```
void  SampleApp_HandleKeys (uint8  shift, uint8  keys )
{
    (void) shift;
    if (keys & HAL_KEY_SW_6)
    {
        HalLedSet (HAL_LED_LINK,  HAL_LED_MODE_TOGGLE); // 控制灯切换
    }
}
```

在 SampleApp_MessageMSGCB ( ) 函数中,增加对无线数据事件消息的处理。首先判断消息的簇 ID 是否灯光切换的簇 ID,如果是,检查接收到的内容是否正确;如果是"ZigBeeLightSwitch"命令,则点亮指示灯 LED_1,从而实现远程控制 LED 灯的功能。代码如下:

```
void  SampleApp_MessageMSGCB (afIncomingMSGPacket_t *pkt)
{
   switch (pkt->clusterId)
   {
     case   SAMPLEAPP_LIGHT_SWITCH_CLUSTERID:
          if (strstr ((const char *) (pkt->cmd.Data), (const char *) CMD_LGT_SW) != NULL) // 检查是否收到 CMD_LGT_SW
          {
               HalLedSet (HAL_LED_LINK, HAL_LED_MODE_TOGGLE);
          }
```

```
            DEBUG_PRINT ("%s", pkt->cmd.Data); // 打印收到的信息至串口
            break;
    default：
        break;
    }
}
```

（二）ZigBee 协议数据抓包和解析

1. 数据抓包

步骤一，使用 CC253x 系列单片机通过"SmartRF Flash Programmer"软件下载固件"sniffer_fw_cc2531.hex"，将其作为嗅探器（CC2531 USB dongle）。

步骤二，使用 USB 连接线将嗅探器与 PC 连接起来，安装驱动程序。

步骤三，使用抓包工具进行 ZigBee 协议数据抓包和分析，如图 10-11 所示。

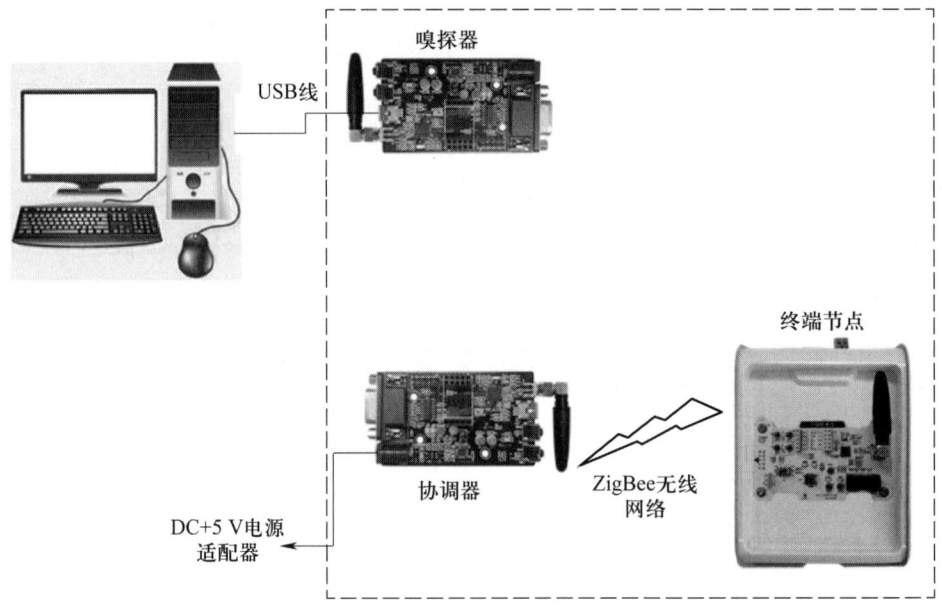

图 10-11　ZigBee 协议数据抓包硬件搭建图

添加设备之后，设置 ZigBee 协议抓包信道和 PAN ID，并且根据需求进行条件筛选，最后添加密钥，然后开始进行抓包，如图 10-12 所示。

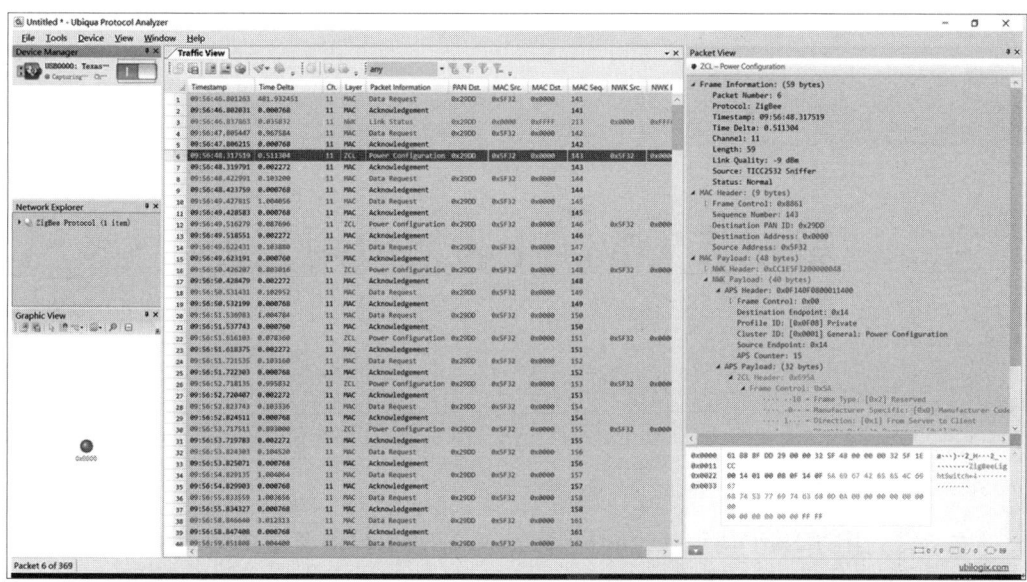

图 10-12　ZigBee 协议数据抓包

2. 数据解析

从图 10-12 可以看到 Traffic View 中各个字段，具体如下。

（1）Timestamp。发出该条包的时间。

（2）Time delta。这条包和上一条包的时间间隔。

（3）Ch.。网关的当前信道。

（4）Layer。层（MAC/NWK/APS/ZCL/ZDP）。

（5）Packet information。数据包信息。

（6）PAN Dst。显示网关的 PAN ID，可在 ZLL Test 中查看。

（7）MAC Src。可通过查看到包的短地址，判断该条包是由哪个设备发出的。

（8）MAC Dst。MAC 层目的地址，可查看到发出包的设备走的中继。

（9）MAC seq。包的序号。

（10）NWK Src。NWK 层原地址，可查看某条包是由哪个设备发出的。

（11）NWK Dst。NWK 层目的地址，可查看到某条包的发送目的是哪个设备。

此外，还可以看出 ZigBee 终端节点发送给协调器的数据"ZigBeeLightSwitch"。

第三节　Wi-Fi 通信应用开发

本节首先阐述 LwIP 协议栈，其次分析 Wi-Fi 通信模块及其典型应用电路，最后阐述如何通过基于 LwIP 协议栈的 TCP Socket 开发，编写无线总线收发函数，对收发数据进行抓包、解析，使读者可掌握 Wi-Fi 通信系统的构建和调试方法，并对 LwIP 协议栈的实际应用进行实践。

考核知识点及能力要求：

- 了解 LwIP 协议栈的主要特征。
- 能搭建开发环境、编写代码并使用仿真器进行调试下载。
- 掌握运用无线通信协议进行数据封装与解析的能力。
- 掌握运用无线通信协议完成点对点等通信开发的能力。
- 掌握通过空间接口抓包、嗅探完成数据分析与故障排除的能力。

一、LwIP 协议栈

LwIP（light weight internet protocol）是瑞士计算机科学院（Swedish Institute of Computer Science）亚当·顿克尔斯（AdamDunkels）等人开发的用于嵌入式系统的开放源代码 TCP/IP 协议栈，LwIP 协议栈的含义是轻型 IP 协议。LwIP 协议栈可以移植到操作系统上，也可以在无操作系统的情况下独立运行。LwIP 协议栈的 TCP/IP 协议实现的重点是在保持 TCP 协议主要功能的基础上减少对 RAM 的占用，一般只需要 20 ~ 40 kB 的 RAM 和 40 kB 左右的 ROM 就可以运行，这使 LwIP 协议栈适合在小型嵌入式系统中使用。

LwIP 协议栈的主要特性如下：

➢ 支持多网络接口下的 IP 协议转发。

➢ 支持 ICMP 协议。

➢ 支持 UDP 协议。

➢ 包括阻塞控制、RTT 估算、快速恢复和快速转发的 TCP 协议。

➢ 提供专门的内部回调接口（Raw API）用于提高应用程序性能。

➢ 可选择 Berkeley 接口 API（多线程情况下）。

➢ 在最新的版本中支持 PPP。

➢ 新版本中增加了对 IP 协议 fragment 的支持。

➢ 支持 DHCP。

二、ESP8266 芯片

Wi-Fi 通信模块核心为 ESP8266 芯片，该芯片是一个完整且自成体系的 Wi-Fi 设备解决方案，特点是性价比高。ESP8266 芯片具有强大的片上处理和存储能力，其可通过 GPIO 端口连接集成传感器及特定设备，实现了降低前期开发成本和减少系统资源占用量；芯片的集成度高，仅需极少的外部电路，包括前端模块在内的整个解决方案在设计时可将所占 PCB 空间降到最低。ESP8266 芯片配套软件开发工具包（SDK）为用户提供了数据接收和发送的函数接口，用户不必关心底层网络如 Wi-Fi 协议、TCP/IP 协议等的具体实现，只需要专注于物联网上层应用的开发，并利用相应接口完成网络数据的收发即可。Wi-Fi 通信模块如图 10-13 所示。

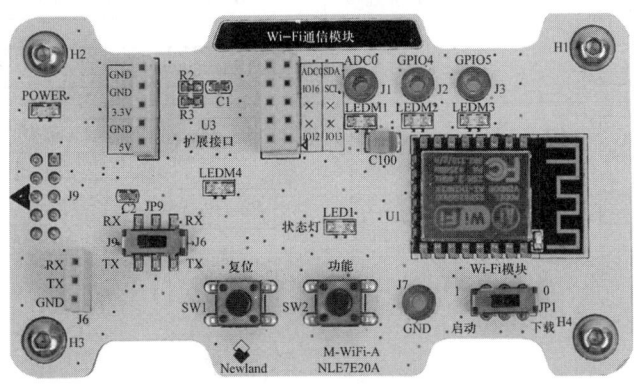

图 10-13　Wi-Fi 通信模块

三、Wi-Fi 通信应用开发

软件代码是基于 TCP 协议的 Socket 通信，客户端 Wi-Fi 通信模块可通过热点接入服务端 Wi-Fi 通信模块。

Socket 也称为套接字，是计算机网络通信的基本技术之一，用于描述 IP 地址和端口，是一个通信链的句柄，应用程序通常通过 Scoket 向网络发出请求或者应答网络请求。在 Internet 上的主机一般运行了多个服务软件，同时提供几种服务，每种服务都打开一个 Socket，并绑定一个端口，不同的端口对应不同的服务。大多数基于网络的软件（如浏览器、即时通信工具和 P2P 下载）都是基于 Socket 实现的，Socket 可认为是一种针对网络的抽象应用，通过它可以针对网络读写数据。

LwIP 协议栈的 TCP/IP 协议实现也是在 APP 上层通过 API 调用 Socket。为了确保兼容性，在"include\lwip\socket.h"文件中可以看到标准的 Socket 接口函数宏定义。"third_party\lwip\api\socket.c"是实现这些功能的文件代码，该文件代码中包括了 LwIP 协议栈的 TCP/IP 协议 Socket 的软件流程图，如图 10-14 所示。

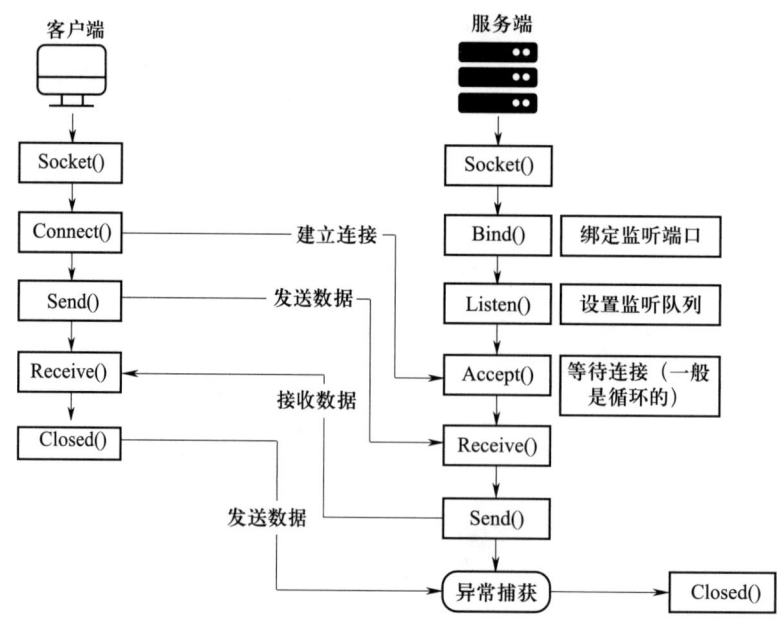

图 10-14　LwIP 协议栈的 TCP/IP 协议 Socket 的软件流程图

（一）基于 LwIP 协议栈的 TCP 协议 Socket 开发

1. 硬件环境搭建

取 1 块 Wi-Fi 通信模块作为服务端，1 块 Wi-Fi 通信模块作为客户端，进行 TCP 协议 Socket 开发，其硬件环境搭建示意图如图 10–15 所示。

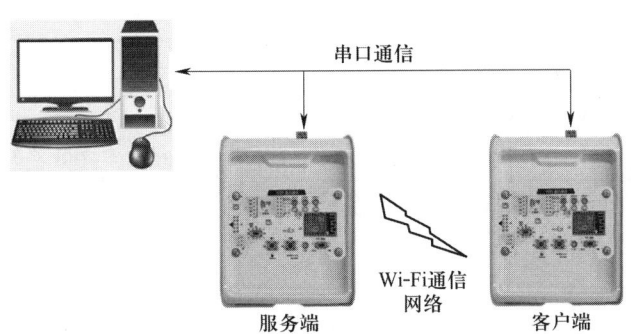

图 10–15　Wi-Fi 通信模块硬件环境搭建示意图

2. 软件环境搭建

使用 ESP_IDE 软件开发工具进行基于 LwIP 协议栈的 TCP 协议 Socket 开发。

3. 基于 LwIP 协议栈的 TCP 协议 Socket 开发

（1）服务端。服务端开启一个热点，在"Net_Param.h"文件中配置热点名称和密码以及监听端口。代码如下：

```
#define AP_SSID         "NEWLab-123" // 热点账号
#define AP_PASSWORD "12345678"  // 热点密码

#define SERVER_PORT     8266         // 端口号
```

服务端接收到数据"ping"之后，发送"pong"数据给客户端，在"user_tcpserver.c"文件中，代码如下：

```
LOCAL void ICACHE_FLASH_ATTR
tcpserver_recv (void    *arg,    char    *pusrdata,    unsigned    short    length)
{
```

```c
unsigned char i;
char *pnt = NULL;
struct espconn *ptrespconn = arg;

if ((pusrdata != NULL) && (length > 0))
{
    // 接收到数据"ping"后
    pnt = strstr ((const char *) pusrdata,（const char *) "ping\r\n");
    if (pnt != NULL) // 接收数据不为空
    {
        // 发送"pong"数据
        printf ("Find PONG\r\n");
        espconn_sent (ptrespconn, "pong\r\n", strlen ("pong\r\n"));
    }
    else
    {
        // 发送"NEWLab Ack"数据
        espconn_sent (ptrespconn, "NEWLab Ack\r\n", strlen ("NEWLab Ack\r\n"));
    }
    // 打印信息
    printf ("tcpserver_recv  len=%u\r\n", length);
    printf ("tcpserver_recv  data：");
    for (i=0; i<length; i++)
    {
        printf ("%c", *pusrdata++);
    }
    printf ("\r\n");
}
}
```

（2）客户端。客户端发送数据"ping"，在"user_tcpclient.c"文件中，代码如下：

```c
void  ICACHE_FLASH_ATTR
schedule_tx_task (void   *pvParameters)
{
    char  *pbuf  =  (char  *) zalloc (16); // 分配一个 16 字节的内存
    remot_info**   pcon_info;
    printf ("schedule_tx_task ( )   running\r\n");
    UserTimerCreate( ); // 创建定时器

    while(1)
    {
      if (Flag_Send   ==   1) // 定时向服务端发送心跳包，定时时间到
      {
        if (Flag_ServerLink   ==   1) // 与服务端已经连接上
        {
            // 发送 "ping" 数据
            sprintf ( pbuf, "ping\r\n");
            espconn_send (&user_tcp_conn, pbuf, strlen (pbuf));
            free (pbuf);
        }
        printf ("xTimers[0] expired, Flag_ServerLink=%d !\r\n", Flag_ServerLink);

        Flag_Send = 0; // 清定时标志
      }
    }
}
```

客户端接收到数据原样输出，代码如下：

```c
user_tcp_recv_cb (void *arg, char *pusrdata, unsigned short length)
{
    // 接收来自 TCP 连接的数据
    printf ("Received data string：%s \r\n", pusrdata);
}
```

（二）Wi-Fi 协议数据抓包和解析

1. 数据抓包

下载成功后，打开串口调试助手工具，将波特率设置成 74 880 bit/s，其中数据位 8，无校验位，停止位 1。复位 Wi-Fi 通信模块，可以看到如图 10-16、图 10-17 所示的结果。

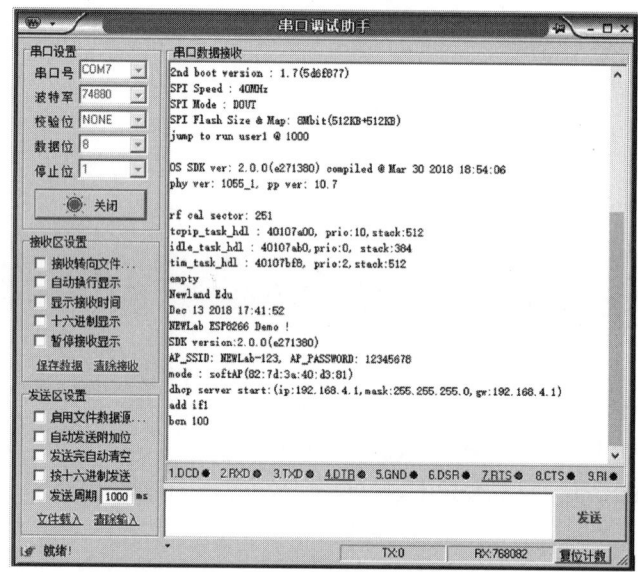

图 10-16　服务端串口打印信息

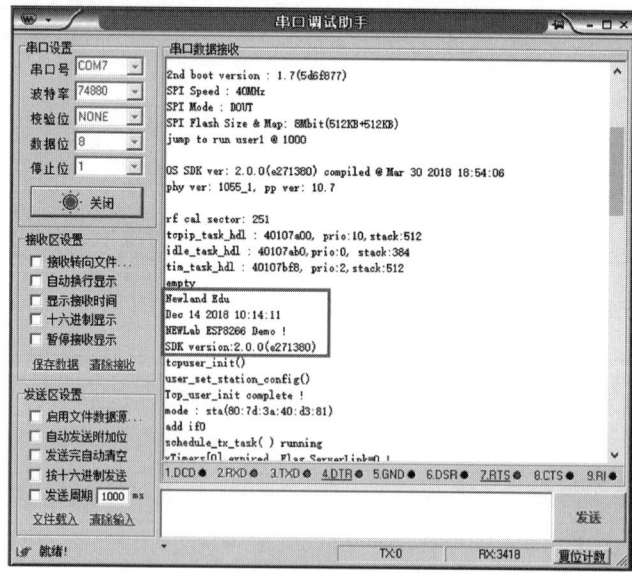

图 10-17　客户端串口打印信息

2. 数据分析

2 块 Wi-Fi 通信模块一旦建立 TCP 协议连接，客户端就向服务端发送消息 "NEWLab ESP8266 TCP Client Connected !\r\n"，服务端响应 "NEWLab Ack\r\n"。建立有效 TCP 协议连接之后每隔 3 s，客户端向服务端发送 "ping"，服务端响应 "pong"，如图 10-18 所示。

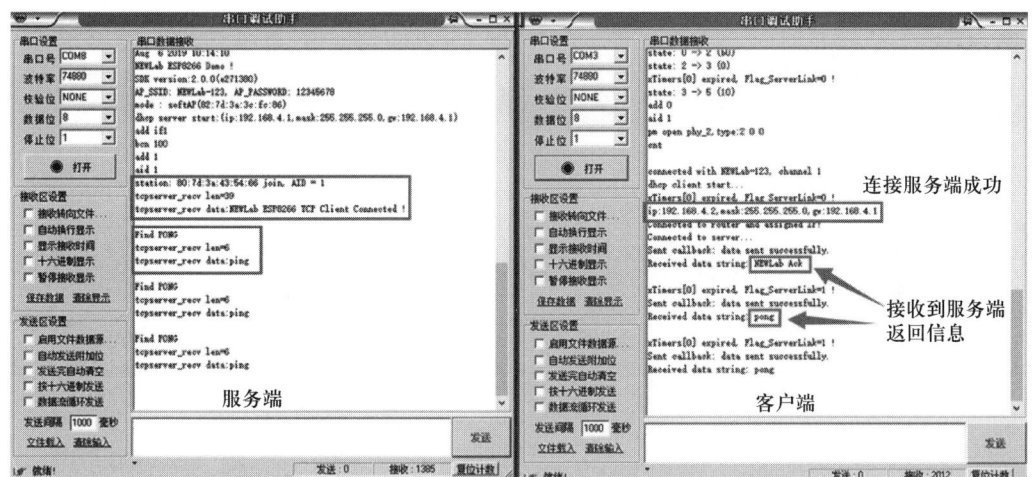

图 10-18　服务端与客户端通信信息

思考题

1. 无线通信按覆盖范围可以分为几类？
2. 为了减少 Wi-Fi 设备和 ZigBee 设备的同频干扰，ZigBee 设备应该使用哪些信道？
3. ZigBee 网络由哪些种类的设备构成？
4. 在 Wi-Fi 设备中接入点和站点指什么？
5. NB-IoT 技术的增益比 GSM 和 LTE 提升了多少？
6. LoRa 技术在国内能够使用 CN470-510 频段中哪些连续且能对齐 8 的上行信道？
7. 在 Z-Stack 协议栈中最常使用的互斥方法是什么？
8. LwIP 协议栈的 TCP/IP 协议一般只需要多少 B 的 RAM 和 ROM 就可以运行？
9. Socket 是计算机网络通信的基本技术之一，它也被称为什么？
10. ESP_IDE 软件开发工具如何编译工程？

第十一章
新一代通信技术应用开发

通信技术是信息技术中极重要的组成部分。从广义上说，各种信息的传递均可被称为通信，但由于现代信息的内容极为广泛，因而并不把所有信息传递纳入通信的范围，通常只把语音、文字、数据和图像等信息的传递和传播称为通信，报纸、广播和电视等单向信息传递便不包括在通信内。

从总体上看，通信技术实际上就是通信系统和通信网的技术。通信系统是指点对点通信所需的全部设施，而通信网是由许多通信系统组成的多点之间能相互通信的全部设施。现代通信技术的主要内容及发展方向是以光纤通信为主体、卫星通信和无线电通信为辅助的宽带化、智能化、个人化和综合化（也称为称数字化）的通信网络技术。

2021年7月某地发生水灾，在断路断网断电的情况下，利用翼龙-2H无人机如图11-1所示，挂载4G、5G无线通信网络设备，将数据通过卫星链路回传至地面站，再传输至4G、5G无线通信网络完成通信，为灾区约50 km² 范围提供了长时间稳定的连续信号覆盖。无人机携带的基站可以容纳650名用户同时使用手机，提供4G、5G无线通信网络，让手机正常上网。

图 11-1　翼龙 -2H 无人机

- **职业功能：** 物联网组网通信开发。
- **工作内容：** 新一代通信技术应用开发。
- **专业能力要求：** 能运用广连接、低时延的技术（如 5G、Wi-Fi6 等），实现物联网设备的高速可靠通信；能运用广连接、低时延的技术（如 5G、Wi-Fi6 等），实现高密度无线设备接入和高容量无线业务开发。
- **相关知识要求：** 广连接、低时延的技术知识；5G、Wi-Fi6 技术知识。

第一节　新一代通信技术概述

本节对主流通信技术 5G、F5G、卫星互联网络、宽带综合业务数字网等进行概述，然后以 5G、Wi-Fi6 技术为例，阐述如何实现通信功能。

考核知识点及能力要求：

- 了解主流通信技术相关知识。
- 了解广连接、低时延（如 5G、Wi-Fi6 技术等）的技术知识。
- 理解运用广连接、低时延的技术（如 5G、Wi-Fi6 技术等），实现物联网设备的高速可靠通信。

一、通信技术现状

21 世纪是一个信息社会，信息交流已经成为人们生活的基本需要。随着社会的发展，特别是近年来全球经济的发展，信息在社会生活中的地位越来越重要，以往那种单一、低效的信息传输方式已难以满足社会的需求，人们不仅要求所获取的信息数量更多、质量更好，还要求获得信息的手段更加方便和快捷，并希望能对信息系统实现实时交互控制。随着现代计算机技术的发展、市场竞争的加剧、市场管理政策的放松，使得电信网、广播电视网和互联网加快融合，IP 协议成为三网融合的支撑和结合点。未来的通信网络将逐步演进为由核心骨干层和接入层组成、业务与网络分离的构架。

全球宏观政治经济形势是左右行业发展的主要因素，大国之间的竞争与博弈在信息通信领域表现得尤为激烈,贸易摩擦所带来的产业链重构既是挑战也是机遇,趁机补齐国内缺失的通信领域产业链,对中国的信息安全和经济安全意义深远。

(一)主流通信技术现状

目前主流的通信技术如下。

1. 5G

5G 是第五代移动通信技术(5th generation mobile communication technology)的简称,是具有高速率、低时延和大连接特点的新一代宽带移动通信技术,是实现人机物互联的网络基础设施。与 4G 相比,5G 实现了从量变到质变的飞跃,开启了万物广泛互联、人机深度交互的新时代,成为新一轮科技革命和产业变革的驱动力。

为满足经济社会发展对移动通信日益增长的需求,2019 年 6 月,工信部向三大运营商和广电发放了 5G 商用牌照,中国正式进入 5G 商用时代。至 2021 年年底,国内的 5G 基站总数已经达到 140 万,在全球占比超过 70%,5G 移动通信手机终端连接数更是突破 5 亿,国内 5G 移动通信网络建设速度和建设规模傲视全球。2019 年年底在部署 200 MHz CA(载波聚合)基站实测 5G 移动通信手机的下行速率均值达 2.55 Gbit/s,如图 11-2 所示。

图 11-2 2019 年年底实测 5G 手机下行速率

从技术的角度来看,5G 标准的发展步伐一直没有停止,2019 年 R15 版本标准开始商用,最早 5G 设备只适合用于手机之类的终端,并不能实现大规模机器通信(massive machine type communicaton,MMTC)和超可靠低时延通信(ultra reliable low latency，URLLC）；2022 年 R16 版本标准实现商用，SA 独立组网、5G 毫米波网络、5G 低延时工业网络、5G V2X 车载网络等 5G 标准开始应用。目前，根据"使用一代、建设一代、研发一代"的信息技术发展规律，国内运营商和设备制造商已经对 6G 相关技术、标准和频谱等方面展开系统研究。

2. F5G

F5G 是第五代固定网络的简称，F5G 和 5G 虽然是不同的概念，两者之间也没有隶属关系，但它们同宗同源，共用一部分技术和网络，分别代表了"固定网络"和"移动网络"的最新技术，在场景应用方面可以实现互补。

2019 年 5G 进入加速发展期，反观固定网络，仍没有清晰的代际划分和演进路线图，这在很大程度上阻碍了固定网络的应用和发展。2020 年 2 月底 ETSI（欧洲电信标准协会）宣布成立第五代固定网络工作组（ETSI ISG F5G），旨在推动固定网络代际演进。F5G 和 5G 的演进如图 11-3 所示。

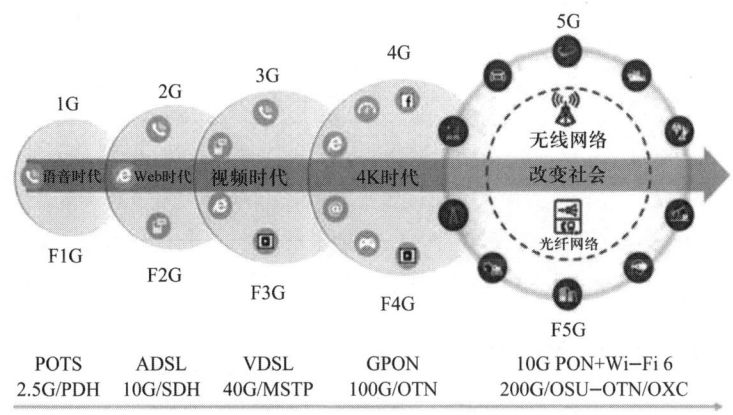

图 11-3　F5G 和 5G 的演进

如今 F5G 正跨入以 10G PON（10G 无源光纤网络）技术为代表的千兆超宽带时代。与前几代固定接入技术相比，10G PON 在连接容量、带宽和用户体验三个方面均有飞跃式发展。截至 2021 年年底，我国共建成 10G PON 端口 786 万个，已具备覆盖 3 亿户家庭的能力；千兆用户规模已经提升至 2 525 万户，比 2020 年年底净增 1 885 万户。在 10G PON 快速普及的同时，国内的运营商和设备制造商已经在致力于推动 50G PON（50G 无源光纤网络）标准的演进。

3. 卫星互联网络

当前，全球大部分人口密集地区已经实现较为完善的地面移动通信网络覆盖，但在海洋、沙漠和山地等偏远地区，地面移动通信网络铺设难度大、覆盖成本高，地面移动通信网络也无法覆盖飞机等高空交通工具。卫星互联网是基于卫星通信的互联网，卫星相当于"太空中的基站"，是能够完成向地面和空中终端提供宽带互联网接入等通信服务的新型网络。在物联网时代，要想达到万物互联，离开卫星互联网络是万万不可的。

2021年，我国航天员在中国空间站通过实时直播的方式给地球上的孩子们带来了一场别开生面的太空实验教学，如图11-4所示。这个实时直播的教学过程就是依托于架设在36 000 km高地球静止轨道的"天链"卫星系统。在长达40多分钟的直播过程中，空间站绕行了地球近半圈，其间授课内容始终都能清晰、流畅地传回地面。

图11-4　太空实验教学直播

星链宽带（starlink）是低轨大带宽卫星通信的典型代表，SpaceX通过星链宽带向偏远地区提供低成本的高速互联网服务，计划至2027年完成部署7 518颗星链卫星。每颗星链卫星就是一个小会议桌大小（约2.8 m×1.4 m）的薄板，如图11-5a所示，在进入太空轨道后会单侧展开约10 m高的太阳能板，看上去就像扬帆起航的小帆船。星链用户端的接收天线为平面相控阵天线，如图11-5b所示，相比传统聚焦反射天线，星链终端天线拥有自动调整波束角度和自动锁定卫星信号等功能，使用和安装简单，只要指向天空就可以使用了。

a）星链卫星　　　　　　　　　　b）星链用户端的接收天线

图 11-5　星链卫星和接收终端天线

4. 宽带综合业务数字网

随着计算机技术的飞速发展，信息交换正从话音为主走向视听为主，从单一媒体走向多媒体，从点到点通信走向多点间的通信。原有的各种通信技术和手段已很难满足发展的需要，经过逐步演变，形成了宽带综合业务数字网（B-ISDN）。

B-ISDN 是以光纤为传输媒体，能实现网络业务可视化、智能化和个人化的高级通信网络。预计将在今后的 10 年内建成信息高速公路（B-ISDN），信息高速公路的标志是建设大容量的高速数据传输干线组成宽带通信网，装备智能齐全的交换设施，提供多样化的信息服务。

（二）网络优化需求

网络优化一般是指无线通信网络优化，简称"网优"，是指通过采用新技术手段以及优化工具对网络参数进行合理调整，从而提高网络质量的维护工作。网络优化是提高网络服务质量的关键，是增强网络竞争力的重要途径，它可以使现有网络资源获得最佳效益，以最经济的投入获得最大的收益。网络优化可采用跳频、同心圆技术、DTX、功率控制等手段减少干扰、增大网络容量、改善无线环境；通过调整天线角度、增益、方位角、俯仰角以及功率大小，选择最佳站址、调整载频配置、均衡话务和流量分布、改善网络质量，以获得最佳覆盖效果。网络优化内容如图 11-6 所示。

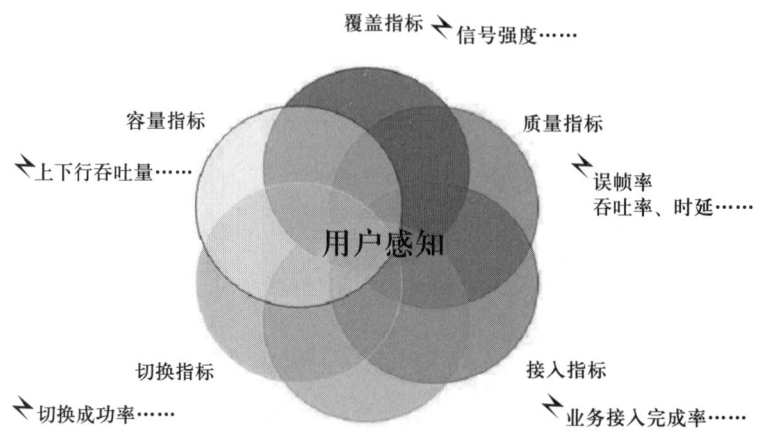

图 11-6　网络优化内容

因为影响网络质量的因素不是一成不变的，无线通信网络优化应随着网络参数和环境的变化而不断进行。随着经济的发展，在原来话务和网络需求较少的地区会出现更多的话务和网络需求，需要及时调整载频，网络设备的软硬件版本升级也需要调整参数设置。因此，无线通信网络优化是长期和持久的工作。

交换网络和传输网络为了提高网络质量和系统运行稳定性，使网络参数设置更加合理和规范，也一样需要网络优化。

二、5G NR 技术

基站是无线通信网络的核心设备，提供无线覆盖、实现有线通信网络与无线终端之间的无线信号传输，基站的架构、形态直接影响移动网络如何部署。下面通过简单介绍基站名称来说明基站架构和形态的演进：

➢ 1G：1G 基站（base station，BS）的英文翻译过来就叫基站。

➢ 2G：2G 基站（base transceiver station，BTS）的英文翻译过来就是基站收发信台。

➢ 3G：3G 基站改名为 NodeB，简称 NB，翻译过来就是基站节点。

➢ 4G：4G 基站名称为 eNodeB，简称 eNB，就是演进的基站节点。

➤ 5G：5G 基站最终命名为 gNB，这里的 g 代表"next generation"，意为下一代基站节点。

（一）5G NR 技术概述

NR 的全称是 new radio，指的是 5G 的无线空口技术。和 4G 的空口技术 E-UTRA 相比，5G 的无线空口技术当然是非常新的，因此得名"新空口"。

从 3G 演进到 4G 被称为整体演进，即接入网和核心网整体演进到 4G 时代无线侧（LTE）和网络侧（SAE）；4G 演进到 5G 时把接入网（5G NR）和核心网（5G Core）拆开了，可以各自独立演进到 5G，这是因为 5G 不仅是为移动宽带设计的，它还要面向 eMBB、URLLC、mMTC 三大场景。

5G 网络的空口要求包括深度覆盖、高安全性、超高可靠性、超低时延、极致用户移动性、深度感知、极致数据速率、极致容量、超高密度、超低复杂性和超低能耗。下面简单说明 5G NR 如何实现这些要求。

1. 频谱

与 2G、3G、4G 不同，5G 频谱分配的基本原则叫 band-agnostic，即 5G NR 不依赖、不受限于频谱资源，在低、中、高频段均可部署，其两大 FR（频率范围）如下。

（1）FR1。频率为 450 ~ 6 000 MHz，频段号为 1 ~ 255，FR1 通常指的是 Sub-6GHz（低于 6GHz）。

（2）FR2。频率为 24 250 ~ 52 600 MHz，频段号为 257 ~ 511，FR2 通常指的是毫米波（尽管严格地讲毫米波频段应该大于 30 GHz）。

我国前期启用的 n41、n78、n79 和正在建设的 n1、n28 构成了 5 个 FR1 的频段组网。2022 年的冬奥会试用了 n258 和 n260 频段的毫米波。

2. 物理层

包含循环前缀的正交频分复用（cyclic prefix orthogonal frequenly division multiplexing，CP-OFDM）的波形和多址接入，以及 5G NR 独有或改进的子载波间隔、帧结构、物理信道、带宽调制方式、信道编码、多天线技术和波束赋形等内容。物理层的更新和改进是满足对空口要求的核心。5G 基站必须使用多天线阵列，因为只有这样才能可能实现波束赋形，其多天线阵列如图 11-7 所示。

图 11-7　5G 基站的多天线阵列

3. 用户面

LTE 用户面协议栈由 PDCP、RLC 和 MAC 层组成，5G NR 用户面协议栈基于 LTE 设计，引入了新的业务数据适配协议层（service data adaptation protocol，SDAP），实现了真正的端到端的 QoS 机制；还引入了分组数据汇聚（packet data convergence protocol，PDCP）协议层分组传输数据，即在多个无线链路上传输相同的数据包，接收端处理较早到达的数据包、抛弃较晚到达的数据包，通过多个链路传输保障通信链路的可靠性。

4. 控制面

5G NR 控制面使用的无线资源控制（radio resource control，RRC）协议基本与 LTE 一致。作为无线资源控制层，RRC 负责连接管理、接入控制、状态管理和系统信息广播等。为了应对未来各种物联网场景，5G NR 引入了一个新状态 RRC INACTIVE（非活跃状态），其目的是降低连接延迟、减少信令开销和功耗。在系统广播上，5G NR 引入了点播功能，这意味着它不必像 LTE 基站一样要一直广播所有的系统信息，而是以按需的方式用指定的系统信息通知指定的终端。

（二）5G NR 通信实现

1. MH5000-31 模块

支持 5G NR 通信的 MH5000-31 模块如图 11-8 所示。

图 11-8　MH5000-31 模块

以 MH5000-31 模块为例，它支持 NSA/SA 双模式，兼容 2G、3G、4G、5G 的移动通信网络；下行速率高达 2 Gbit/s，上行速率高达 230 Mbit/s；拥有多达 18 种类型的硬件接口，接口如图 11-9 所示。

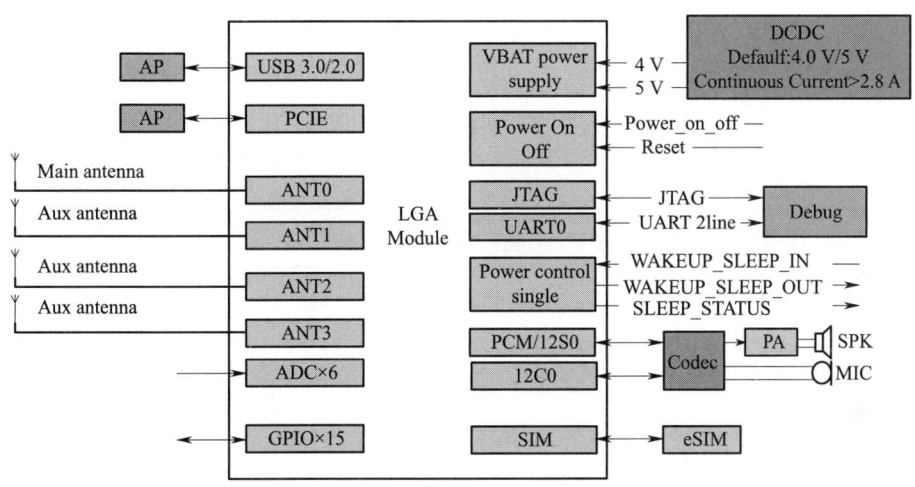

图 11-9　MH5000-31 模块硬件接口

MH5000-31 模块通过 PCUI 端口与上位机进行 AT 指令交互，通过 USB 从设备与上位机数据进行通信，USB 从设备支持 USB 2.0 和 USB 3.0 接口规范。

MH5000-31 模块以 MH5000-31 芯片为核心，保留了 4 根 IPEX1 接头的天线座、电源端子和 Type-C 的 USB 3.0 接口，如图 11-10 所示。

图 11-10　MH5000-31 模块

2. 与 5G NR 相关的 AT 指令

（1）端口形态配置。AT 指令语法结构如下：

```
AT^SETMODE=<mode>
```

其中，Mode 为端口形态。值为 0 表示通用场景 Moden 模式；值为 1 表示支持 Windows 操作系统的 WWAN 拨号功能；值为 2 表示专为类 Linux 操作系统准备的调试模式；值为 3 表示专为 Windows 操作系统准备的调试模式；值为 4 表示仅支持类 Linux 操作系统的单端口配置模式；值为 5 表示支持类 Linux 操作系统、ECM 端口、DIAG 端口和 ADB 端口。

（2）拨号。AT 指令语法结构如下：

AT^NDISDUP=<cid>,<connect>

其中，<cid> 表示 PDP 上下文索引，值的范围为 1~20。<connect> 表示连接状态，值为 0 表示断开连接，值为 1 表示建立连接。

（3）设置和查询 5G 移动通信网络接入模式。AT 指令语法结构如下：

AT^C5GOPTION=<nr_sa_support_flag>,<nr_dc_mode>,<5gc_access_mode>

其中，nr_sa_support_flag 判断是否支持 NR 功能，值为 0 表示不支持 NR；值为 1 表示支持 NR。nr_dc_mode 是 NR 的 DC 支持模式，值为 0 表示不支持辅连接；值为 1 表示仅仅支持 ENDC；值为 2 表示仅仅支持 NEDC；值为 3 表示 ENDC 和 NEDC 都支持。5gc_access_mode 是接入 5ge 的模式，值为 0 表示不允许接入 5ge；值为 1 表示仅仅允许 NR 接入 5ge；值为 2 表示仅仅允许 LTE 接入 5ge；值为 3 表示允许 LTE 和 NR 接入 5gc。

3. 使用和测试 5G NR 通信

在 PC 中安装好 MH5000-31 模块的驱动程序，安装成功后，查看设备管理器中 PCUI Interface 端口号，如图 11-11 所示。

图 11-11　PCUI Interface 端口号

使用串口调试助手工具，配置串口号 COM20、波特率为 115 200 bit/s、奇偶校验位 NONE、数据位 8、停止位 1。

由于 MH5000-31 模块默认为通用 MODEM 形态（模式 0），为了能在 Windows 操作系统中使用和测试，需要将其更改为支持 Windows 操作系统的 WWAN 拨号模式（模式 1），指令如下：

AT+SETMODE=1

重启 MH5000-31 模块后，输入自动拨号上网指令如下：

AT+NDISDUP=1,1

模块自动拨号上网，只要有 5G 移动通信网络，就默认自动驻留在 5G 模式下，可以指定 5G NR 连接方式，指令如下：

AT+C5GOPTION=1,1,1

以上 AT 指令如配置正确，在 PC 的网络连接中会出现 MH5000-31 模块的虚拟网卡，Windows 操作系统就可以通过该网卡使用 5G NR 上网，如图 11-12 所示。

图 11-12　网络连接中 MH5000-31 模块的虚拟网卡

也可以使用该模块配套的拨号工具软件查看 5G NR 连接状态，如图 11-13 所示；同时也可以使用 AT 指令配置 MH5000-31 模块。

MH5000-31 模块是为物联网和工业产品设计的，在 Windows 操作系统上使用和测试会比较麻烦，需要用 AT 指令配置之后才能使用。如果仅仅只是为了 PC 能够通过 5G NR 上网，只要选择 USB 或 M.2 接口的 5G 模块并安装好就能够使用了。

图 11-13 拨号工具软件中的 5G NR 连接状态

三、Wi-Fi6 技术

进入 2020 年后，国内的三大运营商不约而同地提出了三千兆的概念，三千兆是指千兆 5G、千兆宽带和千兆 Wi-Fi 设备。千兆 5G 就是指 5G NR，千兆宽带就是指 F5G 的 10G PON，千兆 Wi-Fi 设备就是指 Wi-Fi6 技术。运营商打造的"5G 主外，Wi-Fi6 技术主内"黄金搭档组合将会极大改善用户的网络体验，Wi-Fi6 技术作为性价比更高的解决方案，可以弥补 5G 的缺陷，同时 Wi-Fi6 技术提供了一个类 5G 的室内平台，将刺激智慧城市、物联网、VR/AR 等多方面的应用开发。

（一）Wi-Fi6 技术概述

Wi-Fi 常被写成 WiFi 或 Wifi，但这些写法并没有被 Wi-Fi 联盟认可。2018 年 10 月，Wi-Fi 联盟为更好地推广 Wi-Fi 技术，重新命名 Wi-Fi 标准，将 IEEE 802.11ax 标准命名为 Wi-Fi6，即第六代无线网络技术；同时，将前两代技术 IEEE 802.11n 标准和 IEEE 802.11ac 标准分别更名为 Wi-Fi4 和 Wi-Fi5。2020 年 1 月，Wi-Fi 联盟将使用 6G 频段（5 925 ~ 7 125 MHz）的 Wi-Fi6 称为 Wi-Fi6E，主要是美国和加拿大在使用；欧洲则采取均衡的态度，使用低频段（5 925 ~ 6 425 MHz）的 Wi-Fi6；我国倾向于将 6 GHz 频段（5 925 ~ 7 125 MHz）全部分配给 5G NR 使用。截至 2022 年年初，Wi-Fi6E 设备在国内是不允许销售和使用的。

从 Wi-Fi 技术的发展历程中不难发现，Wi-Fi 技术通过更高调制方式和更大的频宽来实现更高的传输速率。Wi-Fi5 技术的最高理论速度是 6.9 Gbit/s，Wi-Fi6 技术是 9.6 Gbit/s。现阶段各类终端和应用繁多，如视频类应用和即时通信类应用等，因此无线场景中多并发、短报文的情况越来越多，早期的 Wi-Fi 技术应对这种场景并无技术优势，Wi-Fi6 技术针对这些场景做了大量的改进和优化。主要改进和优化内容如下。

1. 1024-QAM

正交振幅调制（quadrature amplitude modulation，QAM）是一种调制方式。QAM 编码采用点阵调制方式，实际应用中 QAM 数值是 2^n，Wi-Fi5 技术支持的最高调制是 256-QAM（$256=2^8$），因此 Wi-Fi5 技术一次可以携带 8bit 的数据信息。Wi-Fi6 支持的最高调制是 1024-QAM（$1024=2^{10}$），因此 Wi-Fi6 技术一次可以携带 10bit 的数据信息，物理层速率提升了 25%。

2. 更窄的子载波间隔

对子载波间隔进行了重新设计，将子载波间隔从 Wi-Fi5 技术的 312.5 kHz 变成 78.125 kHz，在相同信道带宽的情况下，Wi-Fi6 技术的子载波数量是 Wi-Fi5 技术的 4 倍。

3. 更大的频宽

Wi-Fi5 技术的信道频宽为 80 MHz，Wi-Fi6 技术的信道提升到 160 MHz。

4. 更高密度连接

（1）MU-MIMO。Wi-Fi6 技术引入的新特性多用户的多进多出（multi-user multiple-input multiple-output，MU-MIMO），让接入点可以同时与多台站点并发通信。

（2）OFDMA。正交频分多址（orthogonal frequency division multiple access，OFDMA）技术是在频域上将无线信道划分为多个子信道（子载波）形成一个个射频资源单元。用户传输数据时，数据将承载在每个资源单元上，而不是像 Wi-Fi5 技术那样占用整个信道。

5. 更强抗干扰能力

Wi-Fi6 技术引入空间复用技术（也称 BSS 着色技术），通过此技术可以实现更多同步传输，即接入点可以识别两个相距不远但并不相邻的接入点和站点，能够在同一时间内实现无线并发传输而不会相互影响，用于解决不同接入点在相同信道下并发冲突的问题。

6. 更省电

Wi-Fi6 技术引入目标唤醒时间（target wake time，TWT），让设备可自行协商多久唤醒以发送或接收资料，这项功能可以增加设备的休眠时间并显著延长移动设备和物联网设备的电池寿命，实现终端功耗节约 30% 以上，满足物联网设备对低功耗的要求。

7. 更高的安全性

Wi-Fi6 技术推出了 WPA3（Wi-Fi protected access 3）加密协议，其加密位数升到了 192 位（CNSA 标准）。无论是否设置密码，WPA3 加密协议下的数据都是受加密保护的。

（二）Wi-Fi6 通信实现

下面以 AP6275S 模块为例，介绍如何实现 Wi-Fi6 通信。AP6275S 模块的 Wi-Fi 标准符合 IEEE802.11a/b/g/n/ac/ax 标准，也就是支持 Wi-Fi6 技术，最大速率 1 200 Mbti/s（2T2R 双通道），模块如图 11-14 所示。

AP6275S 模块支持 Wi-Fi 和蓝牙技术，其中 Wi-Fi 功能模块通信接口为 SDIO 3.0，天线接口为 ANT1，其接口如图 11-15 所示。

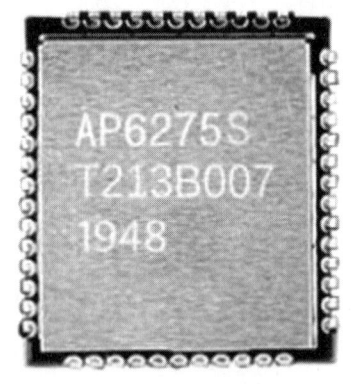

图 11-14　AP6275S 模块

SDIO 接口透过 SD 的 I/O 引脚来连接外部设备和与这些外部设备传输数据。现在已经有非常多的移动设备都支持 SDIO 协议，SDIO 接口是未来嵌入式系统最重要的接口技术之一，有可能取代目前的 SPI。SDIO 接口的 AP6275S 模块首先是一个 SDIO 设备，还具备了无线网络的功能，所以 AP6275S 模块驱动就是在无线网络驱动外面套上了一个 SDIO 设备驱动的外壳，模块厂商提供了常用嵌入式操作系统的驱动程序。

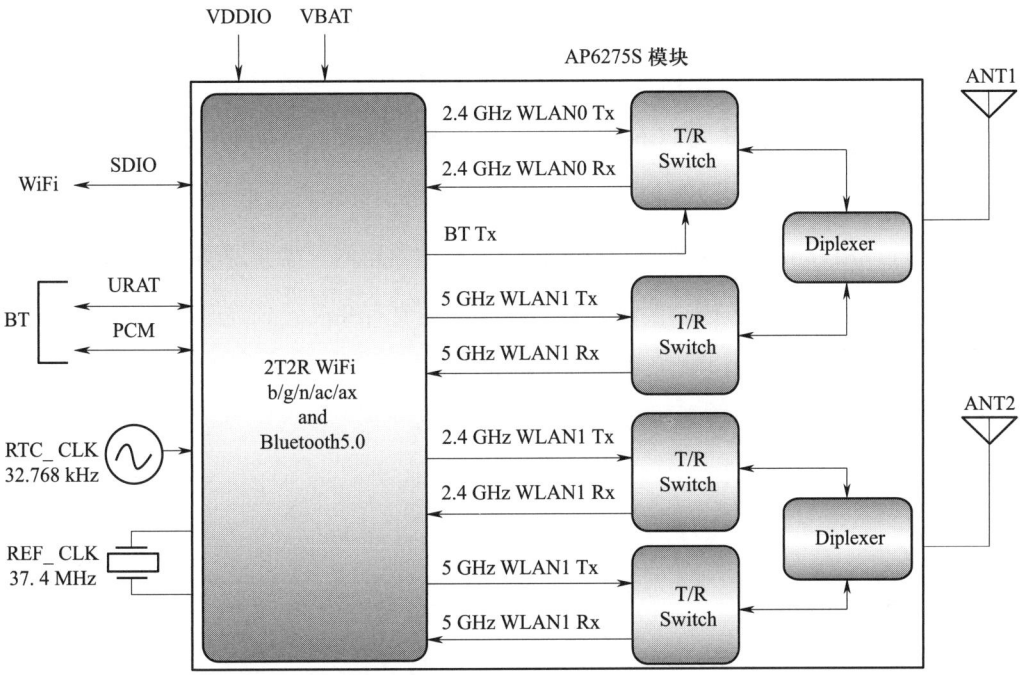

图 11–15　AP6275S 模块接口

使用 USB 转 SDIO 设备，PC 就可以通过 AP6275S 模块连上无线网络。对 AP6275S 模块进行吞吐量测试时，由于受到附加的 USB 转 SDIO 设备限制，与理论速度有些差距，极限达到 965 Mbps，如图 11–16 所示。

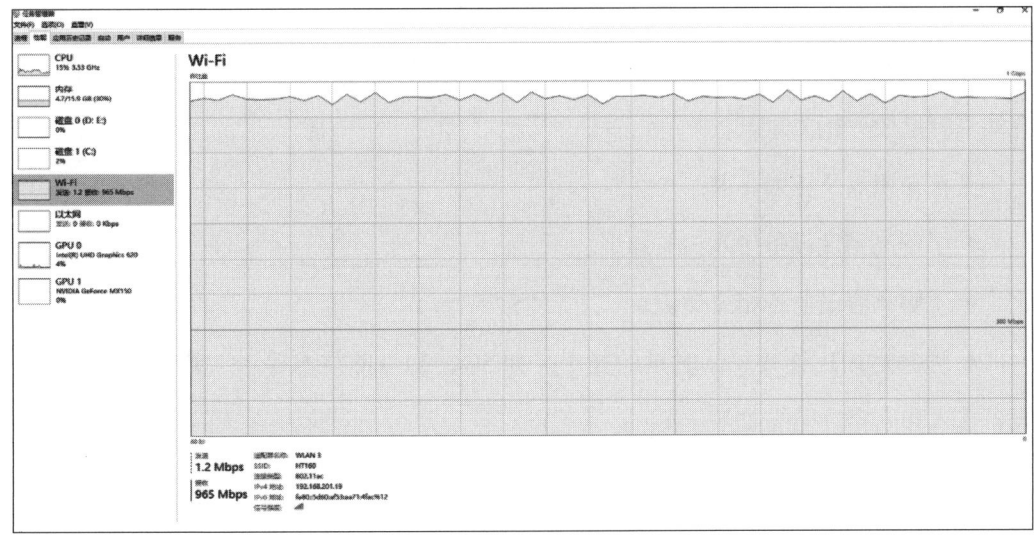

图 11–16　吞吐量测试

Wi-Fi 模块主要接口有 USB 接口、PCIe 接口和 SDIO 接口，其中物联网和工业上使用的 Wi-Fi 模块绝大多数都是 SDIO 接口。如果仅仅只是 PC 需要连接到 Wi-Fi6 无线网络，只要选择 USB 或 PCIe 接口的 Wi-Fi6 模块并安装就能够使用了。如果只是想手机之类的移动或固定设备使用 Wi-Fi6 无线网络，可以直接申请运营商的三千兆，也可以自行选用带 Wi-Fi6 无线网络功能的无线路由器组网。需要说明的是，Wi-Fi6 技术理论最大速度是 9.6 Gbit/s，要实现这个速度至少要有 8 根天线，但目前支持 Wi-Fi6 技术的 PC 和手机在 5 GHz 频段都只有 2 根 Wi-Fi 天线，理论速度最高只有 2.4 Gbit/s，比手机的 5G NR（200 MHz CA）慢。

第二节　新技术应用

本节对高密度设备接入主要技术特点、主要应用分类、组网方案等进行概述，并介绍高容量业务相关知识。

考核知识点及能力要求：

- 了解高密度设备接入相关知识。
- 了解高容量业务相关知识。
- 理解运用广连接、低时延的技术（如 5G、Wi-Fi6 技术等），实现高密度无线设备接入和高容量无线业务开发。

一、高密度设备接入

5G 三大应用场景中的 mMTC（海量物联网通信）是针对未来海量低功耗、低带宽、低成本和时延要求不高的场景所设计的，每平方公里可支持 100 万台设备。物联网连接在早期主要是通过 2G 和 3G 实现，其缺点也很明显，如设备待机功耗高和信号覆盖差等。2015 年第三代合作伙伴计划（3rd generation partnership project，3GPP）制定 NB-IoT 标准，宣告首次出现了专门供物物连接（物联网）的网络，NB-IoT 标准也在不断演进中，从最初 R13 版本标准发展到现在的 R16 版本标准。2020 年 7 月 ITU（国际电信联盟）将中国代表团推荐的 NB-IoT 标准正式纳入 5G 标准后，NB-IoT 技术和 eMTC 一起承担起支撑 5G mMTC 场景的重任。随着 NB-IoT 标准被纳入 5G 标准后，便以独特优势被视为加速物联网落地的最佳契机，产业化发展也将进入新阶段。

（一）高密度设备接入概述

1. 主要技术特点

5G 具有高速率、大容量和低延迟的特点，而 NB-IoT 技术与 5G 相比，具有以下优势或者说技术特点。

（1）低功耗。NB-IoT 技术为了场景需要，设计了两种独特的模式：eDRX（扩展 DRX 周期模式）和 PSM（省电模式）。在 DRX 模式下，终端设备和网络不断传送数据是很费电的，因此在 LTE 系统中设计了 eDRX 模式，让终端设备周期性进入睡眠状态，不用时刻监听网络，只在需要的时候才从睡眠状态中唤醒监听网络，以达到省电的目的。5G 的 eDRX 意味着扩展 DRX 周期，让终端可睡眠更长时间，更省电。

在模组硬件方面，通过进一步提高芯片、射频前端器件等各个模块的集成度以及减少通路插损来降低功耗；同时，通过各厂家研发高效率功放和高效率天线器件来降低器件和回路上的损耗。在架构方面，主要是在待机电源工作机制上进行优化，即待机时关闭芯片中无需工作的供电电源，关闭芯片内部不工作的子模块时钟，并通过选用低功耗处理器以及控制处理器主频、运算速度和待机模式来降低终端功耗。在软件方面，主要通过新的节电特性的引入、传输协议的优化以及物联网嵌入式操作系统的引入来实现优化。

（2）广覆盖。NB-IoT技术的设计目标是在通用无线分组业务的基础上增强20 dB，如果将这个数据换个角度看，就相当于NB-IoT网络的覆盖会是通用无线分组业务的3倍。

NB-IoT技术实现超强覆盖，从下行来看，主要是以重复发送的方式增强传输的可靠性，以此获得更大的增益；从上行来看，又可以分为两方面：一个方面与下行相同，另一个方面是通过采用单子载波进行传输（每个子载波为15 kHz），在传输功率相同的情况下，数据在窄带下传输的增益更大。

（3）低成本。体现为芯片的低成本和网络部署的低成本。芯片成本方面，通过选择低速率、低功耗和低带宽实现低成本，主要包括低峰值速率、上下行带宽180 kHz；低存储需求（500 kB）降低了存储器和处理器要求；NB-IoT技术仅支持FDD半双工设计，射频RF只需要单接收天线。网络部署成本方面，NB-IoT技术与LTE和5G互相兼容，可重复使用已有硬件设备，共享频谱。

（4）大连接。为了满足大连接的需求，NB-IoT技术牺牲连接速率和时延指标，因此有50～100倍的上行容量提升，可以支持每个基站扇区5万连接数。当大量终端处于休眠状态时，由于其上下文信息由基站和核心网维持，一旦终端有数据发送，还可以迅速进入连接状态。注意，可以支持每个基站扇区5万个连接数，并不是说可以支持5万设备并发连接，只是可以保持5万个连接的上下文数据和连接信息。

2. 主要应用分类

在低速物联网领域，NB-IoT技术作为一个新制式，在功耗、覆盖、成本和连接数等技术上做到极致，被广泛应用于以下典型方面。

（1）公用事业。包括抄表（水/气/电/热）、智能水务（管网/漏损/质检）、智能灭火器/消防栓。

（2）医疗健康。包括药品溯源、远程医疗监测、血压表、血糖仪、护心甲监控。

（3）智慧城市。包括智能路灯、智能停车、城市垃圾桶管理、公共安全/报警、建筑工地/城市水位监测。

（4）日常消费。包括可穿戴设备、自行车/助动车防盗、智能行李箱、VIP跟踪（小孩/老人/宠物/车辆租赁）、支付/POS机。

（5）农业环境。包括精准种植（环境参数：水/温/光/药/肥）、畜牧养殖（健康/追踪）、水产养殖、食品安全追溯、城市环境监控（水污染/噪声/空气质量 PM2.5）。

（6）物流仓储。包括资产/集装箱跟踪、仓储管理、车队管理/跟踪、冷链物流（状态/追踪）。

（7）智能楼宇。包括门禁、智能 HVAC、烟感/火警检测、电梯故障/维保。

（8）制造行业。包括生产/设备状态监控、能源设施/油气监控、化工园区监测、大型租赁设备、预测性维护（家电、机械等）。

（二）组网方案

NB-IoT 网络体系架构如图 11-17 所示。

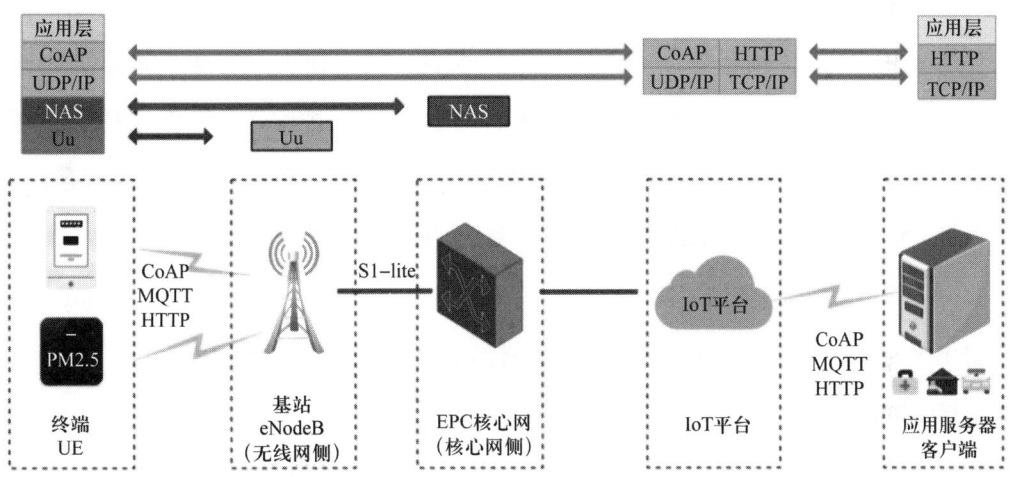

图 11-17　NB-IoT 网络体系架构

1. 终端 UE

应用层采用 CoAP 协议，通过空口 Uu 连接到基站。Uu 口是终端 UE 与 eNodeB 基站之间的接口，可支持 1.4～20 MHz 的可变带宽。

2. 基站 eNodeB

主要承担空口接入处理和小区管理等相关功能，并通过 S1-lite 接口与 IoT 核心网进行连接，将非接入层数据转发给高层网元处理。

3. EPC 核心网

承担与终端非接入层交互的功能，并将 IoT 业务相关数据转发到 IoT 平台进行处理。

4. IoT 平台

汇聚从各种接入网得到的 IoT 数据,并根据数据类型将数据转发至相应的业务应用服务器进行处理。

5. 应用服务器客户端

这是 IoT 数据的最终汇聚点,其根据客户的需求进行数据处理等操作。应用服务器客户端通过 HTTP/HTTPs 协议和平台通信,通过调用平台的开放 API 来控制设备,平台把设备上报的数据推送给应用服务器。

在以上体系架构中,基站 eNodeB 和 EPC 核心网由国内的三大运营商建设维护。至 2021 年 5 月,中国电信的 5G NB-IoT 网络的用户规模突破 1 亿,5G 窄带物联网连接规模全球第一,是全球首个 5G NB-IoT 网络的用户数破亿的运营商。

终端 UE 广泛应用于公共事业,特别是水表、气表抄表,电动车和消防领域。2020 年 4 月三大运营商联合举办的 5G NB-IoT 技术 "亿" 征程产业峰会,透露了来自企业级市场的终端需求。其中智慧气表、智慧水表、智慧电动车和智慧消防报警器年需求量分别为 4 600 万、5 800 万、3 000 万和 2 000 万。

IoT 平台和应用服务器客户端中部分由企业自研自建,也有很多国内外的 IoT 云平台提供服务,这些 IoT 平台功能有了极大的丰富和优化,以开放的生态接入了千万级甚至亿级设备。

二、高容量业务

2008 年北京奥运会期间对体育场馆网络覆盖并没有要求,记者们都是在体育场馆拍照,然后去媒体中心写稿和发稿。2015 年国际田联世界田径锦标赛举行,当时已经进入移动互联网时代,每个在体育场馆中的人都需要网络与外界沟通。此时的鸟巢现场已有运营商的 3G、4G 移动通信网络,但从网络承载能力来说,容量有限的 3G、4G 移动通信网络扛不住鸟巢 10 万人的上网需求。

基于 2015 年通信技术手段和成本考量,只有 Wi-Fi 技术才能承载鸟巢现场的巨大网络需求。彼时鸟巢里的免费无线网络承载了现场 10 万人的接入,实现无死角覆盖。而更为惊人的是,在这样高容量情况下,实际下载速率可以达到 2.69 Mbit/s,上传速率也达到 1.90 Mbit/s，瞬时最高下行和上行速度都超过 30 Mbit/s。2015 年国际田联世界田径锦标赛鸟巢现场如图 11-18 所示。

图 11-18　2015 年国际田联世界田径锦标赛鸟巢现场

（一）高容量业务概述

部署大型场馆无线网络系统，可以说是最困难的无线搭建场景之一。由于存在同频干扰的问题，场馆部署接入点越多干扰越严重，但如果部署数量不足又会面临信号盲点的尴尬局面。大型场馆无线覆盖都是采用接入点加定向天线的部署方式，场馆无线信号覆盖效果关键取决于天线的调试及无线网络优化的效果。

无线网络在大型场馆实现高容量业务最主要还是受到空口协议的限制，Wi-Fi 技术的系统容量不是 1 台接入点能承载多数用户，而是 1 个信道能承载多数用户。正因为空口协议简单，因此 Wi-Fi 技术网速还比 4G、5G 移动通信网络快，但空口协议也限制了无线网络的规模，这些限制主要体现在以下几方面。

1. CSMA/CA 协议

冲突避免的载波监听多路访问（carrier sense multiple access with collision avoidance，CSMA/CA）是 IEEE 802.11 标准规定的信道共享使用的机制。其工作流程为接入点或站点发送数据前监听信道状态。若一段时间内没有人使用信道，再等待一段时间若信道仍然空闲，就送出数据包。由于每台设备采用的随机时间不同，所以可以减少冲突的机会。正是因为这个原因，在高压力网络下，无线网络的吞吐量是很小的。

2. 隐藏站点

以接入点、站点 1 和站点 2 为例，站点 1 和站点 2 由于距离或者阻隔的原因无法感知彼此。假如站点 1 正在占用信道与接入点通信，站点 2 要向接入点发送数据包，侦听载波确认信道空闲，于是发送数据包。但对于接入点来说，它与站点 1 的通信发生了冲突，站点 1 和站点 2 的数据包都要丢弃。对此，IEEE 802.11 标准引入了 RTS/CTS 机制，但是 RTS/CTS 机制只能解决同一接入点下的隐藏站点问题，而多接入点下隐藏站点问题就无法避免了。

3. 数据包的发送操作

接入点或站点发送一个数据包都要经历 RTS->CTS->DATA->ACK 这 4 个报文的交互过程，其中任何一个报文丢失，整个发送操作都要重来。

4. 不严谨的协议

IEEE 802.11 标准规定了 WLAN 的框架，但是一些影响设备运行操作的内容留给设备厂家自己把握。例如，站点发起关联请求时，IEEE 802.11 标准未明确规定允许关联、信道空闲的判定条件；也没有明确规定不同等级的信号质量与传输速率之间的关系，以及信号质量的等级。

（二）平台设计方案

想实现像鸟巢这种大型赛场的高密度无线网络部署，除了网络覆盖之外，还要通过前期规划，做好容量和干扰之间的平衡。以鸟巢为例，其整体结构复杂，同时还分上下多层，甚至还要考虑到中心草坪的无线网络覆盖（为音乐会等做准备），所以接入点和定向天线的位置、布放设计相当讲究；同时考虑到接入点的数量众多，因此 5 GHz 和 2.4 GHz 频段的信道布放设计也相当重要。

整个鸟巢的高容量无线网络主要规划以下几个内容。

1. 用户带宽需求分析

作为体育场馆的使用者至少有 3 类网络需求。

（1）比赛组织者。为保证信息安全和可靠，基本不用无线局域网。

（2）记者。最新的单反相机都直接支持 Wi-Fi 功能，记者对移动网络的需求多，有信息安全和可靠性方面的需求。

（3）观众。用户数达到 10 万人时，对漫游需求少，对速率要求和可靠性的容忍度比较高。观众对网络的需求见表 11-1。

表 11-1　　　　　　　　　　观众网络需求表

序号	典型应用	速率需求	备注
1	Web	160～400 kbit/s	网页尺寸：200 kB，延时 4 s～10 s
2	视频	280～560 kbit/s	实时
3	实时消息	32～64 kbit/s	2 kB/会话，延时 0.5 s
4	Email	400 kbit/s	100 kB/会话，延时 2 s
5	社交网络	200 kbit/s	50 kB/会话，延时 2 s
6	VoIP	256 kbit/s	实时，以微信为例，GBR（总带宽请求）256 kbit/s
7	游戏	1 000 kbit/s	250 kB，延时 0.5 s

2. 接入点容量与布放设计

接入点容量由两个主要因素决定，一个是覆盖，一个是容量。高密度场景是一个典型的容量受限场景，因此接入点容纳用户的数量就是由容量因素决定。而鸟巢的座位超过 9.1 万个，考虑到还有工作人员，因此容量视为 10 万人。以每个接入点承载 100 个 Wi-Fi 设备计算，则至少需要 1 000 个接入点。根据接入点和定向天线的位置和布放设计，最终规划 1 088 个接入点，这 1 088 个接入点布放重点在于控制间距、减少相互干扰，具体来说通常有以下 3 种方式。

（1）边上覆盖。接入点的设备高度一样，易于安装，且同频接入点距离较远，抗干扰效果好。

（2）顶棚覆盖。顶棚设备安装方便，终端和接入点之间视距传输，衰减小且容易计算。

（3）背面覆盖。通过障碍物衰减，可以有效控制单个接入点的覆盖范围，从而提高接入点的布放密度，可接入用户更多，但因中间有障碍物，衰减不易计算。

鸟巢采用的是边上覆盖和顶棚覆盖方式，接入点顶棚覆盖如图 11-19 所示。

图 11-19 接入点的顶棚覆盖

3. 信道规划设计

合理规划各个接入点的信道，避免自身网络的干扰，尽量避开已有信号的干扰，对保证无线网络的接入性能至关重要，鸟巢看台的信道规划示意图如图 11-20 所示。

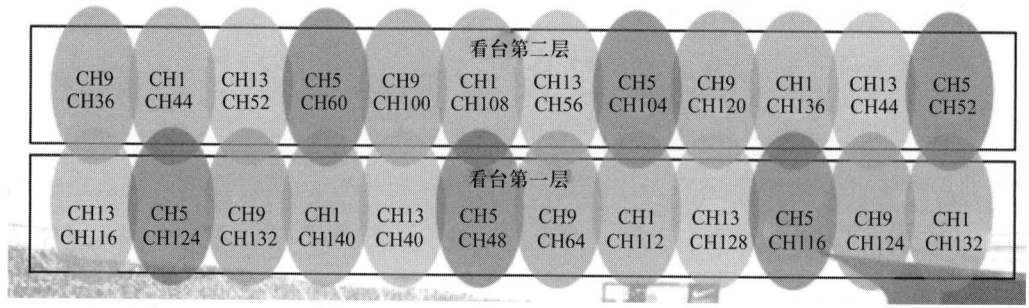

图 11-20 鸟巢看台的信道规划示意图

信道规划的整体原则：使同频接入点、邻频接入点的距离尽量扩大，提高信道的复用率，需同时考虑同层和上下层接入点信道。

当然，鸟巢的无线网络系统中，除了无线网络的规划之外，还需要规划核心交换机，同时还要部署大吞吐量防火墙作为安全资源中心、部署认证服务器进行统一策略和安全控制等。此外，针对用户类型多与业务需求差异大的难点，要实现 VIP 用户（区域）的优先保障、基于业务的策略控制、基于位置和终端的认证以及视频业务组播设计等智能管控，旨在满足不同用户、应用和业务的需求。

思考题

1. 请说明 5G"三大应用场景"分别指什么？

2. 2021 年空间站教学直播过程就是空间站与 3 颗架设在 36 000 km 高的什么卫星进行通信实现的？

3. 我国目前使用了 FR1 的哪几个频段组网？

4. MH5000-31 模块拨号的 AT 指令是什么？

5. Wi-Fi6 技术支持的最高调制是 1024-QAM，因此 Wi-Fi6 技术一次可以携带多少 bit 的数据信息？

6. Wi-Fi6 技术的信道频宽是多少？

7. NB-IoT 设备的低成本体现在哪两个方面？

8. 每个基站扇区支持多少个 NB-IoT 设备连接数？

9. 鸟巢的无线网络中最终规划多少个接入点？

第十二章 智能仓储项目

智能仓储系统就是把仓储的温度、湿度、光照度、可燃气体等数据集合在一起，以实现对仓储环境的远程监测控制。现在有很多的仓储场所需要对其进行监控，比如商场仓、药品仓、烟草仓、干货仓等。这些场所如果发生问题，不仅损失巨大，而且还有可能出现人身安全问题。所以，仓储环境监控管理是仓储作业管理的重要组成部分，是实现仓储管理一体化的基础。图 12-1 为智能仓储应用场景。

图 12-1　智能仓储应用场景

第一节 智能仓储项目概述

本节阐述如何以某 32 位单片机、CC253x 系列单片机为例,将传感器数据采集、单片机开发、自定义通信协议开发、有线通信开发、无线通信开发进行综合运用。

考核知识点及能力要求:

- 能够依据不同工作任务的特点选取相关传感器。
- 能够根据物联网应用场景需求,比较、选择单片机型号。
- 能够识读相关电路图和数据手册。

一、建设背景

仓库一般是封闭或者半封闭的物理空间,其环境状况直接影响存储物品的使用寿命和工作可靠性。仓库内温度、湿度、光照度等都是影响存储物品质量和寿命的重要参数,应针对存储物品的不同特性,积极创造适宜的存储环境来保证存储物品的质量和品质,以达到减少物品损耗、节约成本等目的。

传统的仓储环境监控以人工定点巡检为主,监控人员利用温度计、湿度计等手持式探测装置到现场某位置进行环境参数测量,定时或不定时查看并记录仓库的环境参数值,发现异常情况则采用应对措施。这种方法虽然使用设备相对简单,但是时间和人力成本高、效率低;只能得到某段时间内的参数值,无法提供实时值;受人为因素的影响,监控结果误差较大;对危险的仓储环境(如仓库内有害气体浓度较高)进行监控时,监控人员的健康会受到严重损害。

因此,有线监控和无线监控都是必要的。有线监控方法主要是利用传感器对监控对象进行测量，然后把测量数据通过有线方式发送到监控中心实现管理控制。这种方法比人工定点巡检更加稳定可靠，能够提供实时数据、数据传输速率高。但是在仓库面积大、监控点数量多时，还是有所不足。由此引入无线监控，通过 Z-Stack 协议栈的无线通信技术实现数据的采集并进行实时监控，可以更好地对仓储环境进行监控。

二、功能概述

智能仓储项目具有明显的个性化特征，仓库的大小、封闭程度、存放货物的种类以及货物的物理、化学特性都会影响仓储环境监控的方式、方法和使用的技术与手段。智能仓储项目主要功能如图 12-2 所示。

如图 12-3 所示，2 块 CC253x 系列单片机（白板、黑板）组成无线组网，2 块 32 位单片机组成有线组网，由 32 位单片机的汇聚节点，将自身采集的光敏传感器数据、CAN 总线上的温湿度传感器数据以及 RS-485 总线上的可燃气体传感器数据，通过串口调试助手工具进行数据实时监控。

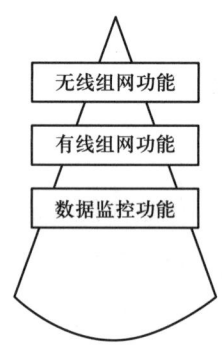

图 12-2 智能仓储项目的主要功能

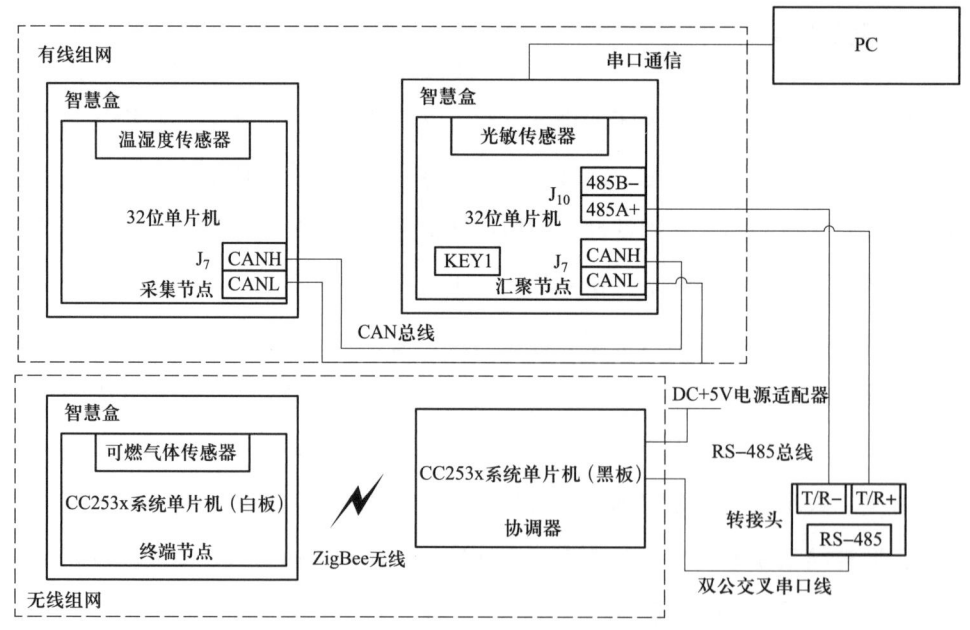

图 12-3 智能仓储项目拓扑图

(一)无线组网功能

无线组网功能是指利用 CC253x 系列单片机（白板、黑板）、可燃气体传感器，实现对仓库可燃气体数据的采集。通过前面章节已介绍过 Z-Stack 协议栈，实现点对点通信开发，并且可以使用串口线将数据发送给 32 位单片机。当然除此之外，读者还可以使用其他 CC253x 系列单片机（白板）采集其他传感器数据，将数据发送给 CC253x 系列单片机（黑板），完成点对多点的通信开发。

(二)有线组网功能

有线组网功能是指利用 32 位单片机、温湿度传感器、光敏传感器，实现对仓库温湿度数据、光照数据的采集。通过前面章节介绍的 CAN 总线技术实现 CAN 总线通信应用开发，并且通过 RS-485 总线接收来自 CC253x 系列单片机（黑板）发送的可燃气体数据。

(三)数据监控功能

数据监控功能是指利用 32 位单片机与上位机的串口调试助手工具，进行传感器数据的实时显示，实现仓库环境监控预警，从而提高仓库环境的安全性。

第二节　智能仓储项目应用开发

本节阐述如何进行智能仓储项目开发：先进行软硬件环境的搭建，再进行功能开发，包含无线组网功能、有线组网功能、数据监控功能。最后对项目开发过程中产生的问题的解决方法进行总结。

考核知识点及能力要求：

- 能搭建开发环境、创建工程、编写代码并使用仿真器进行代码调试下载。
- 掌握相关传感器（模拟量、开关量、数字量）采集数据的能力。
- 掌握自定义通信协议的应用开发能力。
- 掌握运用有线、无线通信协议，进行数据封装与解析的能力。
- 掌握运用 RS-485 总线技术，完成主从通信开发的能力。
- 掌握运用 CAN 总线技术，完成主从通信开发的能力。
- 掌握运用无线通信协议，完成点对点等通信开发的能力。
- 能够培养团队协作能力。

一、环境搭建

根据智能仓储项目方案设计，进行功能的布局，先对硬件环境进行搭建，然后对使用到的设备进行相关软件安装。软硬件环境搭建完成之后，进行功能开发。

（一）硬件环境搭建

智能仓储项目需要使用 CC253x 系列单片机与 32 位单片机，如图 12-4 所示，

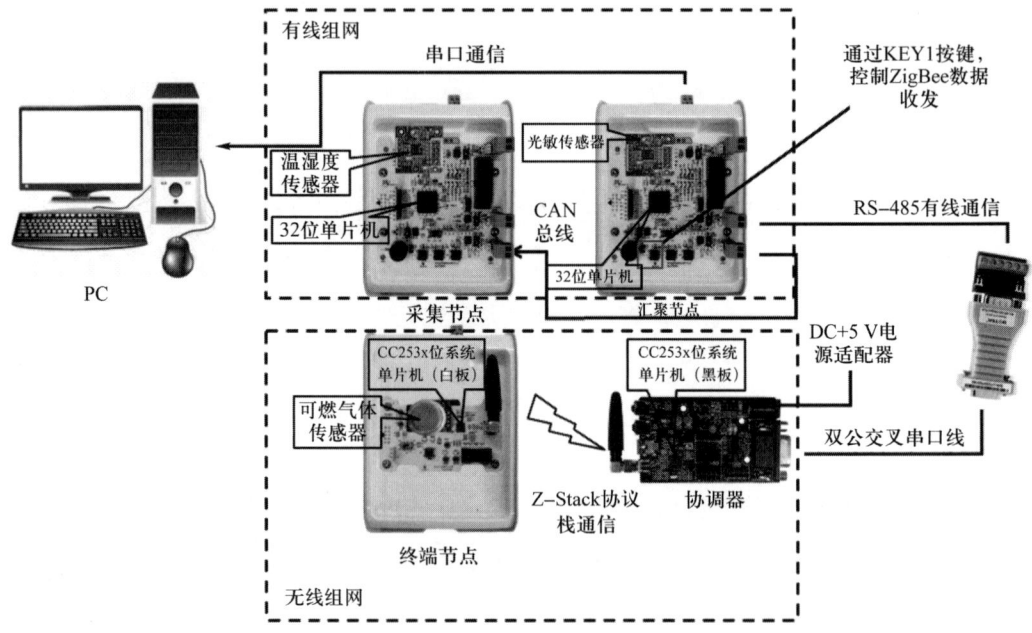

图 12-4　智能仓储项目硬件搭建图

并进行如下操作：①取 1 块 CC253x 系列单片机（白板）与 1 个可燃气体传感器组成终端节点；②取 1 块 CC253x 系列单片机（黑板）作为协调器；③取 1 块 32 位单片机与 1 个温湿度传感器组成采集节点；④取 1 块 32 位单片机与 1 个光敏传感器组成汇聚节点；⑤由协调器接收终端节点的可燃气体数据，通过 RS-485 总线有线通信发给汇聚节点；⑥由采集节点采集温湿度数据，通过 CAN 总线有线通信发给汇聚节点；⑦汇聚节点将采集到的光照、温湿度、可燃气体数据通过串口调试助手工具实时显示。

（二）软件环境搭建

1. IAR 软件开发工具

前面单元已经进行过详细讲解，这里不再赘述。

2. Keil 软件开发工具

找到安装包 MDK525.EXE，点击右键以管理员身份进行安装，在弹出来的对话框中按照默认单击"Next"，如图 12-5 所示。

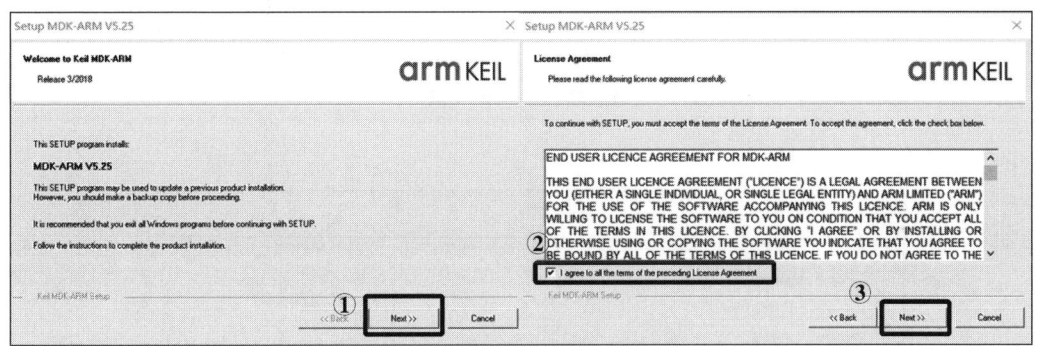

图 12-5　单击"Next"进行安装

选择安装路径等待安装完成，如图 12-6、图 12-7 所示。

安装完成之后会进行 PACK 包安装，使用厂家提供的安装包进行默认安装即可。

以管理员身份运行 Keil 软件进行 MDK 注册，输入厂家授权的 License，MDK 注册成功如图 12-8 所示。

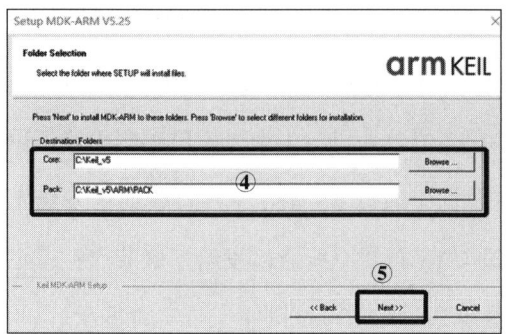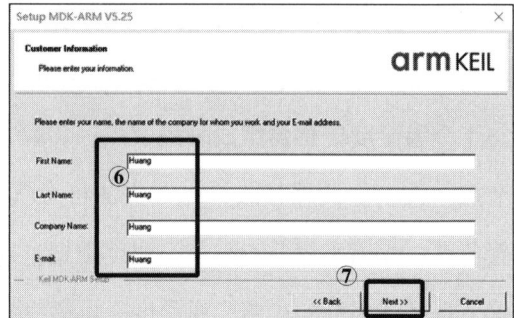

图 12-6 选择安装路径

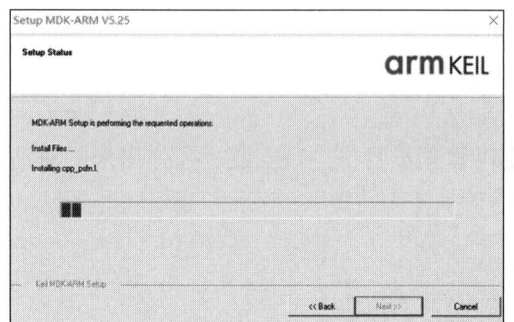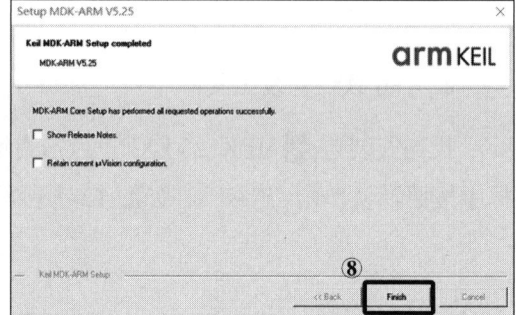

图 12-7 安装完成

图 12-8 MDK 注册成功

二、功能开发

软硬件环境搭建完成之后，针对项目需求，基于 32 位单片机、CC253x 系列单片机（白板、黑板）实现有线组网功能、无线组网功能、自定义通信协议、传感器数据监控功能。

（一）实现无线组网功能

1. 终端节点

IAR 空间选择"EndDeviceEB"，在"..\SampleApp\Source\EndSensor.c"文件下的 SampleApp_SendPeriodicMessage（）函数中，实现 CC253x 系统单片机（白板）采集可燃气体传感器数据，通过 Z-Stack 协议栈发送函数发送给协调器。代码如下：

```
void    SampleApp_SendPeriodicMessage ( void )
{
 uint8    pTxData[128];
 // 采集可燃气体传感器数据
 uint16    sensor_val;
 sensor_val    =    get_adc( );
 pTxData[0]    =    (sensor_val&0xff00) >>8;
 pTxData[1]    =    sensor_val&0x00ff;

  if ( AF_DataRequest ( &SampleApp_Periodic_DstAddr, &SampleApp_epDesc,
SAMPLEAPP_PERIODIC_CLUSTERID, 2, pTxData, &SampleApp_TransID, AF_DISCV_
ROUTE, AF_DEFAULT_RADIUS )    ==    afStatus_SUCCESS )
    {
    }
    else
    {
    }
}
```

2. 协调器

IAR 空间选择"CoordinatorEB",在"..\Samples\SampleApp\Source\SampleApp.c"文件下的 SampleApp_MessageMSGCB()函数中,实现 CC253x 系列单片机(黑板)接收到可燃气体数据,进行简单自定义通信协议的封装,然后通过串口将数据透传出去。代码如下:

```c
void SampleApp_MessageMSGCB ( afIncomingMSGPacket_t *pkt )
{
    uint16   flashTime;
    uint8    pTxData[8];
    switch  ( pkt->clusterId )
    {
        case SAMPLEAPP_PERIODIC_CLUSTERID:
            // 自定义协议
            pTxData[0] = 0xAA;
            pTxData[1] = pkt->cmd.Data[0];
            pTxData[2] = pkt->cmd.Data[1];
            pTxData[3] = 0xFF;
            HalUARTWrite (0, pTxData, pkt->cmd.DataLength+2);
            break;
        case SAMPLEAPP_FLASH_CLUSTERID:
            flashTime  =    BUILD_UINT16 (pkt->cmd.Data[1], pkt->cmd.Data[2] );
            HalLedBlink ( HAL_LED_4, 4, 50, (flashTime / 4) );
            break;
        default:
            break;
    }
}
```

（二）实现有线组网功能

1. 采集节点

在"..\CAN_BASE（TERMINAL）\Src\main.c"文件下的 main（）函数中，实现温湿度传感器数据采集，并将数据发送到 CAN 总线上。代码如下：

```
int main（void)
{
    ......// 省略其他代码
    CAN_User_Config (&hcan);    // CAN 总线配置
    Can_STD_ID = STMFLASH_ReadHalfWord (FLASE_M3_ADDR); // 配置 CAN 总线节点标准帧 ID
    Sensor_Type_t = STMFLASH_ReadHalfWord (FLASH_Sensor_Type);
    open_usart1_receive_interrupt ( ); // 启动 USART1´串口中断
    can_start ( ); // 启动 CAN 总线

    while (1)
    {
        if (1)
        {
            Value_Type = ValueTypes (Sensor_Type_t);
            switch (Value_Type)
            {
                ......// 省略其他代码
                case   Value_I2C:
                    sensor_number = 2;
                    if (flag != 0x01)
                    {
                        if (error != NO_ERROR)
                        {
                            error = SHT3X_SoftReset ( );
                            if (error != NO_ERROR)
```

```
                {
                    SHT3X_HardReset ( );
                }
            }
            error  =  SHT3X_GetTempAndHumi (&sensor_tem, &sensor_
hum, REPEATAB_HIGH, MODE_POLLING, 200);
        }
        ......// 省略其他代码
    }
    // CAN 总线节点发送传感器数据至 CAN 总线
    Can_Send_Msg_StdId (Can_STD_ID, 8, Sensor_Type_t);
}

    HAL_Delay (1500);
    ......// 省略其他代码
  }
}
```

2. 汇聚节点

在 "..\CAN_BASE（GATAWAY）\Src\main.c" 文件下的 main ( ) 函数中，汇聚节点实现以下功能：①采集光敏传感器数据，并将光照数据通过串口打印显示；②获取 CAN 总线上的温湿度传感器数据，并将温湿度数据通过串口打印显示；③通过 KEY1 按键，控制 CC253x 系列单片机（黑板）发送过来的可燃气体数据。奇数次按键，则串口打印显示可燃气体数据；偶数次按键，则不打印可燃气体数据。代码如下：

```
int main (void)
{
    ....// 省略其他代码
```

```c
int main (void)
{
    ....// 省略其他代码
    while (1)
    {
        if (1)
        {
            Value_Type = ValueTypes (Sensor_Type_t);
            switch (Value_Type)
            {
                case    Value_ADC:         // 光照传感器数据采集
                    sensor_number = 1;
                    vol = Get_Voltage ( );
                    break;
                ......// 省略其他代码
            }
            // 把本块板子的传感器数据发送到串口
            Master_To_Gateway (Can_STD_ID, Value_Type, vol, switching, sensor_hum, sensor_tem );
        }
        HAL_Delay (1500 );

        // 发送从 CAN 总线接收的其他节点数据至串口
        if (flag_send_data == 1)
        {
            CAN_Master_To_Gateway (Can_data, 9);
            flag_send_data=0;
            HAL_Delay (500);
            // 通过 KEY1 按键控制 ZigBee 模块发送的传感器数据至串口
            if (UART5_rx[0]==0xAA   &&   UART5_rx[3]==0xFF   &&   send_zigbee_flag)
```

```
            {
                Zig_To_Gateway (UART5_rx);
            }
            rxCNT = 0;
            Ustate = 0;
            memset (UART5_rx, 0, 4);
        }
        ......// 其他代码省略
    }
}
```

(三)实现数据监控功能

1. 数据监控

打开串口调试助手工具,选择相应串口号,配置波特率等参数,单击"打开",即可实时监控到传感器数据,如图 12-9 所示。

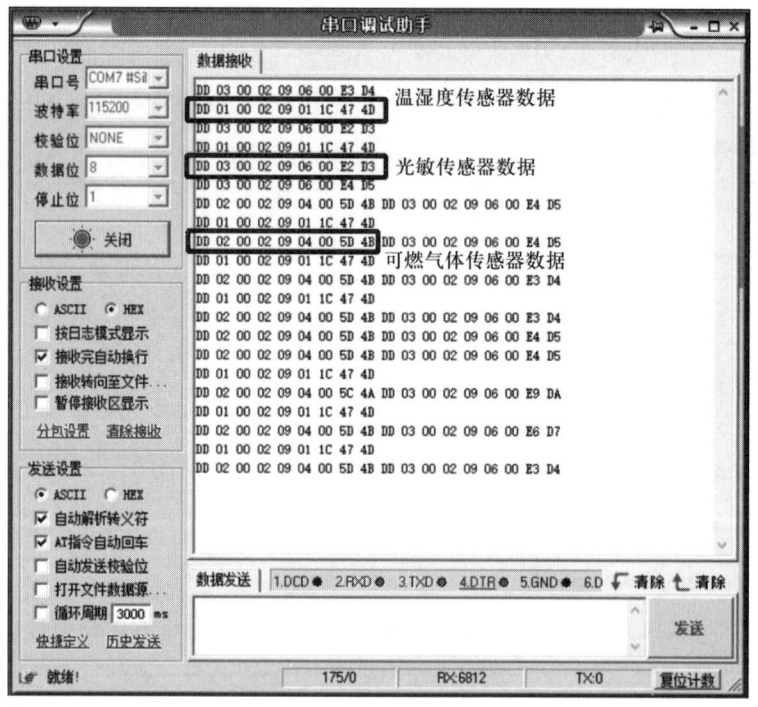

图 12-9 串口数据实时监控

如图 12-9 所示，报文解析如下。

（1）报文"DD 01 00 02 09 01 1C 47 4D"表示采集温湿度传感器数据。其中，0xDD 为帧起始符；0x0001 为设备地址；0x02 为显示 RS-485 总线数据；0x09 为数据长度；0x01 为温湿度传感器类型；0x1C 是温度数据，为 28 ℃；0x47 是湿度数据，为 71%；0x4D 为校验码。

（2）报文"DD 02 00 02 09 04 00 5D 4B"表示采集可燃气体传感器数据。其中，0x0002 为设备地址；0x04 为可燃气体传感器类型；0x005D 为可燃气体数据。

（3）报文"DD 03 00 02 09 06 00 E2 D3"表示采集光敏传感器数据。其中，0x0003 为设备地址；0x06 为光敏传感器类型；0x00E2 为光照数据。

三、问题小结

如果协调器没有接收到终端节点发送过来的可燃气体数据，在硬件无误的条件下，检查 Z-Stack 协议栈中的信道、网络号等是否一致。

如果协调器与终端节点无法进行通信，在硬件无误的条件下，先启动协调器，再启动终端节点，让终端节点入网成功。

如果汇聚节点未接收到采集节点发送过来的温湿度数据，在硬件无误及接线正确的条件下，确认 CAN 总线通信协议相关功能函数是否编写正确。

如果汇聚节点未接收到协调器发送过来的可燃气体数据，在硬件无误及接线正确的条件下，确认汇聚节点的按键是否按下，RS-485 总线通信协议相关功能函数是否编写正确。

如果上位机串口调试助手等软件未接收到相关传感器数据，在硬件接线无误的条件下，确认串口相关配置是否正确。

思考题

1. 使用 USB 转 CAN 总线抓包工具，抓取 CAN 总线上的数据，进行分析。

2. 在项目基础上，32 位单片机采集节点如何获取到 32 位单片机汇聚节点的光照数据，控制自身 8 盏 LED 灯亮灭功能的实现？

3. 在项目基础上,追加一块 32 位单片机采集开关量传感器数据,通过 CAN 总线有线通信将开关量传感器数据发送到 CAN 总线上,如何实现?

4. 在项目基础上,追加一块 32 位单片机采集开关量传感器数据,通过 RS-485 总线有线通信将开关量传感器数据发送给汇聚节点,如何实现?

5. 在项目基础上,CC253x 系列单片机如何追加一个路由节点?

6. 在项目基础上,CC253x 系列单片机如何追加一个 CC253x 系列单片机(白板)和继电器、指示灯模块,并作为路由节点控制指示灯模块亮灭功能?

附件：相关术语

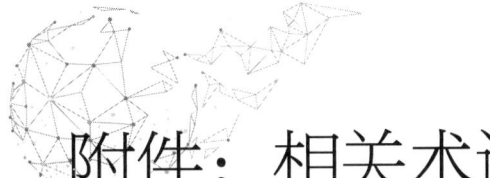

1. AGC：自动增益控制，英文全称为 automatic gain control。使放大电路的增益自动地随信号强度而调整的自动控制方法。

2. bit：位，表示二进制位。位是计算机内部数据储存的最小单位，11010100 是一个 8 位二进制数。

3. bluetooth：指蓝牙技术，是一种无线数据和语音通信开放的全球规范。它是基于低成本的近距离无线连接，为固定和移动设备建立通信环境的一种特殊的近距离无线技术连接。

4. CdS：硫化镉，是常用光敏电阻材料的一种。

5. 红光 CCD：电荷耦合元件，英文全称为 charge coupled device。它是一种用电荷量表示信号大小，用耦合方式传输信号的探测元件，具有自扫描、感受波谱范围宽、畸变小、体积小、重量轻、系统噪声低、功耗小、寿命长、可靠性高等一系列优点，并可做成集成度非常高的组合件。

6. CoAP：受限制的应用协议，英文全称为 constrained application protocol。它是一种计算机协议，应用于物联网，基于 REST 架构。

7. CAN：控制器局域网络，英文全称为 controller area network。它是 ISO 国际标准的串行通信协议。

8. EthNet：以外网，英文全称为 ethernet。它属于网络底层协议，通常在 OSI 七层模型的物理层和数据链路层操作。

9. ESP_IDE：安信可一体化开发环境。

10. IoT：物联网，英文全称为 internet of things。

11. I²C 总线：内置集成电路，英文全称为 inter-integrated circuit。总线是一种简单、双向二线制同步串行总线。它只需要两根线即可在器件之间传送信息。两根线分别对应 SDA（串行数据线）和 SCL（串行时钟线）。

12. ISO：国际标准化组织，英文全称为 international organization for standardization。它是标准化领域中的一个国际性非政府组织。

13. IAR：一种嵌入式软件开发工具，英文全称为 IAR embedded workbench。

14. Keil：一种嵌入式软件开发工具，英文全称为 keil μvision5 IDE。

15. LBS：LBS 基站定位，英文全称为 location based service，一般应用于手机用户。它是基于位置的服务，通过电信、移动运营商的无线电通信网络（如 GSM 网、CDMA 网）或外部定位方式（如 GPS）获取移动终端用户的位置信息（地理坐标，或大地坐标），在 GIS（geographic information system，地理信息系统）平台的支持下，为用户提供相应服务的一种增值业务。

16. LPWAN：低功率广域网络，英文全称为 low power wide area network。它是一种用于物联网、可以用低比特率进行长距离通信的无线网络。

17. MOS：MOSFET 的缩写。MOSFET 为金属—氧化物半导体场效应晶体管，简称金氧半场效晶体管。

18. M2M 协议：机器对机器/人，英文全称为 machine-to-machine/man。它是一种以机器终端智能交互为核心的、网络化的应用与服务。M2M 协议规定了人机和机器之间交互需要遵从的通信协议。

19. MQTT：消息队列遥测传输，英文全称为 message queuing telemetry transport。它是一个基于客户端—服务器的消息发布/订阅传输协议。

20. NB-IoT：窄带物联网，英文全称为 narrow band internet of things。它是 IoT 领域一个新兴的技术，支持低功耗设备在广域网的蜂窝数据连接。

21. OSI：开放系统互联，英文全称为 open system interconnection。它是把网络通信的工作分为 7 层，分别是物理层、数据链路层、网络层、运输层、会话层、表示层和应用层。

22. PDA：个人数字助手，英文全称为 personal digital assistant。又称为掌上电脑。

23. PCB：印制电路板，英文全称为 printed circuit boards。

24. QoS：服务质量，英文全称为 quality of service。指一个网络能够利用各种基础技术，为指定的网络通信提供更好的服务能力，是网络的一种安全机制，是用来解决网络延迟和阻塞等问题。

25. RFID：射频识别技术，英文全称为 radio frequency identification。其原理为通过阅读器与标签之间进行非接触式的数据通信，达到识别目标的目的。

26. SPI：串行外设接口，英文全称为 serial peripheral interface。它是一种高速的、全双工、同步的串行通信总线。它采用主从方式工作，一般有一个主设备和一个或多个从设备。它需要至少 4 根线，分别是主设备输入从设备输出（MISO）、主设备输出从设备输入（MOSI）、时钟（SCLK）、片选（CS）。

27. TCP/IP：传输控制协议/网际协议，英文全称为 transmission control protocol/internet protocol。是指能够在多个不同网络间实现信息传输的协议簇。

28. TCP：传输控制协议，英文全称为 transmission control protocol。它是一种面向连接的、可靠的、基于字节流的传输层通信协议。

29. UDP：用户数据报协议，英文全称为 user datagram protocol。它是一种无连接的传输层协议，提供面向事务的简单不可靠信息传送服务。

30. USB：通用串行总线，英文全称为 universal serial bus。它是一个外部总线标准，用于规范电脑与外部设备的连接和通信。

31. Wi-Fi：无线保真，英文全称为 wireless fidelity。它是一种短距离无线技术，使用在空闲的 2.4 GHz 附近的频段。

32. ZigBee：也称紫蜂。它是一种低速短距离传输的无线网上协议，底层是采用 IEEE802.15.4 标准规范的媒体访问层与物理层。主要特色有低速、低耗电、低成本、支持大量网上节点、支持多种网上拓扑、低复杂度、快速、可靠、安全。

33. 5G NR：基于 OFDM 的全新空口设计的全球性 5G 标准。它是非常重要的蜂窝移动技术基础，具有超低时延、高可靠性的特点。

参考文献

［1］黄玉兰. 物联网概论[M]. 2版. 北京：人民邮电出版社，2018.

［2］马振洲. 物联网感知技术与产业[M]. 北京：电子工业出版社，2021.

［3］陈继欣，邓立. 传感网应用开发（高级）[M]. 北京：机械工业出版社，2020.

［4］杨恒，魏丫丫，李彬，等. 定位技术[M]. 北京：电子工业出版社，2013.

［5］王伟旗，林超，衣马木艾山·阿布都力克木. 自动识别技术及应用[M]. 北京：电子工业出版社，2019.

［6］林成浴. TCP/IP协议及其应用[M]. 北京：人民邮电出版社，2020.

［7］杨瑞，董昌春. CC2530单片机技术与应用[M]. 北京：机械工业出版社，2017.

［8］陶亚雄. 现代通信原理与技术[M]. 2版. 北京：电子工业出版社，2012.

［9］陈彦辉. 物联网通信技术[M]. 北京：人民邮电出版社，2021.

［10］董健. 物联网与短距离无线通信技术[M]. 北京：电子工业出版社，2016.

［11］谢金龙，邓人铭. 物联网无线传感器网络技术与应用[M]. 北京：人民邮电出版社，2016.

［12］陈国嘉. 智能家居[M]. 北京：人民邮电出版社，2016.

［13］刘军，申悦，王程安. 智能仓储环境监控[M]. 北京：机械工业出版社，2021.

后 记

2022年1月12日,国务院正式发布《"十四五"数字经济发展规划》(以下简称《规划》)。根据《规划》,到2025年,数字经济迈向全面扩展期,数字经济核心产业增加值占GDP比重达到10%。而作为未来数字经济重要底座支撑的物联网新型基础设施建设,《规划》也做了重点布局。伴随国家政策大力支持以及技术逐渐成熟,物联网产业发展的驱动力愈发强劲,发展势头越来越好。据IoT Analytics统计数据显示,2025年中国物联网连接数将增长至309亿。可以预见在"十四五"期间,我国物联网领域会迎来新时代、新态势、新征程。

在"十四五"规划中,物联网被划定为7大数字经济重点产业之一。我国的物联网产业链及市场发展拥有广阔的发展前景,产业正处于蓬勃发展的阶段,需要大量的专业人才提供支撑。

人力资源社会保障部、国家市场监督管理总局、国家统计局在2019年4月正式发布13个新职业,这是自2015年版国家职业分类大典颁布以来发布的首批新职业。这批新职业主要集中在高新技术领域,既有时下热门的物联网工程技术人员、云计算工程技术人员、电子竞技员等,也有适应传统行业变化需求的工业机器人系统操作员、农业经理人等。

以《人力资源社会保障部办公厅 市场监管总局办公厅 统计局办公室关于发布人工智能工程技术人员等职业信息的通知》(人社厅发〔2019〕48号)为依据,在充分考虑科技进步、社会经济发展和产业结构变化对物联网工程技术人员专业要求的基础上，以客观反映物联网技术发展水平对其从业人员的专业能力要求为目标，根据《物联网工程技术人员国家职业技术技能标准（2021年版）》（以下简称《标准》）对物联网工程技术人员职业功能、工作内容、专业能力要求和相关知识要求的描述，人力资源社会保障部专业技术人员管理司指导工业和信息化部教育与考试中心，组织有关专家开展了物联网工程技术人员培训教程（以下简称教程）的编写工作，用于全国专业技术人员新职业培训。

物联网工程技术人员是从事物联网架构、平台、芯片、传感器、智能标签等技术的研究和开发，并加以利用、管理、维护和服务的工程技术人员。其共分为三个专业技术等级，分别为初级、中级、高级。其中，初级、中级分为三个职业方向：物联网嵌入式开发方向、物联网应用开发方向、物联网系统集成与管理方向；高级不分职业方向。

与此相对应，教程也分为初级、中级、高级，分别对应其专业能力考核要求。另外，本系列教程单独设置《物联网工程技术人员——物联网基础知识》，对应其理论知识考核要求。《物联网工程技术人员——物联网基础知识》一书涵盖《标准》中从事本职业人员所需具备的基础知识和基本技能，是开展新职业技术技能培训的必备用书。

在使用本系列教程开展培训时，应当结合培训目标与受众人员的实际水平和专业方向，选用合适的教程。在物联网工程技术人员培训中涉及的基础知识是初级、中级、高级工程技术人员都需要掌握的；初级、中级物联网工程技术人员培训中，可以根据培训目标与受众人员实际，选用物联网嵌入式开发、物联网应用开发、物联网系统集成与管理三个职业方向培训教程的一至三本。培训考核合格后，获得相应证书。

初级教程包含《物联网工程技术人员（初级）——物联网嵌入式开发》《物联网工程技术人员（初级）——物联网应用开发》《物联网工程技术人员（初级）——物联网系统集成与管理》。《物联网工程技术人员（初级）——物联网嵌入式开发》一书内容对应《标准》中物联网初级工程技术人员嵌入式开发职业方向应该具备的专业能力要求；《物联网工程技术人员（初级）——物联网应用开发》一书内容对应《标准》中物联网初级工程技术人员应用开发职业方向应该具备的专业能力要求；《物联网工程技术人员（初级）——物联网系统集成与管理》一书内容对应《标准》中物联网初级工程技术人员系统集成与管理职业方向应该具备的专业能力要求。

本教程读者为大学专科学历（或高等职业学校毕业）以上，具有较强的学习能力、计算能力、表达能力及分析、推理和判断能力，参加全国专业技术人员新职业培训的人员。

物联网工程技术人员需按照《标准》的职业要求参加有关课程培训，完成规定学时，取得学时证明。初级 128 标准学时，中级 128 标准学时，高级 160 标准学时。

本教程编写过程中，得到了人力资源社会保障部、工业和信息化部相关部门的正确领导，得到了一些大学、科研院所、企业的专家学者的大力帮助和指导，同时参考了多方面的文献，吸收了许多专家学者的研究成果，在此表示由衷感谢。

由于编者水平、经验与时间所限，本书的不足与疏漏之处在所难免，恳请广大读者批评与指正。

本书编委会